左岸之城

[美] 理查德·德莱昂 —————— 著

张乐腾 —————— 译

东方出版中心

图书在版编目（CIP）数据

左岸之城：旧金山的进步运动：1975-1991 /（美）
理查德·德莱昂著；张乐腾译. —上海：东方出版中
心，2022.2
（城市与文明丛书 / 张玥主编）
ISBN 978-7-5473-1933-8

Ⅰ. ①左… Ⅱ. ①理… ②张… Ⅲ. ①城市规划 - 研
究 - 旧金山 - 1975-1991 Ⅳ. ①TU984.712

中国版本图书馆CIP数据核字（2021）第254279号

© 1992 by the University Press of Kansas
Left Coast City: Progressive Politics in San Francisco, 1975-1991 has been translated into
Chinese by arrangement with the University Press of Kansas.

合同图字： 09-2021-0739号

左岸之城：旧金山的进步运动，1975—1991

著　　者　[美]理查德·德莱昂
译　　者　张乐腾
丛书策划　刘佩英
责任编辑　黄　驰
装帧设计　青研工作室

出版发行　东方出版中心
地　　址　上海市仙霞路345号
邮政编码　200336
电　　话　021- 62417400
印 刷 者　上海颛辉印刷厂有限公司

开　　本　890mm×1240mm　1/32
印　　张　11.75
字　　数　248千字
版　　次　2022年4月第1版
印　　次　2022年4月第1次印刷
定　　价　78.00元

献给

我的母亲

伯尼斯·琼·里昂

和

我的妻子

艾琳娜·彼得森·德莱昂

Contents | 目录

第一章　进步主义之都 — 001

过道 — 003

进步主义之都 — 005

城市政体、政体改革和反政体 — 010

范围与规划 — 017

第二章　经济变革与社会多样性：进步主义的
地方文化 — 025

经济变革和社会多样性的人口统计学特征 — 028

地方沙漏经济 — 039

"权力囚笼"与"政府流转" — 042

党派、选举和地区民主 — 045

再议超多元主义：挑战与机遇 — 049

工会组织的衰落（及复兴的可能性）— 051

少数族裔的政治动员 — 055

男同性恋和女同性恋力量的崛起 — 060

旧金山政治中的进步主义与三个左翼群体 — 063

进步主义的定义 — 065

进步主义和三个左翼的社会基础 — 069

进步主义和三个左翼的空间分布 — 071

政治意蕴 — 076

第三章　促增长政体的创制与崩塌 — 079

促增长体制的创制 — 083

缓增长：第一次骚动 — 087

低层楼房政策 — 088

打败美国钢铁：一场虚假的胜利 — 089

西增区无产者暴乱 — 090

耶尔巴布纳中心：漫漫征程 — 092

第一波进步主义浪潮：莫斯康尼执政时期 — 094

范斯坦的政治真空 — 102

缓增长教训 — 103

崩溃 — 104

第四章　缓增长运动的源起与 M 提案之争 — 111

背景介绍 — 115

通向 M 提案的漫漫长路 —— *117*

O 提案：战斗警报 —— *117*

开发商关联税：车票 —— *118*

市区环境影响报告（EIR） —— *120*

1983 年 M 提案：旧金山规划提案 —— *121*

市区规划 —— *123*

缓增长全面出击 —— *127*

F 提案：无增长与缓增长之争 —— *130*

M 提案：规划责任创议 —— *132*

M 提案的文本 —— *134*

斗争背景 —— *137*

交锋 —— *143*

M 提案投票的分析与解读 —— *149*

M 提案的重要性：冲击与回响 —— *155*

**第五章　从社会运动到市政权力：阿特・阿格诺斯
当选市长** —— *159*

缓增长改革的制度化 —— *161*

寻找进步主义市长：1987 年阿特・阿格诺斯的竞选
运动 —— *163*

初选：缩小阵营 —— *164*

决胜选举：阿格诺斯与莫利纳瑞之战 —— *169*

回顾阿格诺斯的竞选运动：进步主义目的，进步主义
手段 —— *171*

阿格诺斯竞选活动中的重要事项 — *173*

阿格诺斯选举联盟：投票分析 — *175*

阿格诺斯市长主政：为新政体打下基础 — *177*

建立统治联盟 — *181*

第六章　保护社区不受资本之害：城市反政体 — *185*

反政体 — *187*

曼哈顿化的终结——抑或是亡羊补牢？ — *189*

反政体中的社区力量：思瑞富特药店事件 — *194*

思瑞富特药店与海特区之争 — *195*

思瑞富特药店与日落区之争 — *199*

结语 — *200*

**第七章　保住咱们的巨人队："中国盆地"的
强硬政治** — *203*

鲍勃·卢瑞的饥饿游戏 — *205*

考虑不周又大而无用：W 提案 — *208*

阿格诺斯市长上台 — *210*

卢瑞的选择 — *214*

一次"明智"交易？P 提案运动 — *218*

洛马·普雷塔大地震 — *226*

热门骗文操纵事件 — *229*

投票选举及其余波 — *231*

阿格诺斯市长一败如水 — 235

第八章　城市交易中的政治：米慎湾规划与
　　　　滨水区开发 — 237

米慎湾开发项目 — 240
滨水区：创意否决权 — 248
结语 — 257

第九章　创造城市政体：复杂的建筑结构 — 259

政体转型与超多元主义难题 — 262
邻避主义、地方主义和市民吹捧 — 265
狭隘思维的危险：邻避主义与飞地意识 — 265
思考过度的风险：地方促增长政体联盟 — 272
进步主义市民身份的空间边界 — 276
红-绿的聚变与裂变 — 277
非裔美国人与重建：全新的规则，同一个游戏 — 279
"里士满特制"之争 — 281
再分配的必要性 — 287
旧金山政治环境中不同往昔的商业 — 289
城市厄运：市区规划与 M 提案 — 290
反政体中的小资产阶级激进主义 — 298
阿特·阿格诺斯与右翼进步主义的失败 — 307

第十章　后记：1991 年市长选举及其他 — *311*

背景 — *313*

初选 — *315*

决胜选举 — *326*

余波 — *336*

结语 — *337*

参考文献 — *343*

致谢 — *362*

第一章

进步主义之都

在发达的资本主义社会，任何不深入城市化进程核心的政治运动都注定要失败。

——大卫·哈维（David Harvey）

在全国其他地方的人眼中，庇护城市之所以被当作是奇葩异种、一座大型主题公园——疯子、怪人之家，以及政治极端正确之所，难道不是因为，事实上，它就是如此吗？

——杰瑞·卡罗尔（Jerry Carroll）

过道

风水是讲究住宅与自然和谐的中国哲学概念。 风水的基本原则是"吉气往往沿曲线流动，煞气往往一条直线穿堂而过"。[1] 依据风水原则建造的住房常常有花木萦绕，以转移晦气。 入户过道往往弯弯曲曲，而非一条直线。 屋内楼梯蜿蜒，与前门隔开，避免外人径直闯入。 屋顶檐线避陡忌直，以免形成隐秘的箭矢，破坏和谐、引发不祥。 风水，曾经被精明而又顽固的湾区开发商和房产中介斥之为愚蠢的封建迷信，如今为了

---

[1] 克里·M.安德斯：《跨文化市场》，《旧金山检察官报》（以下简称"SFE"），1991年6月16日。 另见德里克·沃尔特斯：《风水手册：中国风水与环境和谐实用指南》（伦敦：阿克瑞恩出版社，1991年）。

把房子卖给越来越多的华裔美国人，他们越来越重视风水。

　　旧金山是一座契合风水而建的城市。 游客会发现这座由山坡、街道和社区交织而成的迷宫之城令人醺醉忘返。 建造中央和恩巴卡德罗高速公路（The Central Freeways and Embarcadero Freeways）原本是为了使通勤更加便利，但是，多年以前这两项工程遭到社区活动家的阻挠后随即就地停工，最后变成了一堆水泥疙瘩。 大自然完成了它们的“政治”工作：1989 年的洛马·普雷塔大地震（The Loma Prieta）彻底摧毁了这两项工程。 如今，恩巴卡德罗高速瓦砾遍地，中央高速杳无人迹。 人们可以从 A 地走到 B 地；也可以搭乘湾区快运（巴特，BART）、公共汽车、有轨电车和空中吊车。 出行需迂回，迂回即风水。

　　旧金山的政治也契合风水，在城市发展和土地开发规划问题上更是如此。 伦巴底街（又称“九曲花街”，Lombard Street）是“全美最曲折的街道”，正是新政治秩序的象征。 想要在本市开土动工的开发商必须循着崎岖复杂的小径之道，穿过规划过的迷宫，才能利用到本市的城市空间。 市政官员不再铺平红地毯，不再步步退让，不再给予开发商特权。 空口握手成交和快速强行推平土地之类的事情都已成为过去。 取而代之的是：要想在本市投资建楼，企业必须遵循曲折蜿蜒的路径之道。 企业会因此屡遭挫折，但多数旧金山人还是认为这种措施可以很好地祛除晦气，驱除破坏社区的因素。 旧金山全新的政治体制是一种反政体，其创制之意在于改变美国资本主义社会的“直线”和底线。 旧金山的居民都清楚知道自己不想要的是什么。 他们中有很多人也明白自己真正想要的是什么：在他们所生活的城市有个属于自己的家。

进步主义之都

旧金山，一座骚动不安的城市，合合分分、分分合合，孕育着变革与走向崭新的城市意味。 社会运动、政治革新，以及举世瞩目的城市平民主义与地方经济民主的实验全都在此生根发芽。 国会议员南希·佩罗西（Nancy Pelosi）宣称旧金山是"本国进步主义运动之都"[1]。 历史学家凯文·斯塔尔（Kevin Starr）赞同她的说法，他也认为旧金山是"合众国民主党自由主义阵营的行都"[2]。 在美国城市越来越依赖私营经济的领导和资源的时代，旧金山作为一座"半自治市"脱颖而出的城市——它对资本的约束不亚于资本对其限制[3]。 旧金山遭受了很多误解，诋毁者斥之为社会主义或者马克思主义传统中的激进派，然而，旧金山的进步主义更关心消费而不是生产，更关心居民住房而不是职场法则，更关注自我成就而不是物质利益，更关

---

[1] 凯文·斯塔尔：《阿特·阿格诺斯与权利的悖论》，《旧金山杂志》，1988 年 1 月／2 月刊，第 157 页。

[2] 同上书，第 44 页。 考虑到在 1988 年总统选举中，旧金山把 74% 的选票投给了迈克尔·杜卡基斯这一事实，这是一种可信的说法。 见卡罗·波加什：《阿特·阿格诺斯的教育》，《影像》（《旧金山纪事报／检察官报》每周刊发的星期日杂志），1987 年 4 月 16 日，第 10—11 页。

[3] 见托德·斯万斯托罗姆：《半自治市：城市发展中的政治》，《政体》第 21 期（1988 年秋季刊），第 83—110 页。 另见蒂莫西·巴尼科夫、罗宾·博伊尔和丹尼尔·里奇：《英国和美国的私有化与城市政治》（牛津：牛津大学出版社，1989 年），以及保罗·肯特：《从属城市》（格伦维优：斯科特-福尔斯曼公司，1988 年）。

注社区赋权而不是阶级斗争。 它的第一要务并不是变革而是
保护——保护城市环境、建筑遗产、邻里社区、多元差异，最
重要的是保护市民生活免遭美国资本主义激进变革洪流之
荼害。

　　在进步主义的引领下，旧金山拱卫地方自治，扩大公共空
间，实现发展规划程序政治化和民主化，摒弃投资商的独断专
横，严格限制城市商业用地和利用城市空间的企业，同时又要避
免企业撤资的威胁。 市区商业精英、工会组织和市政厅官员结
成促增长联盟，他们曾经掌控本市经济发展和城市开发长达25
年之久，如今业已崩塌瓦解，促增长联盟创制的旧金山愿景被抛
之脑后，无休止地修建摩天大楼的态势得以控制，土地利用和开
发发展霸权也不复存在。[1] 随着促增长联盟的覆灭，旧金山
开始挣脱西海岸"曼哈顿"和环太平洋地区国际化大城市的职能
角色的束缚。

　　旧金山新兴的进步主义重点关注的是人的发展而不是城市的
发展，关注城市建筑环境的实用价值而不是其交换价值，关注本

[1] 约翰·H.莫伦科夫在1975年创造了"促增长联盟"这一概念，旨在解
　　释战后美国大型城市的城市发展政策。 莫伦科夫的早期工作成为后来
　　研究者——莫洛奇（"增长机器"）、斯通（"城市政体"）以及其他
　　城市学者——的理论研究的基础。 见约翰·H.莫伦科夫：《战后城市
　　发展政策》，《政治与社会》第5期（1975年），第247—295页。 另
　　见莫伦科夫：《争议城市》（新泽西州，普林斯顿：普林斯顿大学出版
　　社，1983年）；哈维·莫洛奇：《作为增长机器的城市》，《美国社会
　　学杂志》第82期（1976年），第309—330页；以及克拉伦斯·N.斯
　　通：《政体政治：治理亚特兰大，1946—1988年》（劳伦斯：堪萨斯
　　大学出版社，1989年）。

地居民和社区之需而不是开发商和外来投资者之需。 在过去的几年中，本市率先进行司法革新，涉及多个不同领域：家庭伴侣关系、同值同酬程序、平权法案、工作场所禁止吸烟、视频设备商用的最低安全标准、租金调控、开发商关联税，以及每年全市高层建筑限制。 旧金山以宽松的政治文化氛围而为人称道，公开宣称本市是男同性恋和女同性恋、拒绝兵役者、政治难民、无证劳工、艾滋病病毒（HIV）携带者以及各种各样离经叛道者的庇佑之地。[1]

　　以特定的视角来看，旧金山可能是一方自由之地或是堕落之域，可能是文化的熔炉或是文化的魔窟，可能是宽恕包容的圣地或是天降瘟疫的索多玛。 这座城市既具吸引力又具排斥力，它甚至吸引自己所排斥的。 举例来说，1990 年万圣节夜，来自达拉斯的电视传道人莱瑞·李牧师在市民礼堂召集数以千计的祈祷勇士，痛斥旧金山的沉重罪孽和魔鬼行径，指出只有通过逆转"没有上帝、信徒和基督教义的生之诅咒"，才能拯救它的灵魂。[2] 祈祷勇士刚离开礼堂，就遭遇了一座巨型金色阳具雕塑、萨迪修女、拉比夫人萨迪，以及高声咏唱的抗议民众，其中

<hr/>

[1] 见霍华德·S.贝克和欧文·路易斯·霍洛维茨：《文明文化：旧金山》，《交易》第 6 期（1970 年 4 月），第 46—55 页。 另见威廉姆·伊瑟尔：《政治、文化与意识：旧金山"文明文化"演变中的三种形态》（1986 年 4 月 26 日在长滩举行的加利福尼亚州美国研究协会的会议提交论文），威廉姆·伊瑟尔：《1900—1940 年旧金山的商业权力与政治文化》，《城市史》第 16 期（1989 年 11 月），第 52—77 页。
[2] 引自朗尼·沙弗森和罗拉丽·福尔曼：《祈祷勇士为什么来这里》，《世界》（《旧金山纪事报/检察官报》的出版物），1990 年 11 月 18 日，第 11 页。

还有人高呼"把狮子还回来"。 记录此次事件的人恰如其分地总结说："信徒勇士已不是在堪萨斯。"[1]

此类文化之争引起了国内媒体的关注和道德审查。 旧金山的活动家为本市离经叛道的声誉骄傲不已，他们抓住一切机会展示个性、赞美差异，支持非主流的运动。 他们很多人视他们自己和他们的城市是国内社会变革的先驱。 为了博眼球而做出象征性姿态是本地政治的主流。 旧金山几乎没有哪一周不发生抗议活动、抵制、集会、游行、声明，或者决议，而且这些几乎全都有违美国的主流观念。 最近发生的也是最臭名昭著的例子是1991年1月14日，监督委员会和阿特·阿格诺斯（Art Agnos）市长宣布：旧金山成为海湾战争拒服兵役者的庇护地。 抗议示威出现以后，委员会又一致通过了另一项支持美国军队的法案。然而，在全国范围内被大肆报道的却是旧金山的庇护法案，以及在此背景下，数千名反战示威者封锁湾区大桥，点燃庆祝篝火，冲闯中心城区。 商会领导因为旧金山反战和不爱国的城市形象而苦恼不已，他们在《华尔街日报》和《今日美国》上发起了一场同时在东西两岸展开的宣传运动，为旧金山的示威游行行为道歉，并向读者保证大多数旧金山人都在支持本国在波斯湾的国家政策[2]。 共和党国会议员纽特·金里奇（Newt Gingrich）斥责反战游行是"小肚鸡肠"——它们太过于循规蹈矩，只不过是反战情绪的宣泄，不必太过当真，这一案例也可以说明： 旧金山

4

---

[1] 引自朗尼·沙弗森和罗拉丽·福尔曼：《祈祷勇士为什么来这里》，
《世界》（《旧金山纪事报/检察官报》的出版物），1990年11月18日，第11页。

[2]《旧金山纪事报》（以下简称"SFC"），1991年2月27日。

作为本国主要的"左岸"城市的形象究竟有多么刻板[1]。

本书研究的是旧金山的进步主义：孕育发生、维系与发展、破坏与存在，以及推动和阻碍它传播到其他城市乃至全国政治舞台的社会条件。旧金山是否真的如此怪异、奇葩，使得国家领导人与意见领袖总是对它的政治活动嗤之以鼻、视为异端？又或许，它是真正的先锋城市，一个可以预见美国未来进步主义时代焕然一新的水晶球？毫无疑问，旧金山在很多方面都堪称独一无二。它是一座一切皆可"后"（"post-"）的城市：后工业、后现代、后物质主义，以及后马克思主义。但是，尽管显而易见却需要再次强调，它是一座城市——一座巨型的、人口稠密、阶级复杂、人种多样、经济杂糅的城市。在某种意义上，它是整个国家在46.4平方英里上的缩影。如果它是一座极左的大学城，或者推行地方社会主义的小社区，人们或许可以等闲视之[2]。但旧金山是一座进步主义大都市，只此一点就非比寻常、非常重要，值得研究。然而，它是否一座先锋城市的评判却并非轻而易举可以得到定案。倘若，在旧金山所创造的如此宽松的环境中，进步主义运动都步履维艰，那么，其他地方的效仿之举则几乎绝不可能维系。我在本书中提出，它得以存续的关键就在于创造进步主义城市政体。

---

[1]《旧金山纪事报》，1991年1月28日。

[2] 例如，加利福尼亚州的伯克利、加利福尼亚州的圣莫尼卡和佛蒙特州的伯灵顿。参加皮埃尔·克莱韦尔：《进步主义城市》（新泽西州，新不伦瑞克：罗格斯大学出版社，1986年）和W.J.康罗伊：《挑战改革的边界：伯灵顿的社会主义》（宾夕法尼亚州，费城：坦普尔大学出版社，1990年）。

城市政体、政体改革和反政体

　　"城市政体"的概念对本书研究的理论探讨、经验之论以及意气之争都至关重要。 为了弄清楚城市政体何谓及其所为，先要明白创制城市政体就是为了解决经济崩溃、政府分裂以及政治失序问题。 概言之，在联邦政体和资本主义社会中，城市领导者受限于可掌控的经济资源、可行使的政府法定权力，以及他们自身管理不同群体的能力。 在保罗·彼得森（Paul E. Peterson）的《城市极限》（*City Limits*，1981）[1]和道格拉斯·叶芝（Douglas Yates）的《难以治理的城市》（*The Ungovernable City*，1977）[2]中就有两个与城市局限相关又广为人知的案例。

　　彼得森认为，在经济需求的驱使下，一座城市为了扩大纳税基数、增加新的税收来源，不得不与其他的城市和地区竞争，从而建造新的企业和工厂。 在地方背景中，再分配政策是"有害的""无益的"，因为它削弱了城市的竞争优势。[3] 在彼得森看来，发展政策也不在常规地方政治范围之内，是因为它们所追求的无疑是公共利益目标，需要专业规划师和商业精英的专业知识。 受限于此，包括政府服务和就业在内的分配政策全都在地

5

---

[1] 保罗·彼得森：《城市极限》（芝加哥： 芝加哥大学出版社，1981年）。

[2] 道格拉斯·叶芝：《难以治理的城市》（剑桥： 麻省理工学院出版社，1977年）。

[3] 彼得森：《城市极限》，第40—44页。

方层面上进行讨论、协商，并进行裁决。 道格拉斯·叶芝认为，局限于狭小的政治空间中，美国的城市已经变得难以治理，因为可管控的多元主义已经退化为"街斗多元主义"，他称其是"多个参战方以多种排列组合方式，持续进行的混斗、紊乱、多边的政治冲突模式"。[1]

关于城市政治的悲观观点也引发了另一场讨论，即美国城市的局限和难以治理究竟到了何种程度。 近来的若干研究也提出了一些更加乐观的观点——例如，约翰·洛根（John Logan）和托德·斯万斯托罗姆（Todd Swanstrom）主编的《超越城市局限》（*Beyond the City Limits*，1990）[2]以及芭芭拉·费尔曼（Barbara Ferman）的《治理难以治理的城市》（*Governing the Ungovernable City*，1985）[3]。 这些作者和其他许多人都指出，几乎所有的地方政府都有不同程度的自主权和斡旋空间，经济力量受到政治程序的调控，不同的政治领导力和技巧也会引起不同治理效果。 H. V. 萨维奇（H. V. Savitch）吸收了这一观点，他请读者"把本国国情想象成城市棋盘，因此，一位选手有可能比别人遭受更大的外部压力。 一位选手可能比别人更加优秀。 然而，所有选手都有选择的自由。 他们能够谋求巨额财富，他们能够掌控世上最有价值的土地，而且，最重要的是，他们可以通

---

[1] 叶芝：《难以治理的城市》，第 34 页。

[2] 约翰·R.洛根和托德·斯万斯托罗姆编：《超越城市局限：比较视阈中的城市政策与经济重建》（宾夕法尼亚州，费城：坦普尔大学出版社，1990 年）。

[3] 芭芭拉·菲尔曼：《治理难以治理的城市：政治技巧、领导力和现代市长》（宾夕法尼亚州，费城：坦普尔大学出版社，1985 年）。

过政治自主做出改变"。[1]

城市领导者可以借助制度上的手段帮助自身超越"城市极限"并撬动"街斗多元主义"的僵局，其中最有力的手段是城市政体。克拉伦斯·斯通（Clarence Stone）把城市政体定义为是："公共机构和私人集团为了能够制定并推动政府执行决议，所共同缔结的非正式约定。"[2]这一定义含蓄地承认，地方政府的官方组织自身不足以动员和协调所必需的资源来"创造行政管理的能力，并产生对公众具有重要意义的结果"。[3]

任何在看似难以治理的条件下创造治理能力的组织都会拥有权力。当然，权力化身千万，但是，通常它都可以概念化为某种形式的社会控制，即一个群体、组织或者阶级，通过从粗暴高压统治到潜移默化的手段，控制另一个群体、组织或者阶级。据此观点，在双方冲突中，社会中的一方对另一方具有"控权"；这是由于权力自身的运转所维系和再生的。与之相对，城市政体因为赋权而拥有权力。它使得市民与政府领导人在政治分裂与陷入僵局的世界中被赋予实现复杂愿景与解决问题的权力。它还会在就业、住房及其他看得见的物质利益中加入"福利"机制，以争取普罗大众的支持。[4] 政体权力能够在崩塌之中创出一种整体，整合而不是分割。这种形式的

6

[1] H. V. 萨维奇：《后工业城市：纽约、巴黎和伦敦的政治与规划》（新泽西州，普林斯顿：普林斯顿大学出版社，1988 年），第 9 页。

[2] 斯通：《政体政治》，第 6 页。

[3] 同上书，第 9 页。

[4] 同上书，第 206 页。

权力会被看作是一种接近地球引力的牵引力。[1]

在城市政体中，非正式的治理联盟制定并推行公共政策时，商业领袖通常会在其中扮演重要的角色。美国资本主义社会通常运作时，企业控制经济资源和组织资源，而这些资源是完成公共目标、实现斯通所谓的"社会生产"所必需的。[2]城市政体只要根基牢固，即使面对有组织的政治阻碍也能维持下去。它可以借助自身社会生产力的优先权及其从整体上为本市进行战略规划的能力——而不是借助强权统治和意识形态霸权——维系自身。[3]与那些虚无缥缈的替代品相比，只要这样的政体表现得更好，能够实现集体目标并提供个体机会，市民和政治家就会给予支持。而且，他们是头脑清醒而又实事求是，并未因为遭到欺诈或者胁迫而进行选择。

斯通的社会生产模型（"赋权"）比社会控制（"控权"）更好地解释了政体的存续。它也解释了为什么城市政体一旦确立就很难改变。如果一个政体的集体目标是维持政体不变、如果其社会生产力足够发达、如果可以替代的制度并不存在，那么，这个政体将不再遭受外来威胁的影响。在亚特兰大，人们发现了这种根深蒂固的城市政体的原型，商业精英联合起来与当地政府领导紧密合作，推动城市空间开发和经济发展。任何看

[1] 斯通：《政体政治》，第235页。
[2] 同上书，第8页。
[3] 见克拉伦斯·N.斯通：《先发制人的权力：对弗洛伊德·亨特"社区权力结构"的再思考》，《美国政治科学杂志》第32期（1988年），第82—104页。

重这些发展目标的城市政府都不得不维系一个商业主导的政体，保证商品运输——真正的商品运输。 几乎没有例外，如果进步主义者疏远商业精英，致使他们撤出公共事务资源，并失去整合能力，进步主义者重建政体的努力很可能就会徒劳无功。 正如斯蒂芬·埃尔金所说："打着反商主义的恶名，对本地商人打造伟大城市的构想置若罔闻，会导致财政困难，即使最强硬的进步主义政治家也会寝食难安。"[1]

斯通认为，进步主义对根深蒂固的城市政体的挑战面临着"非常大的认知和动机阻力"，因为为数众多的居民必须坚信新政体：（1） 将"更胜一筹同时行之有效"，（2） 能够组建维系该政体的联盟，（3） 在全新的尚不存在的政体中，为了实现长期的集体目标，不惜牺牲短期利益。 他发现，例外的情况通常只发生在有"资源丰富却并非企业法人的中产阶级"[2]的社群中。 为了实现政体变革，摧毁旧有政体是必然的，却也不止于此。 在私有化占据主导，同时城市被联邦政府抛弃的时代，新的政体必须落实到位，通过"赋权"以调动和整合资源，突破城市经济限制，支持孱弱的政府权威以实现新的社会目标。 无法构建一个崭新的赋权城市政体会导致曼纽尔·卡斯特尔斯（Manuel Castells）所谓的"野蛮城市"。

当城市居民以一种消极、应激的方式纠集在一起，反抗不受他们掌握的社会力量所造成的经济剥削、文化异化以及政治压迫

---

[1] 斯蒂芬·埃尔金：《美利坚合众国的城市与政权》（芝加哥： 芝加哥大学出版社，1987 年），第 32 页。

[2] 斯通：《政体政治》，第 228 页。

时，"野蛮城市"就出现了。[1] 没有政党及其他制度性的表达机制，这些抗议活动就会发展成为社会活动，以阻止后工业资本主义影响下社区生活及地方民主的消失。 城市平民主义、环境保护主义、消费主义、社区运动和租户暴乱全都因为同一个结构根源： 全球经济重组、科技变革和企业自由主义政府的崛起。然而，作为抗议活动，所攻击的不过是城市生活中司空见惯的社会衰败的表征： 交通堵塞、环境污染、高层建筑、无序发展、过度扩张、社会脱序和政府无能。 在反对由商业精英主导的变革、增长、发展和进步时，这些主张常常显得有些好古，甚至有些封建化。 他们紧抓住城市的一隅不放，却无法把握城市本身。 他们偏执固守地方文化飞地，执意因循自己的赋权轨迹，拒绝联合与融合。 没有组织，没有形成统一运动的运动联盟，没有出现超越飞地的意识，也没有突破城市的局限。 由于没有组织，卡斯特尔斯认为"城市矛盾要么以一种曲折的方式表达，要么以一种'野蛮'方式、一种纯粹的毫无组织对抗的方式表达"。[2] 他们仅在自己的地盘上埋头深挖，专注深度忽略广度，因而错失了社会改革的时机。 因为对有症结的世界产生失控感，他们索性就蜗居在自己的社区中，把它当作全世界。[3]在野蛮城市中，卡斯特尔斯认为，这些社会运动最好的导向也不

———
[1] 曼纽尔·卡斯特尔斯：《城市与草根民众》（伯克利和洛杉矶： 加利福尼亚大学出版社，1983 年），第 326 页。
[2] 曼纽尔·卡斯特尔斯：《城市问题： 一种马克思主义的方法》（剑桥： 麻省理工学院出版社，1977 年），第 272 页。
[3] 卡斯特尔斯：《城市与草根民众》，第 331 页。

过是正向的乌托邦领导能预见城市未来美好景象的一角，但却没有政治上的魄力促使这些理想成为现实。 他们"照亮了自己无法行进的前路"。[1]

　　"野蛮城市"是旧金山人自己制造、如今又想要逃离的混乱的别称。 本市的促增长政体已经不复存在了，却还没有出现一个新的可以取而代之的进步主义政体。 进步主义领导者曾经在捣乱秩序中起到了作用，如今则要面对在混乱中创造秩序的难题。 我的观点是：旧金山的城市社会运动已同政治相融合，并有能力建立一个全新的城市政体。 有证据表明旧体制的一些元素，尤其是商业群体中的一些元素正在进行自我调整以服务于新的社会目标。 因此，尽管有时步履蹒跚，旧金山还是走上了一条能依稀照亮城市未来愿景的道路。 但是，这条路杳无尽头又充满了不确定性。 进步主义联盟的领导者必须想尽一切办法解决应对地方超多元主义、统治危机、内部矛盾和越来越多的反对意见。 时至今日，旧金山充其量是一种*反政体*——一个过渡性政治秩序，以防御的方式建立起来，以抵御旧的促增长政体像拉撒路（Lazarus）*一样再次抬头。 但这样的秩序难以长久。 除非进步主义领导者能够创造出信念一致和纪律严明的政治组织，驾驭选举联盟中的离心力，否则，一盘散沙的联盟必将分崩离析。 除非他们找到重新把市政厅和市区商业联系起来的途径，否则，联盟的经济基础终将侵蚀殆尽。 除非他们可以疏通与政

---

[1] 卡斯特尔斯：《城市与草根民众》，第 327 页。

　*　拉撒路是《圣经·约翰福音》中记载的人物。 ——译者注（＊为译者注，下同）

党、州和国家的关系，否则，本市注定会孤立无援，它的政治也会被斥为异端。

范围与规划

我将在本书展示 1975—1991 年期间，旧金山进步主义政治稍显模糊的历史，重点关注土地利用、城市开发、缓增长运动和阿特·阿格诺斯的市长任期。 通过一系列的案例研究来讲述这段历史，与此同时检视进步主义联盟发展过程中的重要时刻。其中包括，进步主义联盟 1975 年市长乔治·莫斯康尼（Mayor George Moscone），以及之后 1978 年市长阿格诺斯过山车式的轮番掌握市政权力；戴安·范斯坦（Dianne Feinstein）担任市长（1978—1987 年）的权力真空期，与市区商业精英之间的争斗；面对内部矛盾冲突、刚愎自用的市长和卷土重来的市区商业群体，进步主义联盟为了存续自身所作的持续斗争。

这是一本政治学研究著作，所呈现的是一个有待完善却又非常基础的理论，该理论阐释的是什么样的政治、经济和社会文化条件，既推动而又阻碍建立一个稳定的进步主义城市政体。 我提出了一个反政体的模型，阐明旧金山的过渡政治体制有能力约束市场经济和私有经济，但是，却无法驱动这些资源从而实现进步主义的目标。 我还解释了进步主义这一概念本身，阐发了在政治实践中衡量和观察进步主义的方法，验证进步主义理论及其相关理论。

从哲学角度看，本书部分章节是对在旧金山和美国其他城市的促增长理念和控制城市经济发展的驳斥。 尽管进步主义领导者和缓增长支持者自作自受，理应受到相应批评，但是，在关键问题上读者还是可以毫不费力地分辨出我的同情之处和观念所在。 然而，本书之所以做出这番不留情面的驳斥，是因为我深知旧金山的商业经济并非铁板一块，我谙熟在资本主义社会中，利益动因和进步理想并非水火不容，我也熟稔本市并非只有进步主义领导者在智力上独领风骚，又或者只有他们才有一番好意。

　　第二章呈现了必要的背景知识，便于理解促成旧金山进步主义运动的经济、社会和政治条件。 重中之重是这些条件的交互作用——查尔斯·里根（Charles Ragin）所谓的微观事件和宏观质变的"多重因果关系组合"。[1] 这些条件是多重的，意即没有哪一个单一元素可以解释本市的政治转型。 相关元素的名单很长： 本市紧凑型地理和人口稠密；服务业以及伴随而来的由专业人士、管理人员和小企业家组成的中产阶级；"得天独厚"地理位置，怡人而又诱人，使它在城市等级中位列前茅；复杂多样的种族和民族；松散而且缺少领导的市区商业群体；政治机构，尤其是直接民主措施（创议权、投票权和罢免权）；彬彬有礼、宽恕包容和偏左的政治文化——一碗融汇各种价值和观念的看不见的"高汤"，还有其他所有的"配料"混淆其中。 这些条件是交互的，意味着它们多元交互（或许，可以称之为化学反应），而不是简单地混在一起产生作用。 比如，1980 年代，本市开创性的增长控制效果得以实现的前提，在于它有广泛的专业化的中产阶层加上多种族社群，加上松散的市区商业精英，再加

---

[1] 查尔斯·C.里根：《比较的方法： 超越定性与定量的策略》（伯克利和洛杉矶： 加利福尼亚大学出版社，1987 年），第 27 页。

上直接民主制的机构（及其他条件），它是多元交互的结果。缺少其中任何一个元素，缓增长运动都将会失败，或者走向一条非常不同的道路，最后的结果也将会有本质不同。毫无疑问，交互条件仅仅是前提，最多可以说它们提供了创造历史的机会，而社会活动家既可以利用也可以不利用。[1] 在旧金山，市民抓住了机会并加以利用。

第二章还仔细分析了进步主义的概念及其在旧金山的特殊形式。我的观点是：本市的进步主义是三个迥异的左翼思想体系（或许使用法语中的术语 *倾向*［*tendances*］更加合适）理论与实践的部分聚变，即自由主义、环境保护主义和平民主义。投票趋势和舆情数据的实证分析表明，本市广大选民中存在上述思想倾向，每一个都有不同的指向，每一个都受到不同的选民群体和政策目标的主宰。本章叙述的主要部分是本市的进步主义领导如何——即便是部分——整合"三个左翼群体"，推动缓增长结盟，促使促增长政体垮台。然而，正如在后面的章节将要讨论的，现在进步主义领导者面临的问题是如何把事实上并不稳定的价值观、目标和理念的综合体转化成有条不紊的思想结构，实现进步主义城市政体的合法性。尽管意识形态的作用相对较小，但是相比其他人所讨论的维系根深蒂固的政体的因素，在旧的政体垮台之后，它对构建新政体并推动其合法化至关重要。不过旧金山的进步主义领导却陷入了意识形态的两难境地。一方

10

---

[1] 见胡安·J. 利兹：《民主政体的崩溃：危机、崩溃与再平衡》（马里兰州，巴尔的摩：约翰斯·霍普金斯大学出版社，1978年），第10—11页。

面，他们在构建可以囊括所有三个左翼目标的思想体系过程中，越是追求兼容并包，则作为指导政治运动和社会变革的思想体系越是矛盾重重、混乱无序。　另一方面，领导者越是想构建一个内在一致、连贯的思想体系，为了保障其完整性和明确目的，他们必然越是排斥他者。　最终，岌岌可危的是进步主义运动的"政治承载力"——意识形态的妥协使得运动的核心支持者开始疏离，这批疏离者的数量远超于通过其他渠道声明吸引到的支持者的数量。[1] 此次研究的结论之一即承载力事实上非常有限，它也限制了进步主义变革的运动节奏和传播范围。

第三章追溯了旧金山促增长政体的兴与衰。　大约从 1960 年开始，这一城市政体主宰旧金山的发展战略和土地利用规划长达 25 年之久。　在这一政体统治下，旧金山的主要形象为控制和通信中心，为与环太平洋国家从事商业和贸易活动的湾区企业和跨国公司提供高级企业服务。　在打造全球城市的过程中，这成为了它的战略性职能。　地方增长机制把战略规划变成规划，把规划变成有组织的行动，以政府机构和民众支持为其后盾。　街区被夷为平地，人口遭迁移，公司企业的战场置于摩天大楼中，建造摩天大楼赋予了本市作为一个增长机器的职能形式。　借用切斯特·哈特曼（Chester Hartman）那本精彩的著作的书名，"旧金山的转型"[2]在市区金融区快速推进、迅速完成。　发展的浪潮

---

[1]　"政治承载力"，见亚当·普雷泽沃斯和约翰·斯普拉格：《纸石：选举社会主义的历史》（芝加哥：芝加哥大学出版社，1986 年），第 69—70 页。

[2]　切斯特·哈特曼：《旧金山的转型》（新泽西州，托托瓦：罗曼和阿兰黑德，1984 年）。

很快就开始袭卷北滩（North Beach）[*]、市场南区（South of Market）^{**}，以及本市其他地区。大约是在这个时候——1970年代末——缓增长运动出现了，开始与市区商业精英及其市政厅盟友展开斗争。与此同时，促增长政体也开始瓦解。它遭到本地缓增长反对意见的削弱，在金融资本和商业房地产市场国家危机的重压下，到了1986年彻底崩溃了。本市的缓增长进步主义运动并不是导致危机的原因。不过，它们的确借助其政治优势采取行动，借助1986年促增长政体崩塌之后出现政治权力真空乘虚而入，并在1987年收拾残局，构建全新的城市功能和城市形式图景。接下来两章讨论的主题就是这一过程是如何实现的。

　　第四章从1971年和1972年反对高楼大厦发展规划的早期抗议活动的单个线索讲起，并揭示了它们如何在该时期收编更加包容的缓增长联盟，并最终取得了1986年的胜利，即通过美国所有大城市中最严格的增长控制法案 M 提案。旧金山缓增长运动在五个方面非常引人注目：在规避市政厅对缓增长改革的阻力时，本地政治机构尤其是市民投票创议和司法程序的重要作用；屡屡出现的缓增长创议运动在教育引导民众舆论和促使市政厅采取先发制人的增长控制措施的累积作用；大部分以中产阶级为主的缓增长运动的特性，及其在动员更广大群体支持增长控制时引

11

＊　北滩，旧金山东北部的一个街区，毗邻唐人街和渔人码头。它被认为是旧金山的"小意大利"，也是旧金山主要的红灯区和夜生活区域。

＊＊　市场南区，带有一种精致都市的气质，聚集了新兴科技企业、大型夜店、工业阁楼住宅等。

发的问题；缓增长运动内部控制增长与反对增长阵营之间的矛盾冲突；以及民主进程扩大至发展规划领域时，领导才能、专业技能以及政治手段的重要性。

第五章主要关注的是进步主义运动发生的质变，变成了一个寻求政治权力和入主政府机构的有组织的投票选举运动。缓增长改革制度化和在本市执政联盟和官僚结构中进步主义领导权具体化的需求是此次转变的推动力。抗议远远不够[1]——甚至公民依法赋权的政策也不足以确保政府开展全新的进步主义议程。随着 1987 年 12 月自由派阿特·阿格诺斯当选市长，临界时刻到来了。此后数月之中，本市各种各样的委员会和理事会中挤满了被委任的进步主义者。在 1988 年和 1990 年的选举中，进步主义者在监察委员会中占据多数，实现了对委员会的控制。进步主义运动，在阿格诺斯市长的领导下，变成了进步主义政府。恰恰是在此时，仅仅是照亮改革之路和切实走上改革之路的差别突然之间变得清晰可见。这条路把情况径直引入了错综复杂的政治、财政危机、无法解决的问题、艰难的决策、折中权衡，以及官方责任。纠缠不清之中，不知是在何处，进步主义运动光影摇曳，开始崩溃瓦解。它还没有建成一个全新的进步主义城市政体就戛然而止，却创造了本市现在所具有的政体：一个反政体。

第六章至第八章探讨的是旧金山反政体的特性和影响。反

---

[1] 见鲁夫斯·P.布朗宁、戴尔·罗杰斯·马歇尔和大卫·H.塔布：《抗议不够：黑人与拉丁裔在城市政治中争取平等的斗争》（伯克利和洛杉矶：加利福尼亚大学出版社，1984 年）。

政体是一个防御性的统治管理体制，它旨在阻遏和筛选大型商业权力，保护本市的生态环境、历史建筑、小型企业、邻里社区和生活质量不受无序的市场力量和宏大的促增长规划的侵害。这一政体所反对的是大规模发展开发、建造高楼大厦，以及作为企业总部的城市的战略职能。它是一个政体，反对的是金钱和唯物主义成为城市存在的核心意义。简而言之，它是一个保护市区不受资本侵害的政体——这是其第一要务。它基本的动力是因循守旧；有的人会称它是反变革的，甚至是封建的。

　　第六章考察的是 M 提案如何限制市区金融区的办公大楼建设，如何阻止社区中不受民众欢迎的商业发展规划。第七章是案例研究，即 1989 年，本市的进步主义者如何动员起来阻止财团在"中国盆地"地区为旧金山巨人队建造新的棒球场的提案。如果不抓紧点，"中国盆地"棒球场提案的失利几乎可以确定会导致巨人队在 1994 年之后随即离开旧金山。进步主义运动也展示了本市的缓增长运动力量在如何破坏市区商业和市政厅的联合力量。阿格诺斯积极主动为"中国盆地"棒球场的提案劳累奔波，在此次运动中（而且也因为此次运动），阿格诺斯与他的进步主义选民之间的关系开始变坏。 12

　　第八章展示了在反政体中有关缓增长力量的另外两个案例研究。第一个案例展示的是，选民如何挫败卡特鲁斯公司的企图。1990 年卡特鲁斯公司在米慎湾发展规划中提议建造一座城中城并试图赢得选民的同意，且不受 M 提案的限制。第二个案例讲述的是，在同一年进步主义者成功地说服了选民同意实施禁令，禁止建造滨水区酒店，并且要求市民更广泛地参与滨水区未来的开发规划。阿格诺斯市长与卡特鲁斯行政人员和滨水区开发商达成幕后交易，并支持他们的大型项目，阿格诺斯再一次站在与进步主义选民相对的错误一面。 等到了 1991 年，阿格诺斯开始谋求连任竞选运动的时候，原本很多支持他的草根选民都把他当作披着缓增长羊皮的促增长恶狼。

　　第九章展示了旧金山反政体中更加黑暗的一面，并分析使本市进步主义联盟领导者困惑不解的结构和意识形态窘境。 反政体的保守特性既是它的优点也是它的缺点。 它是优点，是因为被保护的是危机四伏的社区，其中充溢着多样性、创造性、包容性、人文关怀以及生机勃勃的政治生活。 它是缺点，是因为它维持现状不变，造成社区狭隘意识，以及促生对权力的不信任。在本章中，我探讨了为了创造一个向社区赋权而不仅仅是保护它的进步主义的城市政体，必须要解决的复杂的意识、经济和政治的难题。

　　在 1991 年市长选举的后记中，我描绘了派系之争如何破坏旧金山的进步主义联盟，削弱阿格诺斯连任运动的支持力量，打开市政厅大门，由促增长温和派和保守主义者重新掌权。 阿格诺斯在 11 月的选举中击败了来自左翼阵营的两位重要挑战者，在 12 月的决胜选举中以毫厘之差输给了前警察局长弗兰克·乔丹（Frank Jordan）。 这一切根本称不上旧金山选民的保守主义转向，阿格诺斯的失利主要是进步主义运动的推波助澜。 在本章结论部分，我探讨了进步主义运动中的冲突和矛盾，这些使得阿格诺斯的失利是意料之中的事情，以及如果进步主义者想要建立一个稳固的进步主义政体，这些仍然是他们必须解决的问题。

第二章

经济变革与社会多样性：进步主义的地方文化[*]

---

[*] 本章主要部分摘自理查德·德莱昂：《进步主义城市政体：旧金山的种族联盟》，《加利福尼亚种族与民族》，布莱恩·O. 杰克森和迈克尔·B. 普雷斯顿编（加利福尼亚州，伯克利：政府研究所，1991年），以及理查德·德莱昂：《旧金山：全球城市中的后唯物主义平民主义》，《转型中的大城市政治》，H. V. 萨维奇和约翰·克莱顿·托马斯编（加利福尼亚州，比弗利山：萨奇，1991年）。

13%。[1] 旧金山紧随纽约市之后，跻身人口密度最大的城市：每平方英里约 15 600 人。考虑到它极低的住宅空置率（1988 年为 1.1%）和紧俏的可开发土地（2005 年全年为 403 英亩），未来十年，旧金山的 46.4 平方英里土地不可能再承载更多的人。[2]

1980 年，旧金山成为全国族裔最复杂多样的大都市。随机选取任意两位居民，他们就有 83% 的可能性分属于（14 个族裔中的）不同的种族群体。[3] 自此之后，本市的种族越来越复杂多样。不同的（合法和无记录）外来移民，再加上旧金山盎格鲁和非裔美国人群体内部的人口统计趋势，彻底改变了旧金山的人种构成。[4] 1960 年，非白人占比 18%；1990 年，这一比例已达到 53%，由此，旧金山跻身于"少数族裔占多数"的城市名录。[5] 1974 年，弗雷德里克·威尔特（Frederick Wirt）称本市

[1] 湾区委员会：《了解地区发展》（旧金山：湾区委员会，1988 年）。

[2] 理查德·勒盖茨、斯蒂芬·巴顿、维克多利亚·兰德里特和斯蒂夫·司各特：《湾区传真：1989 年旧金山湾区土地开发和数据手册》（旧金山：旧金山州立大学公共研究所，1989 年）。

[3] 詹姆斯·P.阿兰和尤金·特纳：《合众国种族最多样化的地方》（1988 年，亚利桑那州，凤凰城举办的美国地理学家协会会议论文）。

[4] 见凯文·麦卡锡：《旧金山的人口统计未来》，"我们共享的城市：旧金山未来研讨会"（旧金山：旧金山前进，1984 年），第 15—18 页，以及布莱恩·J.戈德弗雷：《转型中的社区：旧金山族裔与非一致社区的形成》（伯克利和洛杉矶：加利福尼亚大学出版社，1988 年）。

[5] 见同页注释 1。另见布鲁斯·凯恩和罗德里克·基维特：《加利福尼亚即将到来的少数派多数群体》，《舆论》（1986 年 2 月/3 月），第 50—52 页。

的非裔美国人、亚裔和讲西班牙语的居民是"新到族裔群体"，刚刚建立起来为数不多的社区。[1] 他提到，在政治运动中，亚裔尤其认为"他们有限的人口是一个障碍"。[2] 1990年，亚裔和太平洋群岛裔成为本市最大的单一少数族裔群体（28%），紧随其后的是拉丁裔（14%）和非裔美国人（11%）。现在，亚裔与拉丁裔人成为本市增长速度最快的种族群体。从1980年到1990年，亚裔人口增长了43%，拉丁裔人口增长了20%。盎格鲁人下降了7个百分点，非裔美国人下降了9个百分点。

　　表2.1的数据取自1980年的人口普查，基于特定的社会经济标准对本市四个主要种族群体进行比较。[3] 统计数据比较后可以得出六条一般规律。第一，相比其他三个种族群体，盎格鲁人的社会经济地位（SES）更高。他们有更高比例的人属于高收入群体，拥有增值资产（财富），接受正规高等教育，担任职业经理人。第二，盎格鲁人家庭生活方式与其他三个种族也有明显不同。从整体上看，他们的年龄更老，孩子更少，更倾

---

[1] 弗里德里克·沃特：《城市权力：旧金山的决策》（伯克利和洛杉矶：加利福尼亚大学出版社，1974年），第240—271页。

[2] 同上书，第245页。

[3] 美国人口普查局1980年人口与住房普查：《公众使用微数据样本（PUMS）：旧金山，5%样本》（华盛顿特区：政府印刷局，1983年）。旧金山PUMS数据便于机器读取供我分析研究之用，由加利福尼亚大学校长办公室计算与通信资源办公室制作。假定从1980年开始，群体比较的整体模式相对比较稳定。1985年和1989年注册选民样本调查（见第四章和第九章）揭示了旧金山族裔群体之间相似的社会经济差异。

向于非家庭式居住环境。　第三，整体上看，亚裔相比拉丁裔和非裔美国人在社会经济方面（尤其是财富和教育）发展得更好，但是，却与他们的家庭生活方式相似。　第四，相比亚裔和拉丁裔，非裔美国人作为一个整体明显更加穷困，更加依赖社会救助和地方政府就业服务。　第五，大规模移民刺激了近年来亚裔与拉丁裔人口的增长。　第六，考虑到种族之间巨大的 SES 差异，主要种族的房屋所有权比例差距之小令人吃惊。　这意味着所有种族群体的低收入家庭的房屋所有比例非常高，这一预期得到了进一步细分的收入低于 10 000 美元家庭房屋所有权比例的证实：盎格鲁人，38.2%；亚裔，44.2%；拉丁裔，36.0%；非裔美国人，34.8%。[1]

表 2.1　盎格鲁人、亚洲人、西班牙人和黑人在特定的社会人口指标上的比较：旧金山，1980 年（5%公众使用微数据样本）15

指　　标	盎格鲁人	亚洲人	西班牙人	黑人	总计
专业管理人员（%）	34.5	18.4	14.1	14.9	26.7
低薪服务者（%）	6.3	14.3	15.4	10.4	9.4
政府公务员（%）	17.5	16.6	15.8	33.4	18.8
一些大学（%）	59.3	47.7	34.1	35.7	51.5
人均收入（美元）	13 408	9 902	9 256	9 288	11 837
收入高于 14 999 美元（%）	30.3	19.2	15.9	17.3	24.7

---

[1] 基于我对 PUMS 数据的分析。 布莱恩·O.杰克森也曾报道过洛杉矶存在相似的族裔群体差异。 见布莱恩·O.杰克森：《洛杉矶政治中的民族与种族分歧》，《加利福尼亚民族与种族》，布莱恩·O.杰克森和迈克尔·B.普雷斯顿编（加利福尼亚州，伯克利： 政府研究所，1991 年）。

续　表

指　标	盎格鲁人	亚洲人	西班牙人	黑人	总计
有利息、分红、租金或版税收入的人（%）	42.0	37.1	16.6	10.1	34.9
收入低于贫困线125%的个人	15.3	17.1	22.1	27.8	18.0
接受公共援助的人（%）	5.7	8.0	10.0	16.7	7.8
业主（%）	39.7	49.6	38.2	39.1	41.4
第一次按揭的业主（%）	52.1	77.4	67.5	80.1	62.5
1975年住在同一所房子里（%）	48.5	47.5	45.1	53.4	48.3
1975年住在国外（%）	3.2	23.4	10.8	0.7	7.8
15岁或以下人口总数（%）	8.4	20.9	24.4	23.7	15.0
60岁以上人口总数（%）	26.5	14.4	11.8	13.7	20.3
居住在非家庭式住户的个人（%）	49.0	14.4	21.9	27.2	36.4

资料来源：人口普查局，人口和住房普查，1980年。 公众使用微数据样本（旧金山：50%）（华盛顿特区，1983年）。 可通过计算机和通信资源获得的只读数据文件，加州州立大学校长办公室。 除非另有说明，所有指标均适用于16岁或以上的个人。

尽管本书没有展示更详细的数据，但是，亚裔（日裔、华裔、菲律宾裔及其他亚裔）和拉丁裔（墨西哥裔及其他拉丁裔）内部主要的次族群还是表现出了不同的规律。 第一，旧金山日裔本土化水平更高，其社会经济地位和家庭生活方式与盎格鲁人非常相似，却与其他的亚裔群体存在明显差异。 第二，华裔与菲律宾裔具有相似的社会人口统计特征，但是，华裔整体收入不均表现得更加明显，他们拥有更多的增值资产，居住环境也更加优越。 第三，那些被划分到其他亚裔（包括菲律宾裔和异拉丁裔）是名副其实的旧金山新一代"新到种族群体"。 1980年的人口普查表明： 1975年，其他16岁以上的亚裔中有超过46.9%的人声称他们生活在异国（28.4%的菲律宾裔和12.7%的其他拉丁裔表达了同样的想法）。 在所有次级族群中，其他亚裔整体上最穷、最不稳定、年龄最小。 第四，拉丁裔族群内部，墨西哥裔美国人和所谓的其他拉丁裔具有完全一致的数据特征。 这些次族群在社会经济和人口统计上与非裔美国人和其他亚裔人的大多数数据相似。[1]

人口流动造就了旧金山种族的多样，许多不同的拉力和推力造就了人口的流动。 东南亚地区和中美洲地区时有发生的战乱，毫无疑问是推力因素。 根基牢固的亚裔和拉丁裔街区飞地的存在是一个很重要的拉力因素，它们为即将到来的移民和难民提供了安全保障、社会服务和文化认同。[2] 另一个拉力因素是全球经济重组。 萨斯基亚·萨森-库布（Saskia Sassen-Koob）等人的最新城市经济增长研究表明，像旧金山这样的大都市在全球经济背景下成为区域经济的中心，提供先进的管理、金融、法律和通信合作服务。[3] 萨森-库布认为，这种区域专门化引发

---

[1] 基于我对PUMS数据的分析。 详细讨论，见德莱昂：《进步主义城市政体》。

[2] 见卡洛斯·科尔多瓦：《旧金山并未登记的萨尔瓦多人： 迁徙与适应动态》，《拉扎研究杂志》第1期（1987年），第9—37页。 另见弗兰克·维维亚诺：《1990年代的湾区——重大变革的预演》，SFC，1988年12月5日。

[3] 见萨斯基亚·萨森-库布：《全球城市的劳动力新要求》，《转型中的城市： 阶级、资本与国家》，迈克尔·皮特·史密斯编（加利福尼亚州，比弗利山： 萨奇，1984年）。 另见约翰·H.莫伦科夫：《争议城市》（新泽西州，普林斯顿： 普林斯顿大学出版社，1983年）。

的经济增长造成了：（1）"收入和职业结构中日益加剧的两极分化"，（2）中等收入白领和蓝领就业岗位的逐渐消失，以及（3）范围甚广的"工资极低或者极高"的新的就业岗位，前者吸引半熟练移民的涌入，后者凑足了居民和商业城市中产化所必需的"临界质量"。[1] 我们将看到，有证据表明这样的职业和收入的两极分化正在旧金山上演，造就了一个边缘化经济基础，为安置由非裔美国人和东南亚及中美洲地区新到移民组成的越来越庞大的服务阶层提供了可能。

1960年代后期，旧金山出现了大批男同性恋和女同性恋群体，他们主要生活在本市的卡斯特罗区（Castro）和波克·高驰区（Polk Gulch）两个社区中，他们的到来进一步增强了旧金山居民种族、文化和生活方式的多样性。该群体的人口总数约占本市成年人口的10%—20%。不幸的是，艾滋病毒在上个十年造成该群体死亡超过7 000人，使得他们的总人口数大幅减少。[2]

---

[1] 萨森-库布，《劳动力新要求》，第157—163页。
[2] 这是全国最高的AIDS死亡率数据。1990年6月，AIDS病例仍在增加，旧金山在AIDS方面的财政支出接近2 500万美元，远远超过联邦政府和州政府捐助的总和（1 560万美元）。地方基金、非营利组织、商界和社区群体协同合作，创造并建立应对AIDS的项目，在很多人心中堪称楷模。但是，这些地方性私人和非营利部分的努力已经接近它们的极限。尽管旧金山市长阿特·阿格诺斯、纽约市市长大卫·丁肯斯以及其他市长多次请愿，但是一直以来，里根和布什政府都避免把全国AIDS问题当作联邦政府问题来处理。里根担任总统6年期间，甚至都没有在公开场合提及AIDS，更别说行使国家领导人权力应对这种传染性疾病。像旧金山和纽约一样受到严重影响的城市不得不在地方层面应对这一问题，耗尽了他们自己的资源——这些资源（转下页）

　　简而言之，旧金山复杂的种族、民族和多样的生活方式促成了居民大融合，这与美国"主流"绝不相同。在最新一期《美国政治年鉴》中，迈克尔·巴龙（Michael Barone）和格兰特·氏房（Grant Ujifusa）推测，旧金山第五国会选区（代表了约77%的旧金山人）"非拉丁裔、非同、本土出生的美国白人只占该选区人口的 25%"。[1] 旧金山许多白人市民居住在双子峰西侧，传统的住房家庭所有的卡斯特尔斯所谓的"家庭乐园"，[2] 而其他人则居住在富裕的太平洋高地区和码头-俄罗斯山地区。本市其他种族群体的空间分布也有明显的"地盘"特征（见图2.1）：华裔在唐人街和里士满区，近年来搬入日落区；东南亚裔聚集在田德隆区（靠近市政中心）；菲律宾裔在市场南区和米慎区；拉丁裔在米慎区和米慎中区；非裔美国人在海景-猎人角

17

（接上页）原本可以资助解决私有化中真正的地方问题和规划项目。见朱迪斯·蓝道和威廉姆·海因斯：《地方群体率先应对 AIDS 问题》，《管理》，1987 年 11 月，第 34—40 页；伊丽莎白·费尔南德斯：《一座城市的回应》，SFE，1990 年 6 月 17 日；阿特·阿格诺斯和大卫·丁肯斯：《AIDS 战役，市长请求救援》，SFC，1990 年 9 月 12 日。旧金山男同性恋和女同性恋社区人口的增加，见戈德弗雷：《转型中的社区》；兰迪·希特：《卡斯特罗街市长：哈维·米尔克的生平与时代》（纽约：圣马丁出版社，1982 年）；以及曼纽尔·卡斯特尔斯：《城市与草根民众》（伯克利和洛杉矶：加利福尼亚大学出版社，1983 年）。

[1] 迈克尔·巴龙和格兰特·氏房：《1990 年美国政治年鉴》（华盛顿特区：国家杂志，1989 年），第 94 页。另见詹姆斯·W.哈斯：《新旧金山：世界上第一座"同性恋"城市》，《金州报告》第 2 期（1986 年 7 月），第 32—33 页。

[2] 卡斯特尔斯：《城市与草根民众》，第 156 页。

图2.1 旧金山街区

资料来源：CORO 手册，1979 年。

区、英格赛区和西增区。[1]

相对其他的大都市，旧金山人学历更高、生活更富足、技术
人才更多：1980 年，25 岁及以上的人中 28.2% 接受了 16 年及
以上的学校教育；1985 年，人均年收入为 13 575 美元；1980
年，19.2% 的雇员从事专业或者技术工作。约翰·莫伦科夫写
道，"企业总部和高端服务业大规模扩张"，在旧金山形成了一
个"新的阶层"："中产阶级专业人员，他们通常完成了高等教
育、收入丰厚，越来越多与战后婴儿潮同龄的人成为其中的一
员。"[2]总体来看，由专业人员和职业经理人组成的新中产阶
级，在很大程度上取代了原本由蓝领工人组成并且严格按照收
入划分的旧中产阶级。旧金山也已经变成了小型企业家和白
领工匠（见第九章）的中心城市，使原本结构就非常复杂的阶
级结构更加杂糅。根据新马克思主义者的分析，本市的职业
结构充满了"矛盾的地位"（contradictory locations），包含埃里
克·赖特（Erik Wright）所描述的"资本主义社会阶级斗争的
主要形式，即劳动与资本之间的矛盾利益"。举例来说，在这
一分析中，自由职业的高科技顾问既不剥削其他劳动也不被资
本剥削，在阶级关系中处在一个矛盾位置。赖特指出，受雇
于大公司的职业经理人"与被剥夺了生产工具的工人一样"，
但是，"由于他们对公司组织和技术资产的有效控制有与工人
对立的利益"。他们在阶级结构中既是剥削者也是被剥削者。
按照赖特所说，阶级结构中的矛盾位置能够彼此结合，可以与

18

[1] 空间分布内容详见戈德弗雷：《转型中的社区》。
[2] 莫伦科夫：《争议城市》，第 204 页。

传统的工人阶级组织形成全新的政治联盟，而进步主义联盟就是其中的一部分。[1]

旧金山社会阶层结构变革造成的结果是，旧金山市民获得了一种较高水平的能力，即罗纳德·英格尔哈特（Ronald Inglehart）所谓的"认知动力"（cognitive mobilization）——应对复杂的社会和政治问题所需的一种言语、分析和交流能力。[2] 认知动力是促进市民广泛参与土地利用和经济发展政策制定的先决条件。该政治领域被专业术语、技术名词和法律条文所遮蔽，若要有所作为，传统的政治知识和技巧通常力有不逮。认知动力是本·高达德（Ben Goddard）所谓的"中产阶级平民主义"崛起的关键因素，他认为这一现象的根源在受到良好教育的"60后"："'60后'之所以重要，不在于其总人数，而在于他们的政治技巧。他们年纪轻轻就学会了如何组织——以及被组织——行动。由于他们关注地方问题，其影响力大多限于本地。他们关心社区维护、交通运输、增长控制和污染问题。他们关注的是'生活质量'。"[3]旧金山市民在相关问题上表现出较高水平的政治动力，这是其社会阶级结构造就的较高认知动力水平的反映。

---

[1] 见 E. O. 赖特：《中间阶层之中间何谓？》，《分析马克思主义》，J. 罗默编（剑桥：剑桥大学出版社，1986 年），第 127、130—131 页。

[2] 罗纳德·英格尔哈特：《发达工业社会的文化变迁》（新泽西州，普林斯顿：普林斯顿大学出版社，1990 年），第 337—340 页。

[3] 本·高达德：《草根民众平民主义的崛起：生活质量问题触发的快速发展运动》，《竞选与选举》第 8 期（1988 年 1 月），第 83 页。

地方沙漏经济

过去 20 年，旧金山的基础经济已经变为向本国和跨国企业提供高端合作服务（法律咨询、会计业务、保险和金融分析等等）。[1] 这一改变把本市的职业结构一分为二，变成了一个"沙漏型"形象：上层是收入丰厚的专业化和管理类就业岗位，下层是收入微薄的服务业就业岗位（比如看门人、女服务员和快餐服务员），两者都在进一步扩大，然而，中产阶级蓝领和白领却在萎缩。下面的数字可以进一步说明变化之大：1963年，本市服务业约有 38 000 个就业岗位；1982 年，骤增到超过100 000 个就业岗位。最新研究预测，2005 年，低收入服务业就业岗位相比 1980 年将会增加 43%，与此同时，金融业、保险业和房地产行业的专业就业岗位将会增加 18%——预计旧金山未来25 年将增加 119 500 个工作岗位，这两类就业岗位占比达到74%。[2] 湾区收入趋势研究表明，旧金山"两个最低收入阶层和两个最高收入阶层，造成了 1978 年到 1987 年间实际收入的巨大变化"。[3] 对此的说法是，旧金山"经济结构不断地创造工

---

[1] 相关研究文献概述，见贝内特·哈里森和巴里·布鲁斯通：《大转折：美国的企业重组与两极分化》（纽约：巴西克出版社，1988 年）。

[2] 湾区政府协会（ABAG）：《规划——87：旧金山湾区 2005 年愿景》（加利福尼亚州，奥克兰：ABAG，1987 年）。

[3] ABAG：《收入趋势：1978—1983 年旧金山湾区各县所得税申报表分析》，工作底稿 88 - 3（加利福尼亚州，奥克兰：ABAG，1991 年），第 32 页。

作岗位，引发了分叉型的收入结构"。[1] 这些社会事实和未来
预期引起了人们的警觉，当地广受尊重的城市规划协会近来提醒
人们防备"服务业经济占主导的风险在于……我们没有新增就业
岗位来安置越来越多的中产阶级人群，却有可能造成高薪服务
业——如律师和会计——的增长，以及受州政府保护的低收入群
体的增长"。[2]

　　旧金山作为湾区经济枢纽的日子早已一去不复返。 它从
1947 年以后就不再是该地区主要的就业城市，而仅仅圣克拉拉
县在过去十年就提供了该地区一半的就业工作岗位。[3] 旧金
山持续不断下降的人口和就业去中心化已经使得湾区经济发展的
中心转移到了其他地方——圣何塞（人口与旧金山相当，正在打
造自己的商业区，具有更大的增长空间）、奥克兰（超级港口设
施）以及东湾区山地附近的整个三谷区（大量的低价住宅）。
旧金山已经被降级，仅仅承担"象征"中心的角色，同时为周边
地区提供文化消费、高档餐厅和风险投资，实际助力该地区的经
济引擎是圣何塞和硅谷。 旧金山许多领导者叹息辉煌时光不
再，渴望重建旧金山，至少重返同级别第一名的地位。 他们尤
其反感旧金山渐渐转型成了一座休闲城市公园。 本市每 11 个工
作岗位差不多就会有一个属于非营利组织或者营利性艺术组

20

———————

[1] ABAG：《收入趋势： 1978—1983 年旧金山湾区各县所得税申报表分
　　析》，工作底稿 88 - 3（加利福尼亚州，奥克兰： ABAG，1991 年），
　　第 33 页。
[2] 旧金山规划与城市研究会（SPUR）：《活力或者停滞？ 塑造旧金山的
　　经济命运》，第 234 号《SPUR 报告》（1987 年）。
[3] 湾区委员会：《了解地区发展》，第 13 页。

织。[1] 本市每九个工作岗位就有一个是旅游业和服务业。[2]
如今，渔人码头游人如织，却看不到一个渔夫。[3] 许多分析人
士对此感到非常不安，他们看到了依赖陌生人善良（和钱包）的
经济的风险。 通过新任港务局长的不懈努力，升级港口设施、
对衰败的七英里滨水区进行商业开发、吸引新的航运经济，本市
凋敝的港口经济或许还能重获生机。 与之相似的振兴本市加工
业的提议却显得空洞苍白，不过，加工业从来都不是本市主要的
就业领域（1982 年：27 000 人；1963 年：26 800 人），此外，
这一提议也不能适应本市有限办公空间和小型平层面积的新的经
济控制措施。

　　由于上述趋势和模式，发展政策问题在过去 20 年中一直主
导旧金山的政治，也引发了更本质的问题： 旧金山在快速发展
的大都会地区扮演什么样的角色？ 想要吸引企业和工作机会流
入本市，办公大楼究竟有多么必要？ 在过高的房价迫使中产阶
层市民搬离旧金山之前，如何解决住房负担过重的危机？ 如何
保持保护社区与经济开发之间的平衡？ 与其跟其他城市进行残
酷竞争抢夺几个大型公司，拉动大量小型企业经济发展是否更加
可行？ 本市是应该集中发展早已高度发达的领域（例如，商业
服务、艺术与设计以及旅游业），还是主要把新的资源投入落后

---

[1] 保罗·罗德：《旧金山艺术经济：1987 年》（旧金山：旧金山规划局
　　 和旧金山州立大学公共研究所，1990 年）。
[2] 路易斯·特拉格：《旅游地的麻烦》，SFE，1989 年 7 月 30 日。
[3] 见尼尔斯·厄奇：《渔人码头纠缠不清的重点事务：有什么收获？》，
　　 《旧金山商业报》，1987 年 8 月，第 5—15 页。

领域（例如加工业）？[1] 经济发展和土地利用问题是本市传统商业精英与进步主义运动领导者之间矛盾重重的核心问题。

"权力囚笼"与"政府流转"

即便已经过去了 16 年，费雷德里克·威尔特的比喻仍然适用于旧金山极其详细的限制性宪章和支离破碎、东拼西凑的政府结构。[2] 1932 年，选民通过了一份特殊宪章：建立市县统一政府的罕见形式（市与县的领土边界一致）。1932 年宪章是进步主义时期的产物，被认为是一项防御措施，保护地方政府免遭腐败政客——尤其是惯于干涉常规行政事务和政策决定的政客——夺权的威胁。该宪章把权力放入了囚笼，同时也严格限制了自主权。选民允许、特殊利益集团推进，要求改变诸如工作分类和工资计划等细则而推进了数次的修正案成为了最初的计划。人们经常抱怨由于修正提案过于冗杂造成的政治程序的熵化，每次选举选民都必须经历一番折磨——仅 1988 年选举一年就有 25 项修正案。尽管满腹牢骚，选民还是屡屡选择接受该体制，否决每一次修改宪法的重大提案——最近的否决提案发生在 1980 年。[3]

───────

[1] 第一种方法由旧金山发展公司（EDC）总裁肯特·西姆斯提出。见肯特·西姆斯：《瞬息万变世界中的竞争：旧金山经济白皮书》（旧金山：EDC，1989 年）。

[2] 威尔特：《城市权力》，第 11 页。下面的讨论很大部分借鉴了威尔特对相关问题的出色论述。

[3] 对 1980 年宪章修订失败案例的有益分析，见斯蒂芬妮·米沙克：《为什么旧金山的宪章修订会失败》（旧金山州立大学政治学系未发表的研究生讨论会论文，1987 年）。

通过重新整合政治分裂，1932 年宪章的制定者创造了一个真正意义上的全新的宪制怪物。他们把强权市长、市政官员和政府委员会制等几个要素整合成一个奇异的混合体，它必然是美国城市中的异类奇葩。

行政权由独立选举产生的市长和首席行政官（CAO）共有，尽管首席执政官由市长任命，却只能由监督委员会的三分之二通过选票解职或者罢免决议才能黜职。市长拥有任命权、预算权和否决权，但是，其行政权仅适用于 CAO 行政权力之外的机构和部门（例如，警察、消防和土地开发），即便如此，市长在有限的范围内行使行政权也要经由理事会和委员会（例如，警察委员会、规划委员会和上诉委员会）许可；理事会和委员会成员均由市长任命，却多半并不为他/她服务。由于市长对他们没有行政管理权，委员会和理事会在制定政策时享有很高的自主权。市长对一些机构和委员会——例如，重建局和港口委员会——行使任命权，必须经监督委员会通过。财政官员独立运作，与 CAO一样，由市长任命，不受 CAO 制约，从而分割了财政预算职权。法官和市检察官在其他城市通常都是任命就职，在旧金山却都是选任职务，也是雄心勃勃的地方政治家们热衷竞选的职务。

总的来说，旧金山市政厅的行政权是被分割的、分散的、去中心化的。威尔特的流动的"悬浮在空中，由狂乱延伸的线条错综复杂的联系起来"的意象，可以很好地描绘本市的政府组织结构。[1] 这一结构可以限制中央集权，同时也可以制约利用集中权力进行社会变革的尝试。人力资源——1982 年有超过

---

[1] 威尔特：《城市权力》，第 11 页。

34 000 名地方政府工作人员——受到宪章权力之笼的限制，被分割在独立的行政范围内。 威尔特的早期结论，即旧金山是"店员政府"，在很大程度上依然适用，同样适用的还有他对市长职务的评论，即市长的权力"源自市长的性格和人格魅力"。[1]1987 年，阿特·阿格诺斯竞选市长时在其《搞定工作：旧金山愿景和目标》一书中提出了一个雄心勃勃的计划。 但是，在旧金山"搞定工作"需要的远不只是市长的法定权力——这是最委婉的说法了，关键在于他/她组建联盟、调配资源、达成协议和掌控政府"店员"干劲的政治掮客手段。

　　1932 年宪章规定立法权属于监督委员会，其 11 位成员全都由选举产生，任期四年。 委员会有立法提案权；与市长共有财政权（从 1964—1965 年的 2.38 亿美元提高到 1991 年的 23 亿美元）；有权提请宪法修正议案进行投票；有权决定是否通过某些市长任命；在常会和委员听证会期间举办公开讨论会。 委员会不得干预行政部门行政职能或监督法律的执行。

　　监督委员会掌握数亿美元的财政，是多元复杂的政府机关，其法定职能可见一斑，但是，本市的选民还是拒绝提高检察员 23 924 美元的年薪水平，这也使得他们的收入成为 1990 年湾区九个县中最低的一个。 很显然，旧金山人一直信奉着一个奇谈：治理城市对热心公众事务的业余爱好者来说只是一份兼职。 奇谈自有其后果。 阿格诺斯市长领导下的监督委员会中自由党占多数，他错失了其成员南希·沃克（Nancy Walker）的支持，南希之所以辞职，是因为这份工作实在支撑不起生活开销。

―――――――
[1] 威尔特：《城市权力》，第 13 页。

其他的委员要么必须把他们的工作当作兼职，要么必须自身富裕自足。　即便如此，每两年都有 20—30 位候选人与现任成员竞争委员会席位，现任成员几乎全都会谋求连任，而且几乎没有人会落选。　现任成员谋求连任，不退不休，以及主导委员会的自由开放政策令人非常恼火，选民在 1990 年通过了一项市民倡议提案，规定现任成员最多连任两次。

党派、选举和地区民主

　　按照官方说法，旧金山的地方选举不受任何党派控制。　然而，旧金山人民呼吸的空气中都弥漫着民主党播撒的党派气息，在本州和国家选举中，本市也属于民主党阵营。　1988 年，共和党登记选民占比 18.4%（低于 1981 年的 20.6%），民主党登记选民超过共和党三倍之多。　直到最近，民主党县议会仍然没有在城市政治中扮演重要角色。　这一点或许会有所改变，不管怎样，新的法院裁定已经允许政党为地方选举的候选人背书。[1]　23

---

[1] 对旧金山孱弱县级党派组织和法院裁定预期影响的讨论，见理查德·德莱恩和罗伊·克利斯特曼：《党派还没有结束》，《金州报告》第 4 期（1988 年 11 月），第 38—40 页。　1989 年，美国最高法院裁定加利福尼亚州政治党派有维护第一修正案的权力，可以在初选中支持候选人。　然而，本书写作时，政党支持地方无党派候选人的整个问题都被美国最高法院最近的一项裁定——勒内与盖里诉讼案——所笼罩，它推翻了第九巡回上诉法庭的一项裁决，禁止支持候选人违反言论自由权利。　见哈里特·张：《恢复无党派竞选的州法律》，*SFC*，1991 年 6 月。　另见吉姆·费伊：《勒内与盖里诉讼案》，《政党时间》（北加利福尼亚政党复兴委员会出版），1991 年 1 月，第 1—2 页。

除此之外，1983 年，国会议员菲利普·伯顿（Phillip Burton）去世，以及 1987 年他的夫人同时也是继任者萨拉·伯顿（Sara Burton）也离世，造成了地方权力真空，很快由老一辈和新生代民主党人填补，他们行动一致、协调政策，并选定地方竞选的候选人。[1] 该群体中名头最响的有阿特·阿格诺斯市长、国会议员南希·佩罗西（Nancy Pelosi）（继伯顿夫妇之后，代表第五国会选区）、国会议员芭芭拉·鲍克瑟（Barbara Boxer）（第六国会选区）、州议员（议长）威利·布朗（Willie Brown）、州议员约翰·伯顿（John Burton）（菲利普·伯顿之弟）以及县委员会主席、监察委员会委员卡罗尔·米登（Carole Migden）。

1977—1980 年期间，本市选民几次投票都摇摆不定，无法抉择是通过分区选举，还是全市普选产生本市的监督委员会委员。[2] 经过时间不长却意义非凡的分区选举实验，到 1980 年，选民重新采用全市普选的方式，并沿用至今。 本市居民反对重新采用分区选举的理由之一是，全市普选产生的委员，从人口统计学意义上看更加能够代表本市的人口特征： 五名女性、六名男性；三名男同性恋和女同性恋；两名非裔美国人、一名华裔美国人，还有一名拉丁裔人。 此外，在我们的记忆中还是第一次，如今委员会 11 位委员中至少有六位进步主义人士，他们可以由市政厅内部推进社会变革。 因此，如今探讨本市选举法律时，"没坏别修"的实用主义态度占据主

[1] 权力真空的分析及其如何出现的论述，见杰瑞·罗伯特：《为什么人人都可以参与旧金山的政治》，*SFC*，1987 年 3 月。

[2] 详细分析见切斯特·哈特曼：《旧金山的转型》（新泽西州，托托瓦：罗曼和阿兰黑德，1984 年），第 157—165 页。

流。　然而，由于两届任期的限制得以通过，分区选举的提案或许会再次成功。　它仍然是进步主义事业的一项任务。

　　本市分区选举的实验虽然昙花一现，意义却非常重大，原因之一在于这项举措促使一大批新人竞选监督委员会委员。　他们中很多人都缺少财团支持，或者知名度较低，通常必须赢得全市选举的席位才可以。　哈维·米尔克（Harvey Milk）就是成功者之一，他是本市第一位公开同性恋身份的当选官员；另一位是丹·怀特（Dan White），他在反同性恋浪潮和保守派反对新任自由派市长乔治·莫斯康尼的运动中当选。　悲惨的结局如今已世人皆知。　1978 年 11 月 2 日，丹·怀特开枪打死哈维·米尔克和乔治·莫斯康尼两人。　正如本书第三章将要讨论的一样，此次旧金山政治惨案几乎可以肯定的后果就是温和派市长戴安·范斯坦得以上台并执政九年，延误了施行莫斯康尼市长进步主义计划的时机，直到阿特·阿格诺斯在 1987 年当选为市长。

　　与大多数西方城市一样，旧金山的选民享有参与直接民主的权利：创议权、复决权和罢免权。　这些选举举措尤其是公民创议权，使得进步主义领导者能够规避冥顽不化的民选官员、影响本市政治规划，并直接进行行政立法。[1]　缓增长运动几乎全部围绕着创议活动而展开，假如没有它们，缓增长运动的成功将难以想象。　市民创议投票尤其适应本市越来越多的教育水平较高的中产专业人士，即使是土地利用和经济开发这种高深晦涩的

24

---

[1] 关于公民创制权起源及其使用的一般讨论，参见大卫·B.马格里比：《创制权：1980 年代的直接立法与直接民主》，《PS》第 21 期（1988年），第 600—601 页。

政策领域，相比"精英指导"，他们还是更偏向于"精英主导"的方式。[1] 公民选举创议权屡屡被用作土地利用规划工具，许多专业规划师和商业精英对此感到非常苦恼。 例如，发展规划律师丹尼尔·科廷和 M.托马斯·雅各布森认为："优质的土地利用规划的特征是其决议基于翔实的资料，规划制定灵活，可以应对环境变化和理念改变，同时，决议也反映了综合的制定程序，可以协调互相冲突的公共利益。 毫无疑问，当土地规划由投票箱决定的时候，土地利用的目标每一个都难以实现。"[2] 对此，旧金山前商会官员理查德·莫顿（Richard Morton）表示赞同，他还说："本市规划创议权的拉锯战造成了政治的不稳定，并在需要制定长期规划的商人群体中引发了忧虑不安的情绪。"[3]

　　本市保守派群体同样知道如何利用直接民主手段。 例如，1989 年，监督委员会一致通过并由市长签署的"同居伴侣"法

---

[1] 关于"精英指导"和"精英主导"之间差异的讨论，参见英格尔哈特：《发达工业社会的文化变迁》，第 335—338 页。

[2] 小丹尼尔·J.科廷和 M.托马斯·雅各布森：《加利福尼亚州的创议权增长控制： 法律与实践问题》，《城市律师》第 21 期（1989 年），第 508 页。 科廷与其他人一道呼吁美国规划协会谴责这种广泛推广的做法。 见大卫·L.考利斯和小丹尼尔·J.科廷：《通过公民创议和公民投票制定土地利用决议》，《APA 杂志》第 56 期（1990 年春季刊），第 222—223 页，以及布鲁斯·W.麦克伦登的驳斥：《备选提案》，同上，第 223—225 页。

[3] 引自保罗·德梅斯特和伊万杰琳·托莱森：《提请投票》，《旧金山商业报》，1988 年 5 月，第 25 页。 近年来，令人难以置信的公民税务改革和增长控制创议措施，促使本州保守的立法者提出一项新的法律，把请愿书需要的签名数量提高一倍，从而削弱创议程序。 例证见克雷格·卢卡斯：《保护创议权的创议》，SFC，1990 年 6 月 26 日。

令，允许在本市工作并且一起生活的未婚伴侣（包括男同性恋和女同性恋）在市政厅登记。按照本市法令进行登记的从业人员，可以享有包括医院探视假等在内，与已婚夫妇同样的权利。新举措生效前一周，宗教界领袖和保守派群体组织签名请愿活动，成功阻止了该法令的施行，直到 1989 年 11 月，选民在投票选举中进行复决投票。此次市民发起的复决法案，即 S 提案，遭到了激烈的抗议，并最终因细微差距而失败。这项先锋性法令被判无效并宣布作废。一年之后，进步主义者重新进入选民的视线中，带来了一份创议提案，即 K 提案；该提案对复决提案（S 提案）的内容进行了些许的中和与稀释。K 提案以巨大优势获胜，同居伴侣法令提案终于变成了法律。

罢免投票在旧金山非常罕见，不过，1983 年投票选举却诠释了直接民主的波谲云诡。范斯坦市长支持一项控制手枪的法令，这令持不同政见的左翼群体非常恼火，他们热衷于自我防卫，并以白豹之名而广为人知，该群体组织了一场卓有成效的请愿活动，对市长进行特殊罢免投票。不料却弄巧成拙，范斯坦不仅仅获得了82%的选民的支持，而且她的压倒性优势还打击了其他的候选人，使他们不敢在换届选举时与她抗衡。这一结果夯实了她接下来的四年任期。[1]

再议超多元主义：挑战与机遇 25

今天，试图搞清楚"最"旧金山政治的尝试与 1971 年一

[1] 关于该事件的解读，参见哈特曼：《旧金山的转型》，第173—182页。

样，俱是徒劳无功，当时弗里德里克·威尔特把本市高度碎片化的利益集团政治和去中心化的政府结构恰如其分地描述为"超多元主义"。[1] 如果说"店员政府"抓住了市政厅的本质，那么，"俱乐部政治"也非常准确地描述了其外在形式。 此处所使用的"俱乐部"是一种标准，不仅可以涵盖本市民主党县议会特许的 22 个俱乐部，而且也包括本市其他 750 个活跃在政治上的俱乐部、核心小组、委员会、协会、组织、团体、理事会、工会、社团、讨论会、专门工作组、集体、项目、运动，以及动员。 这一术语还包括为一级群组协调活动的次级组织：30 个联盟、14 个同盟、10 个网络，以及 5 个联合会。 托尼·基尔罗伊（Tony Kilroy）在 1990 年出版的《旧金山政治活跃团体名录》将 772 个团体中的 216 个归为"一直"保持政治活跃。[2] 作为周期调整的粗略指标，1990 年所列的 772 个团体中有 324 个团体不在基尔罗伊 1985 年的名录中，1985 年所列的 148 个团体到了 1990 年也没有再出现。 当然，这些团体所代表的选民在政治上并不是平等的，从微型、专业的（美国印第安人男同性恋、和平舞会、亚裔女性蓝领工人）到涵盖多个议题、具有重要影响力的大型组织（服务业员工国际联合会［SEIU］790 分会、旧金山明天和旧金山商会），不一而足。 在选举年，候选人之间为了争取团体支持会展开激烈的竞争，往往带有精心谋划的政治寻宝游戏的性质。 俱乐部成员注册往往在支持投票之前增加，选举结

[1] 弗里德里克·威尔特：《阿里奥托与超多元主义政治》，《交易》第 7 期（1971 年 4 月），第 46—55 页。
[2] 托尼·基尔罗伊：《基尔罗伊旧金山政治活跃团体名录》，1985 年与 1990 年版。

束后因为这个或者那个候选人被指囤积选票而再次减少。 对一些俱乐部来说，这是一种无伤大雅的腐败形式，而且有利可图。简而言之，在本市，政治影响可以畅通无阻的主动脉寥寥无几，因而，毛细血管则滞留了血液。 由于它们实在是不可或缺，因此，旧金山组建联盟和促进同盟的政治技巧高度发达。

在过去的 20 年中，多个趋势进一步强化了本市的超多元主义，其中包括：（1）社区运动占据上风，（2）市区商业主导的促增长联盟崩溃，（3）工会缩减规模和政治休眠，以及（4）政治觉醒的族裔和同性恋少数派。 前两个是本书主要讨论的对象，在此对后面两个进行简单论述。

工会组织的衰落（及复兴的可能性）

工会组织地方性危机的主要原因是国家经济结构调整。 尽管全国范围内在很多社区中工会成员人数减少肯定会影响工会组织，[1]但是，经济结构调整，正如劳工研究学者高登·克拉克（Gordon Clark）所说，本身就是"地方性的现象"[2]，是"社区文化、制度和先进技术的高度结构化"。[3] 旧金山工人组建

26

---

[1] 展示这些趋势及其地方影响的一系列数据，参见高登·L.克拉克：《被困的工会与社区：美国社区与劳动组织的危机》（剑桥： 剑桥大学出版社，1989 年），第 4—15 页。

[2] 同上书，第 69 页。

[3] 同上书，第 27 页。 另见罗伯托·A.博雷德：《空间、时间与经济重建》，《经济重建与政治回应》，罗伯托·A.博雷德编（加利福尼亚州，比弗利山： 萨奇，1989 年），第 209—240 页。

工会的比率整体上降低了，原因在于当地经济的变化、蓝领工作的流失，以及新的服务业工人群体的迅速增长。1987 年，旧金山工人群体中只有 34.5% 的人加入工会，这一数据比湾区的平均数据 19.9% 要高很多，但是相比旧金山曾经作为强劲的工人城市而闻名的数据则低很多。[1] 当地工会领袖本来可以为他们居住的社区做得更多，以减轻经济结构调整造成的影响。不过，工会"作为一个机构"，克拉克解释道，"被夹在中间，它要立足地方，代表并评判工人利益，与此同时，还要订立协议以保护其（本国和多国的）合作伙伴的未来"。[2] 克拉克总结说："工会组织危机远比工会成员流失严重得多；它更深层的，或者更加根本的危机：工会福利与社区福利不再一致。"[3]旧金山的工会组织群体也不例外，不过，近来却有改变的迹象。

世纪之交，按照威廉姆·伊瑟尔（William Issel）和罗伯特·切尼（Robert Cherny）的说法，旧金山的政治在劳工和资本之间"表现出极其深刻的两极分化"。[4] "高度统一的商业群体占据一极，与之相对的是处在另一极的力量为统一的工会组织。"[5]而且，"在商业群体和工人群体中，阶级团结之情盖过

————————

［1］参见《1991 年湾区商业报告》，《旧金山商业报》，1990 年 12 月，第 A－21 页。最初数据来源是加利福尼亚州经济发展局。

［2］克拉克：《被困的工会与社区》，第 70 页。

［3］同上书，第 241 页。

［4］威廉姆·伊瑟尔和罗伯托·切尼：《1865—1932 年的旧金山：政治、权力与城市发展》（伯克利和洛杉矶：加利福尼亚大学出版社，1986 年），第 213 页。

［5］同上书，第 203 页。

了种族差异"。[1]　由历史视角可以看出，旧金山的工人社区蜕变的轨迹，从集体动员到集体契约，从谋求社会变革的统一的、强调政治化的力量到分裂的、去政治化的只关心自身利益的工会组织。　伊瑟尔和切尼指出，可以解释这一政治退化的历史因素即由新政立法造成的对集体谈判的联邦保护，以及主要雇主接受了这一劳工关系结构，"只要工人集体谈判仅限于工资、工时，以及工作条件"。[2]　作为他们的自我归化和以自我为中心的后果是，旧金山工会"在本市政治中变得不活跃，一些工会认为他们之前的保守策略全无必要，另外一些则仅从他们的工作角度去看待政治"。[3]　旧金山工会不过是最近才开始推动并组织本市迅速增长的服务业中最大的单一工人群体。　正如当地工会主席所认同的，"我们在服务业中做得不够"。[4]　本市的电器工人和建筑行业工会反对电气设施归公共所有，其理由是"联邦政府对谈判权的保护比对市政府工作人员的保护要做得更好"。[5]这一些组织及其他工会，还有本市的美国劳工联合会及产业工会联合会（AFL‐CIO）工人委员会，曾经都反对进步主义缓增长

[1]　威廉姆·伊瑟尔和罗伯托·切尼：《1865—1932 年的旧金山：政治、权力与城市发展》（伯克利和洛杉矶：加利福尼亚大学出版社，1986年），第 206 页。

[2]　同上书，第 214 页。

[3]　同上。

[4]　引自卡尔·T. 霍尔：《哈里斯日之后的旧金山变局》，*SFC*，1990 年 3月 31 日。（此处的"哈里斯"指的是旧金山著名的工会组织者和 1934年本市大罢工的组织者哈利·布里奇森。他在 1990 年 3 月去世。）

[5]　伊瑟尔和切尼：《1865—1932 年的旧金山》，第 215 页。

创议，原因在于可以预见的增长控制对工会成员就业机会短期的
负面影响。 这种措施使他们与其他工会多次发生冲突，尤其是
代表本市很多雇工的规模庞大的 SEIU790 分会。

　　有迹象表明，旧金山新的进步主义政治文化孕育着重获新生
的工人运动，将对本市未来政治产生重要影响。 请看如下几个
案例：（1）工人委员会领袖瓦尔特·约翰逊（Walter Johnson）
近来宣称："我们重新回到了骚动不安的舞台。 工人运动中必将
发生的大事是划清新的界限。 我们不能局限在自己的小天地
里，还期待着能够改变任何事情。"[1]（2）酒店和餐厅员工及
调酒师联合会二分会近期取得重大胜利，他们成功迫使本市新建
的万豪酒店采取对工会成员、少数族裔群体和本地居民有利的雇
佣政策。[2]（3）医院和医疗工作者工会 250 分会正在积极运
动，把旧金山所有的非工会医院组织起来。 250 分会的主席萨
尔·罗塞利（Sal Rosselli）宣称，他的工人们"处在旧金山医院
工人组织复兴的前沿"。[3]（4）工会领导与监察委员会委员
南希·沃克、委员安吉拉·阿里奥托（Angela Alioto），以及其他
进步主义团体，发挥重要作用，推进旧金山的开拓性立法，即建
立本市视频终端设备商用的最低安全标准。[4]（5）1991 年夏
末，食品和商业工人联合会在美洲银行的市区总部集会，抗议公

［1］霍尔：《旧金山变局》。

［2］克里福德·卡尔森：《工会官员宣布战胜万豪酒店》，《旧金山商业时
　　　报》（以下简称"SFBT"），1989 年 9 月 11 日。 500 家万豪酒店只有
　　　两家成立了工会组织，强烈反映了它的反工会立场。

［3］引自《工会在新的选举中获得胜利》，SFBT，1991 年 9 月 27 日。

［4］SFBT，1990 年 11 月 30 日；SFC，1990 年 12 月 28 日。

司在美国及国外所谓的反劳动策略。[1]（6）大卫·阿利安（David Arian）自称是激进派，最近接替詹姆斯·赫曼（James Herman）成为总部设在旧金山的国际码头工人和仓库工人联盟（ILWU）的主席。他承诺要重振 ILWU 的战斗传统和左翼传统，在势均力敌的选举中以微弱优势击败赫曼的门徒兰迪·维基奇（Randy Vekich）。[2]（7）最后，或许也是旧金山工人运动转变的标志，世界产业工人大会（Wobblies）最近把其国际总部从芝加哥搬到了旧金山。[3]

如果这些活动进一步演变成一场全面的旧金山工人运动，如果本市工会成功推动了本市服务业工人的阶级团结（相对于激烈的种族和地盘之争），那么，刚刚出现的劳工关系新结构就能够支持进步主义城市政体。

少数族裔的政治动员

造就旧金山超多元主义的另一个因素是本市少数族裔的政治动

---

[1]《工会代表全球战略辩论》，SFC，1991 年 8 月 23 日。

[2] 见《争议不断的 ILWU 选举进入第二轮投票》，SFC，1991 年 7 月 2 日，以及《码头工人今日确立特立独行的领导者》，SFC，1991 年 10 月 8 日。

[3] 见卡尔·T. 霍尔：《历史上迁入旧金山的工会联盟》，SFC，1991 年 7 月 24 日。只有 60 位湾区工人佩戴 IWW 的红色会员卡，此外，为数众多的无组织工人是否会对工会对"奴隶薪资系统"持续攻击或者对其"没有老板的世界"的愿景有所回应，也是值得怀疑的。然而，IWW 的出现或许会加剧本市混乱、复杂的进步主义。Wobblies 或许有些怀旧、有些古怪，但是至少它们的条理清晰且观点保持一致。

员，再加上过去 30 年中移民和种族快速分化的推波助澜，越来越多的非裔美国人、拉丁裔和亚裔取得了越来越重要的政治影响力，也在市政厅中获得了相应席位。 考量本市少数族裔的政治力量应该注意到包括人口规模、选民登记及投票率，以及候选人投票及选举事宜中表现出来的一致率等多个因素。 此外，政治力量的标志还有强硬统一的领导权、高效的组织结构、资源控制力，以及政府内部的正式代表数量。

非裔美国人。 非裔美国人是旧金山现在三大主要少数族裔中人口规模最小的一个，不过，他们却有着最高的选民动员率、最高的民选一致率和最高的政府代表率。 在本州和国家政治组织和领导的支持下，旧金山非裔美国人领导把有限的人口和经济资源转变为本地政治中一股不容忽视的政治力量。"至迟从 1970 年代中期开始"，政治记者蒂姆·雷蒙德（Tim Redmond）写道："黑人一直是旧金山的重要政治力量，相比其他族裔群体——如亚裔和西班牙裔——他们具有更大的影响力。"雷蒙德将黑人群体的成功与绝对人口是他们三倍多的亚裔群体的成功进行对比。"政策制定的高层官员中黑人代表人数令亚裔黯然失色"，他指出并列举了范斯坦政府中非裔美国人监察委员会委员、机构领导、委员会成员，以及督察官员，名单非常长，而亚裔的名单却非常短。[1]

旧金山少数族裔群体中非裔美国人现在仍具有政治优势，不过，有迹象表明非裔美国人的政治影响力基础已经遭到了削弱，

---

[1] 蒂姆·雷蒙德：《衰败权力激烈游说背后的故事》，*SFBG*，1986 年 5 月 14 日。

主要原因是统计人口减少，以及非裔美国人领导群体内部在诸如增长控制等重大问题上的分歧愈来愈严重。雷蒙德引述本地一位政治分析人士的观点称，非裔美国人领导很清楚他们面临的下滑局面，他们面对其他族裔群体的政治崛起感到了威胁。"他们看到了西班牙裔的威胁，也看到了亚裔的威胁……这是必然的，因为本市的黑人人口在下降，而其他少数族裔人口却在增长。"[1]监察委员会委员、非裔美国人威利·肯尼迪（Willie Kennedy）最近评论称："多年以来，我们被认为是独一无二的少数派。之后，人人都变成了少数派，而我们却被抛到了后面。"她认为，非裔美国人"应该比其他群体发展得更好，因为我们来得最早"。[2]

拉丁裔人。旧金山的拉丁裔人口日渐增长，最近刚刚开始将其人口潜能转化为政治力量。格兰特·丁（Grant Din）引述的研究表明，旧金山拉丁裔社区中非公民人口比例非常大，语言障碍严重，社区内选民动员率非常低。[3]路易斯·弗里德伯格（Louis Freedberg）写道，尽管拉丁裔群体在很多问题（例如在援助尼加拉瓜反政府军和死刑）上分歧很大，不过，教育"却消除了分歧，几乎所有拉丁裔人在这一点上都意见一致"。[4]

[1] 蒂姆·雷蒙德：《衰败权力激烈游说背后的故事》，*SFBG*，1986年5月14日。

[2] 同上。

[3] 格兰特·丁：《旧金山亚裔/太平洋地区裔美国人选民登记与投票模式分析》（未公开发表硕士论文，克莱蒙特研究院，1984年），第52页。

[4] 路易斯·弗里德伯格：《拉丁裔：从零开始、构建权力》，《加州期刊》（1987年1月），第15页。

旧金山的拉丁裔人在该领域取得了巨大的成就，最为突出的即委任雷蒙·科尔廷（Ramon Cortines）担任校监，并选举拉丁裔人进入市区学院委员会和旧金山学区教育委员会。范斯坦市长任命拉丁裔人进入卫生委员会和监察委员会，阿格诺斯市长委派拉丁裔进入警察委员会与规划委员会，如今，拉丁裔社区在众多公共政策领域都有其利益代表者。拉丁裔民主俱乐部已经成为本市具有重大影响力的政治组织之一，正在与其他团体和委员会通力合作，登记选民并资助竞选运动。拉丁裔人近来还被认为"处在旧金山重要联盟的边缘"，[1]但是，拉丁裔人与非裔美国人在政治权力实践中的差距越来越小。

29

　　亚裔。 在城市族裔政治研究中，旧金山的亚裔美国人在很长一段时间里都是遭到遗忘的少数族裔群体，如今他们已经成为一支重要的、有组织的政治力量。尽管本市的亚裔人口总数之大令政治家不敢忽视，然而，亚裔群体要想将不断增长的人口转换为增长的选票还有很长的一段路要走。例如，格兰特·丁曾经对唐人街、里士满区和日落区的合格选民进行仔细的研究，研究结果表明本市华裔美国人选民登记率非常之低。[2]

　　旧金山的亚裔群体一直没能在监察委员会中获得充分代表的席位，华裔美国人汤姆·谢（Tom Hsieh）是唯一的亚裔成员。

---

[1] 鲁夫斯·P.布朗宁、戴尔·罗杰斯·马歇尔和大卫·H.塔布：《抗议不够：黑人与拉丁裔在城市政治中争取平等的斗争》（伯克利和洛杉矶：加利福尼亚大学出版社，1984年），第58页。

[2] 格兰特·丁：《旧金山亚裔/太平洋地区裔美国人选民登记与投票模式分析》（未公开发表硕士论文，克莱蒙特研究院，1984年），第80页。

亚裔领导在本市其他的政治生活中都获得了令人瞩目的成就。
三人进入本市的社区学院委员会，两人进入市教育委员会。
1987 年阿格诺斯当选市长，数百名亚裔美国人随之申请本市市
政机构工作——"这是多年以来的人员剧增，"弗兰克·维维亚
诺（Frank Viciano）称。[1] 阿格诺斯也在重要的委员会和行政
岗位上启用亚裔人，提高了他们在政府高层中的代表比例。

　　值得注意的是，大多数亚裔美国人的政治成就都属于华裔美国
人，华裔美国人构成了本市亚裔总人口的一半。尽管"其他"亚
裔群体中有一部分（尤其是菲律宾裔人）在旧金山也取得了非常引
人瞩目的成就，获得了很大的政治影响力，但是，大多数亚裔群体
只能在本市政治的外围徘徊。旧金山的亚裔群体庞杂而又多样，
华裔美国人政治精英中最坚定的泛亚裔分子是否能代表亚裔群体的
利益和愿景，也是不确定的。亨利·德（Henry Der）是本市华裔
美国人群体中一位重要的领导人，他评论说："在过去的 20 年中，
人们从各个不同的地方来到了这里，来自中国的每一个地区，包括
香港和台湾地区，来自越南、老挝、柬埔寨、泰国、缅甸和马来西
亚。所来之处、理念观点和信仰体系的差异令人咋舌。毋庸置疑的
是：绝不可能有任何单一的群体可以代表'旧金山华人'。"[2]

　　如果上述结论可以用作未来旧金山族裔政治的指南，那么，
这一愿景或许多少会让非裔美国人感到失望，让拉丁裔人欢欣鼓
舞，对亚裔人来说它既非常鼓舞人心，却也产生了更多的问题。

──────

[1] 弗兰克·维维亚诺：《觉醒的政治巨人》，*SFC*，1988 年 12 月 7 日。
[2] 引自弗兰克·维维亚诺和莎朗·席尔瓦：《新旧金山》，《旧金山焦
　　点》，1986 年 9 月，第 74 页。

旧金山的非裔美国人领袖仅仅是为了保全他们现存的权力基础，就不得不更加卖力地工作。 他们不得不应对人口缩减、领导分歧、资源有限，以及与其他族裔群体的竞争。 拉丁裔人必将进行移民政治化、保障住房和就业以扎根定居，同时还要动员组织选民。 亚裔领导必将采取同样措施，不过，他们还面对着一个更严峻的难题： 在一个文化语言多样、精英阶层争斗不断、社会阶层差异悬殊的社群中创造一个族群稳定的政治形式。

男同性恋和女同性恋力量的崛起

在旧金山多样化人口构成的所有群体中，男同性恋和女同性恋群体在本市政治体系中的选举动员、民意代表和政治同化等方面都达到了最高水平。 可以表明男同性恋和女同性恋群体在本市政治文化中根深蒂固的地位标志是 1991 年女同性恋／男同性恋自由日大游行的参加人数，保守估计 25 万人——也是 22 年来，参与游行人数最多的一次。[1] 男同性恋和女同性恋群体约占本市成年人人口总数的 16%，[2]他们都对选民登记和投票表现出极大的热情。[3] 他们的政治俱乐部也非常活跃并饱受好

[1] *SFC*，1991 年 7 月 1 日。

[2] 见卡斯特尔斯：《城市与草根民众》，第 357—359 页。

[3] 确实如此，亚裔美国人社区的政治组织者把男同性恋和女同性恋社区视作动员组织的楷模。 正如詹姆斯·方所评论的："我们勉励前行，追随他们（男同性恋和女同性恋）的脚步，进行我们的政治实践。 他们一年 365 天，天天进行政治活动。 无论雨天还是晴天，他们都会走上街头，登记选民、督促他们去投票，或者启迪民众、关注时事。"引自钱：《旧金山亚裔美国人的选票可以左右市长选举》。

评。 作为一个群体，他们在重大政策问题上一贯坚持进步主义的立场。 他们在本市的选举政治结构中拥有民意代表并进行通力协作。 当地同性恋报纸的专栏作家写道："我们之所有拥有重大权力，是因为我们是了不起的选民。 政治家可以被同性恋群体的选票打得落花流水。 只要我们守住了我们的选票，在很长一段时间里，他们都要对我们言听计从。"[1]

　　对于旧金山的男同性恋和女同性恋群体来说，1990 年是他们最春风得意的一年，这一年唐娜·希钦斯（Donna Hitchens）在高级法院竞选中击败现任官员，成为女同性恋中公开出柜的加利福尼亚州行政级别最高的官员。 两名女同性恋卡罗尔·米登（Carole Migden）和罗伯特·阿克腾堡（Robert Achtenberg）赢得了监察委员会的席位。 一位公开出柜的男同性恋候选人汤姆·阿米亚诺（Tom Ammiano）赢得了教育委员会的席位。 家庭伴侣创议，即 K 提案，轻而易举就获得成功。 在每一个事例中，获得成功的男同性恋和女同性恋候选人主要是因为他们展露他们作为进步主义政治家的诚意，以及与非同性恋群体坚实的政治关系。 唐娜·希钦斯的竞选活动就是一个很好的例子。 在评价她的成功时，拉丁裔民主俱乐部的副主席说："唐娜的成功是拉丁裔人的成功，同时也是非裔美国人和亚裔人，以及同性恋群体的成功。 她成功的关键就在于她与我们的连结。"[2]

　　旧金山的男同性恋和女同性恋选民都很清楚他们在当地政府

[1] 引自杰瑞·罗伯特：《跨国大桥进入旧金山》，《金州报告》（1987 年 5 月），第 29 页。

[2] 引自米歇尔·德兰洛：《希钦斯的多样化成功》，《旧金山周报》，1990 年 6 月 13 日。

舞台上的政治影响力。 例如，在 1989 年注册选民抽样调查中，调查对象被问及："你认为像你一样的人在当地政府的行政决议中拥有多大的影响力——非常大、恰到好处、有一点，还是根本没有呢？"70% 的男同性恋或者女同性恋调查对象都回答称影响力"非常大"或者"恰到好处"，而与之相对的则是只有 48% 的异性恋如此作答。 另一个问题是"如果你对当地政府活动抱怨不满，向旧金山监察委员会申诉，你认为委员会将对此非常关注、有些关注、很少关注，或者根本不关注？"67% 的男同性恋或者女同性恋调查对象回答称"非常关注"或者"有些关注"，而与之相对的异性恋群体中只有 49% 的人如此作答。 不同的比例在实际生活中和统计学上都具有重要意义（此次调查发生在 1990 年选举成功*前*一年，更是意义重大），即使改变种族、性别、年龄、收入、房屋使用权，以及其他变量之后，结论依旧成立。[1]

　　有意思的是，就在这个时候，年长一代男同性恋和女同性恋领导开始在城市传统政治中执掌大权，年轻一代的男同性恋和女同性恋却分裂成了不同的政治群体，例如行动起来（ACT UP）、

---

[1] 这些调查结果是基于 1989 年 4 月 20 日—5 月 2 日之间，由旧金山州立大学公共研究所对旧金山 406 位注册选民进行的电话抽样调查（《城市状况调查：1989 年》）。 优势比数据表明，即使控制其他特定因素，男同性恋和女同性恋选民认为自己在地方政府决议和政府决策制定参与程度上是非同性恋群体的 2—2.5 倍。 在此次分析中，另外两个具有统计学意义的预测因素是年龄和性别。 与年龄较小的群体相比，高龄群体受访者更不太可能声称对地方政府决策有重要影响。 相比男性群体，女性群体更不太可能声称监察委员会会对她们的抱怨做出回应。（具体逻辑分析结果请联系作者。）

酷儿国度（Queer Nation）和坏警察（Bad Cop）、没甜甜圈吃（No Donut），所有这些团体都采取直接对抗的政治风格。年轻一代男同性恋和女同性恋群体中出现的分裂，似乎至少在某种程度上是对本市更成熟稳固的男同性恋和女同性恋群体所追求的更加松散的社会议题的一种回应。

由于上述变化和其他的趋向，如今旧金山的超多元主义比之30年前更是愈演愈烈。本市新任进步主义领导者在所有的社会动荡和政治动乱中能否为本市保驾护航，仍然是未知的。公民、政治家，还有商业领袖正在以一种全新的方式重新调整他们的角色，他们彼此之间以一种全新的方式联系在一起。全新的政治联盟和思想体系正在成型，它意味着政体变革的深层的结构重组。所有的变化的指归都是一种进步主义的城市政体。然而，进步主义又是什么呢？

旧金山政治中的进步主义与三个左翼群体

克拉伦斯·斯通认为，"影响城市政体与市民合作的不是意识形态，而是分配小机会的能力"。[1] 换句话说，意识形态单枪匹马是无法完成社会目标的。它们可以鼓舞人心，然而，却无法支付账单，或者提供居所，或者让人们准时上班。如果一个政体运行良好，既可以满足个体需求又可以实现社会目标，那

---

[1] 克拉伦斯·N.斯通：《政体政治：治理亚特兰大，1946—1988》（劳伦斯：堪萨斯大学出版社，1989年），第232页。

么，围绕着它就会形成一个关键的政治支持群体。[1] 它们在这一社会轨道上运转，而激进的富有批判精神的批评者在呼吁变革时则会显得非常罗曼蒂克，或者像唐吉诃德。 他们还不如争取政治支持、废除牛顿定律。 按照这一观点，城市政体既不需要意识形态的维系，也不会被其推翻。

斯通的理论有助于解释政体的存续——也就是说，已经建立的政体如何在政治环境中存活下来，并长期维持下去。 然而，这一理论要想解释如何在像旧金山——缺少稳定的政体，又恰好处在建立新的政治秩序的转型过程中——这样的城市中建立政体则难以自圆其说。 意识形态是接近于未来的蓝图的东西，可以让领导人对如何前进有一个全面的视角。 皮埃尔·克莱韦尔（Pierre Clave）在对进步主义城市的研究中着重强调从政治动员和选举竞争中提取过渡性的"意识形态结构"的重要性。 这一结构"把公民参与原则和地方经济与社会结构可能性重建的实际愿景和模式相结合"。[2] 它给予进步主义领导者社会变革的理论基础、改革的规划安排，以及公开辩论的说辞。 它还是动员民众广泛支持进步主义政体的宣言。 在旧金山，进步主义领导者想要从他们的政治实践和对社会变革的思考中获得思想的精华——一种进步主义意识形态。 能否成功建立新的进步主义城

[1] 克拉伦斯·N.斯通：《政体政治：治理亚特兰大，1946—1988》（劳伦斯：堪萨斯大学出版社，1989年），第235页。 斯通使用了相似的引力比喻。

[2] 皮埃尔·克莱韦尔：《进步主义城市》（新泽西州，新布伦瑞克：罗格斯大学出版社，1986年），第20页。

市政体，在某种程度上取决于进步主义意识形态的能力：激发共同愿景、实现权力结构合法化、保持政策的连贯性和一致性，以及接纳多样的有时甚至是相异的选民利益。旧金山的进步主义以新颖独特而又卓有成效的方式取得了长足发展，实现了构建整体的职能。

进步主义的定义

英格尔哈特（Inglehart）在其跨国政治文化和意识形态的研究中指出："多年以来，左右两派都一直在为无数潜在的问题、政党和社会团体指引方向"，[1]如今已有些黔驴技穷。此外，左右两翼还"吸收了"作为社会和文化变革结果而出现的全新的政治价值和意识形态。[2] 这一吸收过程必然引起左右两翼词汇表达的重新审校，因此，它在持续降低自身复杂程度，同时又要表达新的含义。在美国讨论政治信仰和意识形态，比起左翼-右翼这一术语，人们更愿意使用"自由-保守"的二分说法。在大多数批评家眼中，旧金山既是"自由的"又是"左翼"，但是两种说法都无法涵盖旧金山多样化的社会运动和政治活动中涌现出的新的价值和观念。旧金山市民在描述广泛的社会变革和对正在发生的变革进行简单概括时，更倾向于使用*进步的*和*进步主义*两个词。因而，*进步主义*这一本地化政治语境中的术语，包含多种多样的，有时甚至互相矛盾的意义。它通常被用作

---

[1] 英格尔哈特：《发达工业社会的文化变迁》，第293页。

[2] 同上书，第298页。

"左派""自由主义者""自由论者""反政府主义者""平民主义者""环境保护主义者""社区活动家"，甚至"进步运动"带有海勒姆·约翰逊（Hiram Johnson）这样老派说法的同义词。我们需要一个更丰富、更精确的词汇，才能捕捉到旧金山政治世界的多维度和意识形态的复杂性——但是，也不能太过丰富、太过精确，否则会阻碍实现简化分析和确定一般模式和趋势的目的。

在本书中，进步主义涵括了上面讨论的"左翼""自由派"和"进步"所有的含义，然而，这些含义却无法涵括进步主义的含义。举例来说，进步主义者是自由派，但是，自由派却不一定是进步主义。确切来说，旧金山的进步主义产生于旧金山政治文化中的三个不同的左翼亚文化和思想倾向——自由主义、环境保护主义和平民主义。尽管它们之间存在着重合和交叉，但是，它们每一个政治亚文化（此处指的是"三个左翼"，下同）在旧金山的政治生活都有各自清晰的传统、社会基础、政治组织、改革议程和参与方式。

旧金山的自由主义者都支持政府在经济活动中进行再分配，并积极干预经济，以促进社会公平和提供个体机会。自由主义者为了维护和提升个人自由和公民权利而奋斗。他们首要目标是为贫困人口和少数种族-族裔群体获得公平的经济机会，尤其是在就业、住房和教育领域。围绕这些问题的左翼-右翼分歧有其唯物主义基础，源于阶级和种族冲突的基础，同时，也与州和国家现存的党派分裂相一致。

旧金山的环境保护主义者希望通过政府管理私营经济和控制经济发展，提高生活质量。他们的动机是关注城市生活的生态平衡、社会和谐及其美的品质，尤其是涉及环境保护、土地利用、交通运输、商业开发和历史保护等领域。 英格尔哈特用后物质主义 * 这一术语来描述围绕着这些问题产生的左翼-右翼的分歧。[1] 这样的分歧的基础是价值观而不是阶级，径直切入现存的政党分歧。

旧金山的平民主义者是社区活动家和保护主义者，他们寻求的保护基于活动地盘的社区传统、房产价值和文化身份不受大型企业公司和政府官僚体系的侵害。 尽管一些批判主义者明确清晰的意识形态术语建构他们的议程——社区赋权、自由空间、底层文化革命、地方民主渗透传播，等等——但是，大多数都没有。 他们之所以被称为批判主义者，是因为他们的直接民主草根风格、他们的社区精神，以及他们对私人和公共经济中规模经济的反政府主义的敌意。[2] 左翼-右翼的分歧不是源于纯粹的唯物主义或者后唯物主义的利害关系，而是由

---

* "后物质主义"出现，标志着整体社会变得富裕之余，中产阶级慢慢消失，以及贫富悬殊的加剧。 中产阶级的消失在于整体社会变得富裕，使中产阶级从中撕裂，并向两极化发展：中产阶级中能力较佳的继续移往社会的上层，而能力较差的，慢慢与社会上的底下阶层结合。

[1] 英格尔哈特：《发达工业社会的文化变迁》，第66—103页。

[2] 有关当代美国平民主义的讨论，参见哈利·C. 博伊特和弗兰克·理斯曼编：《新平民主义：赋权的政治》（宾夕法尼亚州，费城：坦普尔大学出版社，1986年）；克拉伦斯·Y. H. 罗：《小资产与大政府：反抗财产税的社会根源》（伯克利和洛杉矶：加利福尼亚大学出版社，1990年）；以及约瑟夫·M. 克林和普鲁登斯·S. 波斯纳编：《激进主义的困境：阶级、社区与地方动员政治》（宾夕法尼亚州，费城：天普大学出版社，1990年）。

于争夺城市空间控制权的冲突。 平民主义左翼以居民社区为根基，与现存的政党分歧不一致。

旧金山的进步主义的三个阵营：自由主义者、环境保护主义者和平民主义者，它们都是"左派"。 进步主义认同全部三个议程，并认为这样做并没有意识形态的矛盾冲突。 旧金山的进步主义仍处在形成阶段，其思想意识可以概括为价值观、理念和观念的体系，鼓励地方政府广泛参与、发挥职能，在公共问责制和市民直接参与的条件下，保障分配正义、限制增长、社区保护，以及民族文化多样性。 如此定义的进步主义攻击了所有的社会统治结构，限制商业精英进入城市空间，[1]在土地利用和开发规划领域更看重社区使用价值而不是市场交换价值，同时，寻求对长期以来被排除在公共领导角色之外的社区和群体赋权。

对 1979—1990 年间 34 次提案选取投票的因素分析，揭示了三种不同的选举分歧模式（即"自由主义""环境保护主义"和"平民主义"），与刚刚讨论的三个左翼-右翼轴线相对应。 衡量每一个选区倾向于把选票投给左翼阵营中各个独立的主义的选区数据计算出来了（从 0 到 100 的标准化数据）。 进步主义的整体得分作为其他三个的平均分数。 利用这些分数，就有可能考察三个左翼各自的社会基础和空间分布，并对旧金山支持进步主义的社会结构得出一些实证结论。

---

[1] 参见大卫·S. 戴金：《社区权力的局限：圣莫尼卡的进步政治与地方控制》，《商业精英与城市发展》S. 卡明斯编（奥尔巴尼：纽约州立大学出版社，1988 年），第 357—387 页。

进步主义和三个左翼的社会基础

表 2.2 表明，旧金山选区中不同社会指标与进步主义选举之间的（正/负）关系模型。社会阶层影响作为限定条件，相关结果表明以下几点：第一，自由主义投票与较低社会经济地位（SES）、租户身份、同性恋性取向、非裔美国人以及拉丁裔等因素呈正相关。自由主义选举与亚裔因素呈负相关。第二，环境保护主义投票与较高 SES、租户身份、同性恋性取向等因素呈正相关；与非裔美国人因素呈负相关；与西班牙裔或者亚裔因素有极小关系，或者没有关系。第三，平民主义投票与较低 SES、房主身份、同性恋性取向和西班牙裔等因素呈正相关，不过却与亚裔因素呈负相关，与非裔美国人因素有极小关系，或者没有关系。第四，整体上进步主义投票与较低 SES、同性恋性取向和西班牙裔等因素呈正相关。进步主义投票与亚裔因素呈负相关，与非裔美国人因素有极小关系，或者没有关系。

表 2.2　1979—1990 年，旧金山进步主义和三个左翼（自由主义、环境主义和平民主义）的社会基础：710 个选区的投票模式与选定的社会指标的相关性

社会指标	衡量左倾倾向的因素得分指数			
	进步主义	自由主义	环境主义	平民主义
社会经济地区（SES）	−0.34	−0.54	0.30	−0.41
租户身份	0.42	0.53	0.45	−0.16
同性群体（0，1）	0.33	0.28	0.26	0.14
非裔美国人	0.04	0.45	−0.54	0.09

续　表

社会指标	衡量左倾倾向的因素得分指数			
	进步主义	自由主义	环境主义	平民主义
拉丁裔	0.37	0.27	0.06	0.45
亚裔	-0.19	-0.20	-0.06	-0.12

　　除了一个例外情况，即使在多元统计控制下，旧金山左翼选举投票社会基础的模式也依然有效。限定条件是，左翼选举投票与社会地位（SES）之间的关系是非线性的——确切地说，是抛物线。这就意味着，其他条件保持不变，左翼选举投票是在中产阶层选区，而不是在蓝领阶层选区达到最高值。这一发现对整个进步主义——自由主义、平民主义，尤其是环境保护主义——选举投票都是如此。如果说（此处探讨的）左翼选举投票倾向本质上是一种蓝领阶层现象，那么，我们将看到当 SES 为 0 时，左翼投票达到最高值。然而，左翼选举达到最高值时，SES 为 47、51、73 和 47，分别对应的是进步主义、自由主义、环境保护主义和平民主义。[1] 分析表明，蓝领阶层保守主义在很大程度上被像种族和房产状况等非阶层因素抵消了——然而，对于非裔美国人把选票投给环境问题来说，他们的蓝领阶层保守主义因为种族因素得到了强化而不是削弱。[2]

---

[1] 预估最大值根据附录 C 报告中的模型计算所得，其方法是：选区与 SES 相关的部分变量，将变量设为 0，求解 SES。

[2] 这些数据是基于对选区和普查区总数据的分析；因此，不可将结果直接推广到个体选民层面上。（这种从整体数据进行推断的逻辑错误有时候被称为"区群谬误"。）

进步主义和三个左翼的空间分布

　　表 2.3 表明了自由主义、环境保护主义、平民主义以及整个进步主义在旧金山的 38 个社区中的平均选区分数。[1] 图 2.2 展示的是分别参照四个数值，表明得分最高的 10 个社区地区。表 2.3 中要考虑的第一个重要结果就是海特-阿希波利选区在左翼投票的三个指数中得分都很高，在进步主义指数中排名第一。在另一个极端，西山选区的三个指数得分都很低，在进步主义指数中排名倒数第一。 这一点之所以值得注意，是因为任何其他最高或者最低的得分都会破坏衡量旧金山左翼群体和进步主义的直观可靠性。 所有政治上消息灵通的本地评论员都"知道"海特区是本市进步主义运动的社区总部，正如他们也都"知道"西山区是本市保守主义反对派的社区总部。 因子分数既奇特而又精准——不过，如果他们没记住旧金山政治生活中最显而易见的事实，那么，大多数见多识广的旧金山都会挑战这种政治文化衡量标准的可行性。

表 2.3　旧金山 38 个街区的自由主义、环境主义、民粹主义和全面进步主义

街　区	自由主义		环保主义		民粹主义		全面进步主义	
海特街	91.60	1	84.09	1	68.65	3	81.11	1
海耶斯谷	88.51	2	61.56	15	61.96	8	70.34	7

36

[1] 社区边界线的资料来源是 1979 年版《克罗手册》（旧金山：　克罗基金，1979 年）。

街　　区	自由主义		环保主义		民粹主义		全面进步主义	
市场街南	82.97	3	68.36	11	68.35	5	72.89	5
美景公园	81.17	4	83.69	2	60.23	12	74.70	4
米慎内区	81.08	5	66.70	13	71.79	2	72.86	6
米慎区	81.05	6	78.56	3	68.53	4	75.71	3
西增区	80.96	7	38.77	33	35.30	33	51.34	21
海景/猎人角	78.71	8	8.25	38	52.68	20	46.21	30
波特雷罗山	76.88	9	74.07	6	84.42	1	78.12	2
贝尔纳/霍利	76.52	10	69.58	8	65.76	6	70.29	8
新/尤卡里	70.18	11	76.96	4	57.58	15	67.91	9
英格赛区	69.91	12	25.39	37	49.34	24	47.88	28
市政中心	67.83	13	59.60	21	51.52	23	59.32	12
日落内区	63.30	14	74.64	5	56.57	16	64.50	10
波尔克谷	62.76	15	70.61	7	42.43	30	58.27	13
访谷区	62.64	16	29.43	36	61.47	10	50.85	22
市中心/"中国盆地"	60.44	17	50.91	29	45.58	27	51.98	18
格伦公园	58.99	18	69.18	9	53.40	19	60.19	11
诺布山	56.88	19	60.01	19	39.27	32	51.72	19
里士满内区	56.79	20	66.75	12	40.99	31	54.51	14
电报山/北滩	54.83	21	68.73	10	35.03	34	52.53	16
唐人街	52.76	22	56.69	23	27.78	36	45.41	31
里士满中区	47.57	23	63.68	14	43.82	28	51.36	20

续　表

街　区	自由主义		环保主义		民粹主义		全面进步主义	
波托拉	45.78	24	37.42	34	64.27	7	48.82	26
克洛克亚马逊	45.67	25	37.00	35	52.11	22	44.59	32
双子峰	45.11	26	59.64	20	46.07	26	49.94	23
里士满外区	45.04	27	60.33	18	52.18	21	52.19	17
日落外区	43.03	28	56.62	24	61.68	9	53.44	15
埃克塞尔西奥	43.01	29	42.62	32	60.63	11	48.42	27
约旦公园	42.19	30	61.22	17	21.84	37	41.42	34
太平洋高地	39.16	31	61.49	16	16.67	38	38.78	37
日落中区	37.20	32	57.20	22	53.56	18	48.99	25
戴维森山	36.89	33	55.64	26	55.99	17	49.17	24
俄罗斯山	35.05	34	55.86	25	29.08	35	39.67	36
日落南外区	32.28	35	48.19	31	59.61	13	46.36	29
默塞德湖	25.84	36	51.12	28	46.56	25	40.84	35
园畔	24.48	37	50.63	30	58.87	14	44.33	33
双子峰西	18.73	38	53.31	27	42.46	29	37.83	38

注：条目为每个街区在三项指标上的分数（分值从 0—100），以及进步主义总体指数（左列）和等级（右列）。街区的界定见 Coro 手册，1979 年。

对表 2.3 统计结果的第二个观察是一个社区的一个指数的得分和排名对预测其他指数的得分和排名的作用非常有限。戏剧性的例子是西增区，它在自由主义中排名第 7，环境保护主义第 33，平民主义第 33，还有访谷区，它在自由主义中排名第 16，

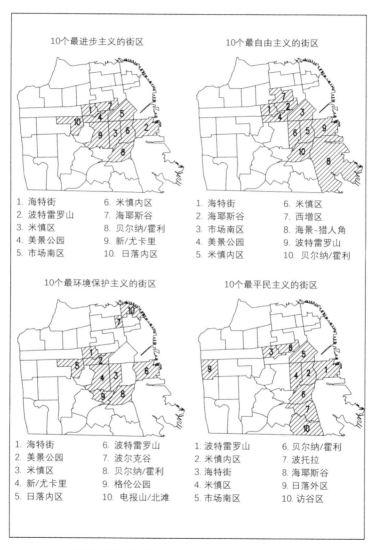

10个最进步主义的街区

1. 海特街　　　　6. 米慎内区
2. 波特雷罗山　　7. 海耶斯谷
3. 米慎区　　　　8. 贝尔纳/霍利
4. 美景公园　　　9. 新/尤卡里
5. 市场南区　　　10. 日落内区

10个最自由主义的街区

1. 海特街　　　　6. 米慎区
2. 海耶斯谷　　　7. 西增区
3. 市场南区　　　8. 海景-猎人角
4. 美景公园　　　9. 波特雷罗山
5. 米慎内区　　　10. 贝尔纳/霍利

10个最环境保护主义的街区

1. 海特街　　　　6. 波特雷罗山
2. 美景公园　　　7. 波尔克谷
3. 米慎区　　　　8. 贝尔纳/霍利
4. 新/尤卡里　　9. 格伦公园
5. 日落内区　　　10. 电报山/北滩

10个最平民主义的街区

1. 波特雷罗山　　6. 贝尔纳/霍利
2. 米慎内区　　　7. 波托拉
3. 海特街　　　　8. 海耶斯谷
4. 米慎区　　　　9. 日落外区
5. 市场南区　　　10. 访谷区

图2.2　旧金山社区的进步主义、自由主义、环保主义和民粹主义

旧金山著名的海特·阿什伯里（Haight Ashbury）社区，20 世纪 60 年代反文化嬉皮士社区的所在地，现在是该市进步运动的政治总部（上图）。旧金山政治保守的匹克斯西部的一个居民区（下图）。

39   环境保护主义第36，平民主义第10。 即使是像太平洋高低区这
种本地众人皆知的保守主义选区在环境保护主义中排名也达到第
16，这使得它在该指数社区中排名"靠前"。

第三个是有些自由主义社区（例如，海景-猎人角）在政治
上与其他的自由主义社区（例如，海特-阿希波利）相去甚远。
海特区的进步主义居民常常在相关问题上把选票投给左翼，然
而，自由主义的海景-猎人角的居民则倾向于把选票投给右翼。
两个社区都是*自由主义的*，但是它们当中只有一个是*进步主义
的*：海特区。

政治意蕴

三个左翼的分类方法作为一种概念化的工具，在理论上可
信，在实际中可行，可以使对旧金山政治文化的分析简单化，同
时不会过度破坏它令人难以置信的丰富性和复杂性。 如果这种
说法被接受，那么，刚刚进行的分析就带来了一个关于意识形态
的问题，一个本市的新的进步主义领导者必须要解决的问题。
进步主义事业非常宏大，涵括了三个左翼阵营各自所追寻的目
标。 但是，自由主义、环境保护主义和平民主义的领导者却不
一定会投桃报李。 每一个左翼群体都有各自的选民、地盘和需
要捍卫的政治利益，除此之外，它们各自的政治观点也是单一维
度的。 进步主义领导者许下的思想意识的承诺，迫使他们采取
*战略*上的措施，与三个左翼要素建立联盟和同盟。 作为交换，
每一个左翼的领导者却仅仅会承诺在*战术*上支持更加综合全
面、革故鼎新的进步主义的事业规划。 进步主义领导者面对的

主要的政治挑战是如何把意识形态变成战略部署，他们的愿景和原则按照这种方式不会遭受威胁，却可以向更多的人呼吁、吸引广大市民的支持。 进步主义领导者必须扪心自问： 进步主义运动的愿望是具有内在的一致性，还是自相矛盾的？ 在动员广大群众、寻求他们的支持时，进步主义运动的政治承载力是否有限呢？ 本市的进步主义能不能在理论上和实践中同时进化，由此，它一方面可以维持差异悬殊的全体市民的衷心支持，另一方面可以追求超越群体利益的共同目标呢？

第三章

促增长政体的
创制与崩塌

这是一条明明白白的商业提议……我想，我会因此大捞一笔，要不然我不会花这么多时间。

——本杰明·斯威格（Benjamin Swig）

权力受损，就如在莎士比亚的悲剧中一样，它越是巩固强化，越是担惊受怕。它占据空间，但是，它下面的空间也战栗发抖。

——亨利·列斐伏尔（Henri Lefebvre）

崩塌并非瞬息之功。

——艾米莉·迪金森（Emily Dickinson）

建造城市或者重建城市，梦想都至关重要——如果有利可 40
图，更是如此。昔日旧梦造就了现在的旧金山。今日新梦却视
前作为梦魇，一心想要打造明天的旧金山。

从 1960 年代初期到 1980 年代中期，旧金山的政治宇宙中就
有一个促增长城市政体的引力中心，在超多元主义混乱中构建秩
序。旧金山最优秀的商界和政界领袖创造出一种促增长管理体
制，把旧金山变成了一架增长机器。[1] 旧金山的职能将在全

---

[1] 关于"增长机器"的概念，参加约翰·R. 洛根和哈维·H. 莫洛奇：
《城市财富：地方的政治经济》（伯克利和洛杉矶：加利福尼亚大学出
版社，1987 年），第三章。

球劳动分工中为资本生产和积累提供物质和社会手段。 促增长政体书写本市愿景，谋划本市发展，同时也是本市实现规划的动力之源。 旧金山有头有脸的重要人士大多被它吸引、围着它转：市长、规划师、工会领袖、公民领袖、房地产大亨、企业高层、新闻报纸出版商以及多数选民。 这一政体把城市定位为增长机器，给旧金山增添了新的城市意义，暗含了其职能和形式。[1]

　　促增长体制做成了不少事情： 既有好的，也有坏的。 它使
41　旧金山焕然一新。 然而，在此期间，该政体也遭到了深受其威胁的人或者在这座城市梦想被忽视人的抵触。 辩证地看，促增长政体一手创造了它的劲敌——缓增长运动——崛起的条件。 与此同时，国民经济中的一些因素使得促增长政体从内部崩溃了。 腹背受敌的情况下，1986 年，随着责任规划创议 M 提案的通过，促增长体制崩溃了，该提案使得全美所有大城市最严苛的增长控制立法生效。 M 提案的创制者拒绝接受旧金山作为增长机器形象出现。 他们把城市看作地方不是空间，是社区不是商品，是民主政体不是企业规章制度的联合体。 如今，最令他们

――――――

[1] 卡斯特尔斯将城市意义定义"为在特定社会中，历史行动者之间矛盾冲突进程赋予一般城市（以及基于城市内部劳动分工的特定城市）并作为其目标的结构性能"。 城市意义塑造城市功能——"旨在实现赋予每一个城市的职能目标的组织工具的整体系统。"城市意义与城市职能共同确定城市形式——城市空间布局与建筑中的"城市意义的象征性表达"。 参见曼努尔·卡斯特尔斯：《城市与草根民众》（伯克利和洛杉矶： 加利福尼亚大学出版社，1983 年），第 303 页。 有关城市"意义"的其他讨论，参见安东尼·M. 奥伦：《理解城市： 其上、其下及其后视角》，《城市事务季刊》第 26 期（1991 年 6 月），第 589—609 页。

惴惴不安的就是促增长政体的幽灵。

促增长体制的创制

在概念化促增长体制的人们眼中，旧金山市区是湾区的商业、金融和行政中心，把合众国与横跨太平洋城市群中崭露头角的远东城市如新加坡、首尔、香港及其他城市联系起来。 把旧金山打造成"世界"城市的野心可以追溯到 1940 年代初期的战时规划研究。 约翰·莫伦科夫援引 1945 年本市的第一份重建方案称："旧金山之于湾区，正如曼哈顿之于纽约。"[1]即使是在当时，本市的发展愿景所体现的经济发展和土地利用规划也非常明显： 清空市区附近经济凋敝地区，尤其是西增区；清理城市不想要的人群；改善区域交通；建造高层办公楼。 然而十年来，本市的未来规划展望仍旧只是纸上谈兵，其原因是还没有一个能够进行战略规划、调动资源，并协同合作的城市政体。 例如，1930—1958 年，旧金山仅仅建造了一栋重要的办公楼。[2]旧金山孱弱、分散的政治体系中唯一凸显的"行动权"就是自发组织起来的社区群体和商业协会的权利，他们能够阻挠本市在其地盘上开展的任何开发项目——例如，1950 年代初，反对者真

[1] 约翰·H.莫伦科夫：《争议城市》（新泽西州，普林斯顿： 普林斯顿大学出版社，1983 年），第 160 页。
[2] 切斯特·哈特曼：《旧金山的转型》（新泽西州，托托瓦： 罗曼和阿兰黑德，1984 年），第 61 页。

的就让恩巴卡德罗和中央高速公路就地荒废。[1] 旧金山市民
有能力阻止重大项目，却没有能力建造重大项目。*必须创制一
个行之有效的政体并能付诸实践，才能把其促增长的梦想变成
现实。*

　　威尔特、莫伦科夫和哈特曼都很好地解释了促增长联盟在旧
金山如何崛起，如何组建城市政体，并为指引和掌控本市的急剧
变革提供所需的战略领导、资源调动和协调合作。[2] 湾区委
员会（BAC）是在 1946 年，由湾区大企业组建的地区规划组
织，研究地区发展战略，推动建立巴特（BART）系统和大都会
交通理事会（MTC）。企业家詹姆斯·泽勒巴赫（James
Zellerbach）和股票经纪人查尔斯·布莱斯（Charles Blyth）建立
了布莱斯-泽勒巴赫（B-Z）委员会以推进旧金山更新规划。B
-Z 委员会成员与 BAC 在很大程度上存在重合，吸纳本市实力最
雄厚的商业领袖。B-Z 委员会创建旧金山规划和城市更新协会
（SPUR），为的是把战略愿景变成详尽的城市更新规划和提
案。SPUR 的另一个目标是推动政府、企业和市民支持再开发。
为了实现这一构想，市长以及市政厅中的其他重要参与者都被邀
请到新兴政体的正厅之中。1959 年，乔治·克里斯托弗
（George Christopher）市长任命 M. 贾斯汀·赫曼（M. Justin

42

---

[1] 斯蒂芬·巴顿：《旧金山的社区运动》，《伯克利规划杂志》第 2 期
　　（1985 年春/秋刊），第 85—105 页。
[2] 见弗里德里克·威尔特：《城市权力：旧金山的决策》（伯克利和洛杉
　　矶：加利福尼亚大学出版社，1974 年）；莫伦科夫：《争议城市》；哈
　　特曼：《旧金山的转型》。

Herman）担任当时苟延残喘的旧金山重建局（SFDA）的执行局长。 克里斯托弗对他全权授权，由他自行决断，赫曼迅速扩建自己规划和顾问队伍，引入数千万美元的联邦城市更新财政援助，同时与市长办公室、SPUR以及其商业主导SFRA理事会紧密合作，开展八项重大城市更新项目。 在赫曼的领导下，43 SFRA"变成了实力雄厚同时又敢闯敢干的生力军，尽其所能攫取市区土地： 不仅仅是金门地区和市场南区，还有唐人街，田德隆区和港区。 在'贫民窟清拆'和'衰败清理'的红头文件指导下，该局取得了本市实权精英的全力支持，转而开始全面清理穷人"。[1]

从南鸟瞰旧金山"曼哈顿"市中心金融区。任务舱开发项目如左上角所示。左下角和前景显示了现在拆除的阿德罗高速公路和杜伦大楼附近的部分滨水区。

---

[1] 哈特曼：《旧金山的转型》，第19页。

  BAC、B－Z 委员会、SPUR、市长办公室和 SFRA 共同组成了一个范围更广的"促增长联盟"的核心领导机制，该联盟由工会组织、新闻报纸出版商、商业联合会、市政官员和市民团体组成，是一支举足轻重的政治力量。[1] 在社会分裂、权力分散的城市里，促增长联盟先发制人，抢占本市土地使用和开发政策的控制权。 为重大更新项目让出土地，它清理拆除本市的大片土地空间，例如金门区（包括安巴卡德罗中心在内的五层综合办公楼）和尚未完工的耶尔巴布纳中心。 同时，它也首开市区建造摩天大楼的先河。 1965—1985 年，旧金山市区办公面积从 2 600 万平方英尺一路猛涨，超过 6 000 万平方英尺，平均每年涨幅超过 140 万平方英尺。[2] 毋庸置疑，促增长联盟组建了一个可堪重任的城市政体。 它开拓了旧金山通向焕然一新的康庄大道。

  然而，这样的旧金山是不是由大多数旧金山人所共享呢？ 在 1970 年代初期，答案还是肯定的。 弗雷德里克·威尔特基于自己对该时期增长政策的案例研究总结道："湾区的大多数市民把他们的金钱、选票、劳动和技能都投入到了建造另一个城市梦想中，梦想之中没有有轨缆车，却有闪闪发光'快能够到星星'的高楼大厦。 这就是收入政治理念，意味着共同的收益价值观把社会阶层中的大多数人变成了一个共同利益联盟。"[3] 而大多数旧金山人都安居乐业，远离遭受大破坏和重建的市区，他们轻信盲从，梦想把旧金山变成西海岸曼哈顿，变成通往环太平洋的金光大门。 就

---

[1] 见莫伦科夫：《争议城市》。

[2] 保罗·科恩：《旧金山的商业房地产工业》，《旧金山商业报》，1985 年 4 月，第 16 页。

[3] 威尔特：《城市权力》，第 212—213 页。

业、收益和荣耀，志在必得。大多数人热衷于此，因而投票赞成。政治家也急于去讨好民众。

缓增长：第一次骚动

威尔特在 1974 年进行批判研究的时候，缓增长对促增长政体的挑战仍处在萌芽阶段。大多数有组织的抗议活动都是临时起意、考虑不周、收效甚微。即使取得了一些成就，联盟也很快就分崩离析。事实也的确是如此，例如，社区群体成功组织起来，抗议 1951 年道路规划中的高速公路建设，但是不久就解散了。社区组织和商业协会担心道路施工对本地社区和房产价值不利，他们联合起来迫使监察委员会中止规划，并就地停止施工。这一联盟的成员有西港区业主联合会、码头市政改善和业主联合会、电报山居民联合会、区域商贸联合会，以及市民俱乐部中央委员会。1959 年监察委员会同意了他们的要求，之后，"市区组织不再继续活跃，市民俱乐部中央委员会也不再继续运行"。[1]

从一开始，就有一些进步主义活动家和批评家发现：深层的经济力量和潜在的共同利益把对促增长体制的孤立分散的攻击联系起来。例如，《湾区卫报》在其编纂的论文集《终极大楼》中发出警告：毫无节制的市区开发和建设摩天大楼，会全面威胁本市生活。[2] 缓增长领导者点燃了反对促增长政体的导火

44

---

[1] 巴顿：《旧金山的社区运动》，第 93 页。

[2] 布鲁斯·B. 布卢曼编：《终极高楼》（旧金山：旧金山湾区卫报图书，1971 年）。

索之后，这些高屋建瓴式的批评意见被证实非常有用。 然而，在早期发展阶段，三个左翼阵营各自为政，围绕着促增长政体各行其是——环境保护主义在最外围，自由主义在最中心。

环境保护主义者最关心的是市区发展对生活质量、环境质量以及本市历史建筑的全面威胁。 本市首屈一指的专栏作家赫伯·凯恩（Herb Caen）把他们的关切之情用生动形象的语言表达出来，他痛骂摩天大楼并质疑"怎么能屁滚尿流地滚下旋转滑梯，摔坏了脑子呢，甘愿把天眷神顾的旧金山换成一堆烂泥"。[1] 社区平民主义者主要针对切实威胁本区域、社区生活和房产价值的行为作出反应，社区反对高速公路规划就是明证。自由主义者没有遭到促增长政体的排斥，相反却被其吸引，原因在于他们认为促增长政体可以促进市民就业和增加税收。 然而，当推土机开动起来，铲平穷人的住房和轻工业工厂，为办公大楼和通勤的中产阶层让路时，他们就不再支持促增长政体了。

低层楼房政策

本地商人阿尔文·达斯金（Alvin Duskin）是最早支持缓增长的运动家之一，正是他们把摩天大楼的争议变成了全市关注的大事。 1971 年，达斯金及其支持者在投票选举中提请 T 提案，该提案对旧金山未来所有私人和公共建筑地高度进行限制，即不得超过六层楼。 选民最终以 62 比 38 压倒性优势否决了"低层楼

---

[1] 威尔特：《城市权力》，第 205 页。

房"提案。[1] 1972 年，达斯金及其支持者又提交了该提案的修订方案，这一次他们提议将市区建筑限高为 160 英尺，其他地区 40 英尺。 选民以 57 比 43，否决了这一衡量标准。[2] 当有机会遏制"曼哈顿化"时，只有少数选民选择把握时机。 尽管创议活动失败了，但是依旧传达出了两条重要的政治信息： 摇摆不定的少数派人口基数非常大，并且很容易变成多数派；市民创议运动是广泛动员市民、抗议市区开发行之有效的手段。

打败美国钢铁：一场虚假的胜利

1971 年，反摩天大楼运动战胜全美钢铁联盟，威尔特对这　45

---

[1] 威尔特：《城市权力》，第 206 页。

[2] 同上书。 根据威尔特对《检察官报》对选举结果分析（同上）的解读，支持达斯金第二次创议的大多数选民来自"富裕的自由主义地区（太平洋高地）及最近的摩天大楼争议区（俄罗斯区、电报山区以及诺博山区）"。 值得注意的是，按照我本人在第二章的分析，上述四个地区都属于保守主义和反平民主义区域，然而，它们当中有三个（太平洋高地区、诺博山区和电报山区）在有关我称之为环境保护主义的方面却得分非常高。 按照威尔特的分析，反对创议的大多数选民来自"保守主义、中产阶层、工薪阶层和少数族裔社区"。 例如为海景-猎人角选区和唐人街选区。 然而，根据我本人的分析，海景-猎人角属于自由主义和平民主义，但是关于环境保护主义者议题却把选票投给了右翼阵营，另一方面，在三个问题是，唐人街都把选票投给了右翼。 威尔特的解读表明了在分析诸如增长控制这类复杂事务选举投票问题上，"自由-保守"的单一维度词汇的局限性。 阶级与种族的描述可以说清楚他的意思，但是，意识形态分析却只会混淆而不是阐明理解。 本书中三维的分析结构表明环境保护主义是决定投票选举的最重要分歧，该分歧径直切入传统的自由-保守范畴。

一案例的研究表明，当时的缓增长运动是如此*孱弱*而且组织混乱。同时，也进一步证明了当时全*市范围*的增长控制问题的讨论几乎全部由环境保护主义者和保守主义者主导。该案例的本质即全美钢铁的 550 英尺限高提议遭到否决，550 英尺限高将允许在轮渡大厦南面的海滨地区建造 25 层的酒店和 40 层的办公大楼。缓增长获胜，促增长失败。然而，正如威尔特所指出的，全美钢铁的提议并非被"义愤填膺的公众意见"所击败，或者被"临时起意的保守团体"的行动和主要从美学角度反对它的建筑保护主义者所击败。[1] 大体上，公众还是支持这一提案的，正如反对派领袖所认同的一样，保守主义团体"过于松散、过于软弱、过于贫穷，根本无力阻止项目"。[2] 真正对全美钢铁提案造成威胁的是湾区保护和开发委员会（BCDC）的"神秘"干预和反对，委员会由州政府建立，自行裁决湾区海岸附近的开发项目。

西增区无产者暴乱

此时在重建运动的竞技场上，SFRA 与西增区和耶尔巴布纳地区的居民展开了旷日持久而又异常惨烈的对抗。对抗中真正生死攸关的是维护社区而不是保存建筑物或者历史遗迹，是生活中的物（尤其是住房和就业）而不是生活中的美。

1960 年代中期，SFRA 开始在西增区两侧（A－1 和 A－2）

---

[1] 威尔特：《城市权力》，第 203 页。
[2] 同上。

部署重建计划，该区域靠近市政厅，距离中心商业区不过几分钟路程。多年以前，SFRA 的规划人员就已经将重建计划对准了西增区，他们认为那里经济衰败，不达标准，充斥着社会隐疾。事实上，西增区确实存在问题，但是，它也是一个正在繁荣发展的城中村，聚居在这里的人虽然种族民族多样，却有非常强烈的社区认同感。该区域居民中非裔美国人占多数，他们非常贫困，是价格低廉的住房受益人。A－1 计划几乎没有遭到任何有组织的抗议，就成功移置了 4 000 住户，建造日本贸易中心、豪华住宅区和横贯全区的高速公路主路。[1] 然而，紧随其后、规模更大的 A－2 计划却遭到了居民的顽强抵抗，他们要求立刻停止新建社区，直到达成可以接受的规划，并且把迁出居民妥善安置在社区内价格可以接受的体面合适的住宅中。

组建西增区社区组织（WACO）的目的就是为了领导与 SFRA 和 A－2 计划的斗争。WACO 及其支持者采取了包括组织抗议和示威等在内的一系列措施。旧金山社区法律援助基金会代表 WACO 提请了一份禁令，即可接受搬迁规划出台之前，拒绝重新安置、拆除旧居和联邦救助。[2] 尽管法律行动失败，尽管 SFRA 的赫曼贬斥 WACO 不过是"昙花一现的无产者乱流"，[3] 然而，有组织的社区反抗运动却迫使建立监察安置工作的机构，同时也促进提高房屋建设补贴。[4] 约瑟夫·阿里奥托（Joseph Alioto）市长为了在项目施工区获得社区支持并换

[1] 莫伦科夫：《争议城市》，第 173 页。
[2] 哈特曼：《旧金山的转型》，第 73—74 页。
[3] 引自莫伦科夫：《争议城市》，第 193 页。
[4] 同上书，第 194 页。

取和平，在 SFRA 中任命了很多非裔美国人，使得该组织在处理社区群体事务时变得更具有代表性。[1]

耶尔巴布纳中心：漫漫征程

1954 年，房地产大亨、慈善家、社区领袖本·斯威格（Ben Swig）提出耶尔巴布纳项目。最初设计方案主张在市场南区建造会展中心、体育馆、摩天办公大楼和大型的停车场。这一区域正好处在市中心金融区扩张规划的线路上。经过多次停工和长期拖延，到了 1966 年，贾斯汀·赫曼领导下的 SFRA 获得了超过两千万美元的联邦拨款，着手进行拆除爆破和居民迁移。工会组织、商业企业以及市场南区的居民立即组织起来反对这项工程。工会组织对在该区域重新打造金融和服务业中心、减少蓝领就业机会表示抗议。本地居民要求享有在项目区域内可以承受的适宜安置住房。约瑟夫·阿里奥托因为得到组织严密的工会的支持于 1967 年当选市长，他最终说服工会、建筑工程及行业协会、ILWU 以及其他组织的领导者一起为该计划背书——这也开创了一直延续到 1980 年代的工会组织支持促增长提议的模式。然而，本地居民一直在进行反抗，他们与本地商界联合起来组建反重建租户和业主联盟（TOOR），主要以合法的方式进行抗争。赫曼和 SFRA 拒绝了 TOOR 提出的新建两千个住房

---

[1] 见芭芭拉·菲尔曼：《治理难以治理的城市：政治技巧、领导力和现代市长》（宾夕法尼亚州，费城：坦普尔大学出版社，1985 年），第 100 页。

单元和在项目区域内修缮房屋的提议，其主要原因——借用芭芭拉·菲尔曼的话来说——就是他们"想要改变该区域的人口统计特征"。[1] SFRA 同时还破坏阿里奥托市长为与 TOOR 达成庭外和解所做的努力。

　　1971 年赫曼去世，阿里奥托及其律师可以更加自由地与 TOOR 协商交涉，他们在 1973 年达成共识，TOOR 撤销对本市的诉讼，作为交换条件，将在项目区域内部或者周边地区为居民提供约 2 000 个安置房。[2] 漫漫五年时光，错综复杂的法律诉讼、抗议活动和官僚内讧，之后又是同样漫长的五年，对项目规划设计、财政方案和环境影响争论不休。 1978 年，通过削减项目规模、赢得选民支持和解决剩下的法律争端，旧金山终于等来了开工建设的绿灯。 1980 年，本市与一家加拿大开发公司奥林匹亚和约克公司签订合同，并与万豪酒店一道动工开建。 又经过十年延期、选民修正案、融资困难和开发商拖延，动工终于获得了最终许可，1990 年 7 月 2 日，奥林匹亚和约克公司向阿特·阿格诺斯市长呈递了一张面额 440 万美元的支票，作为 15 亿美元项目的分期付款。[3] 时至今日，该项目唯一完工的是 1981 年对外开放的莫斯康尼会展中心。 经过促增长-缓增长之间长达 25 年的交锋与冲突，本·斯威格的美梦依旧只是大地上的土坑。

---

[1] 见芭芭拉·菲尔曼：《治理难以治理的城市：政治技巧、领导力和现代市长》（宾夕法尼亚州，费城：坦普尔大学出版社，1985 年），第 187 页。

[2] 同上书，第 189 页。

[3] *SFC*，1990 年 7 月 4 日。

第一波进步主义浪潮：莫斯康尼执政时期

缓增长联盟是一个需要一遍又一遍改造的政治车轮，直到1975 年一个更加恒久、更加强势的联盟崭露头角。乔治·莫斯康尼参与市长竞选之前，自由主义者、环境保护主义者和平民主义者分别在各自领域内，攻击重建计划和建造摩天大楼的消极影响。如今，破天荒第一遭，各自为政的三个左翼阵营联合起来，联合对市政厅促增长政体展开抨击。

因此，1975 年成为旧金山政治的转折点。人口和经济的巨变达到最高峰。新的人潮涌入本市，他们中有男同性恋和女同性恋、中美洲的拉丁裔、东南亚的华裔以及追求城市生活质量的中产阶层专业人士，他们定居在飞地，开始在政治运动中发声。越来越多的摩天大楼在市区拔地而起，旧金山的曼哈顿化如火如荼、全面展开。无序增长造成的社会和美学后果不再仅仅是令人不安，而是开始入侵生活在西增区、市场南区、北滩区、克莱门特街、波特雷罗山及其他街区居民的生活。[1] 与此同时，社

---

[1] 参见例如，卡米尔·佩里：《北滩的买与卖》，《影像》，1987 年 4 月 26 日，第 18—25、38 页；迈克尔·麦考尔：《克莱门特街洗牌：社区进化或者剥削》，《旧金山商业报》，1984 年 3 月，第 16—20 页；斯蒂芬妮·索尔特：《为保卫社区特色而战》，SFE，1985 年 5 月 5 日。报道称，前规划局局长阿兰·B. 雅各布斯（1966—1975）"自责自己没有尽力阻止兴建泛美大厦，长久以来，他一致认为它是一个规划失误，原因在于它使得高密度的办公大楼侵入低密度的北滩和杰克森广场"。参见杰拉德·D. 亚当斯：《本市规划者传说》，SFE，1989 年 4 月 16 日。

区活动者组织起来，从防御转向进攻，积极准备迎战市政厅和市区商业群体。 新旧交替之际，打开了一扇政治的机会之窗。 约瑟夫·阿里奥托不再担任市长，并被法律禁止竞选第三次任期。 市政厅及其行政权力吸引着野心勃勃的人们，乔治·莫斯康尼就是其中之一。

1975 年，参加市长竞选的三位主要候选人分别来自从左翼到右翼的全部政治阵营。 右翼阵营是监察委员会委员约翰·巴巴格拉塔（John Barbagelata），他是一位保守派平民主义者，代表本市年长白人房产所有者的利益。 处在中间的是 1971 年败给了阿里奥托、自称温和派进步主义者的委员会主席戴安·范斯坦（Dianne Feinstein）。 左翼阵营是州参议员乔治·莫斯康尼，他是开明的民主党人、前监察委员会委员，也是国会议员菲利普·伯顿核心集团（他们自诩为"伯顿党"，在当时还包括了菲利普的兄弟约翰和州议会议员威利·布朗）的成员。

48

莫斯康尼参加市长竞选，戏剧性地背弃了旧金山的政治传统。 他在搭建自己的草根选举联盟时，寻求社区活动家、反对摩天大楼的人、非裔美国人、拉丁裔、亚裔、男同性恋和女同性恋以及其他此前一直被位高权重的政治家所忽视的社团群体的支持。 他攻击阿里奥托当政时期的促增长政策，并承诺将制止旧金山的曼哈顿化。 他对促增长的涓滴效应理论（trickle-daon theories）* 不以为然，并向失业工人和低收入租户承诺，将高度

---

* 指在经济发展过程中并不给予贫困阶层、弱势群体或贫困地区特别的优待，而是优先发展起来的群体或地区通过消费、就业等方面惠及贫困阶层或地区，带动其发展和富裕。

重视为居民增加就业机会和建造可以让居民负担得起的住房。莫斯康尼强烈支持同性恋群体的权利和公民权利自由，他承诺将在执政期间消除市属部门和机构中的恐同症和种族歧视。 他还承诺将行使任命权，提高少数族裔、男同性恋和女同性恋群体在本市委员会和理事会中的代表比例。 他几乎从来没有寻求过市区商业精英的支持，与其说他做通了民主党的工作，不如说他绕过了民主党开展工作。 他拒绝接受超过一百美元的捐赠，这让他的竞选活动明白无误地带有平民主义色彩。 所有这一切在1975 年似乎都是首创的——这是一次在政治上突破传统的行动，它启迪了很多市民，同时也威胁到了其他人。[1]

　　到了选举日，莫斯康尼获得了 45% 的选民的支持，与此同时，在决胜投票中巴巴格拉塔以 28% 比 27% 把范斯坦挤到了第二名。 在候选人对决中，经过一场选举恶战，莫斯康尼仅凭四千张选票的极其微弱优势击败了巴巴格拉塔，成为新一任旧金山市长。 支持他的人万分欢欣，对他期望极高。 然而，正如刚刚当选的市长将会发现的那样，赢得权力比运用权力要容易得多。摆在他面前的是本市官僚体系和监察委员会设下的重重阻碍。

　　莫斯康尼市长很快就兑现了自己的授权承诺，他委托过渡委

---

[1] 关于莫斯康尼改革事宜及其竞选特征的讨论，参见哈特曼：《旧金山的转型》，第 135—136 页；兰迪·希尔特：《卡斯特罗街市长：哈维·米尔克的生平与时代》（纽约：圣马丁出版社，1982 年），第 100—110 页；卡斯特尔斯：《城市与草根民众》，第 104—105 页；以及鲁夫斯·P. 布朗宁、戴尔·罗杰斯·马歇尔和大卫·H. 塔布：《抗议不够：黑人与拉丁裔在城市政治中争取平等的斗争》（伯克利和洛杉矶：加利福尼亚大学出版社，1984 年），第 57—58 页。

员会从同性恋和少数群体以及社区中吸收成员以进入本市的委员会和机构。他任命缓增长运动领袖进入规划委员会和重建局，这一做法令环境保护主义者和社区活动家非常高兴。尽管在莫斯康尼当政期间，这些政府机构都没能真正地摆脱促增长的名声，规划委员会还是被市区商业精英贴上了"反增长"的标签。[1] 从缓增长的角度看，莫斯康尼取得了一些实际的成就。例如，莫斯康尼政府的规划委员会帮助设计了本市非常新颖的市区关联税，重建局开始更多地与社区协商交流，更谨慎地拆除推平建筑。

莫斯康尼的有些任命行为后来被证明非常愚蠢，或者在相关部门引起了深刻的抵触情绪。他任命吉米·琼斯（Jim Jones）担任本市住房管理委员会的局长，他是一名左翼牧师，同时也是一位了不起的政治组织者。两年之后，吉米·琼斯牧师带领数百名人民圣殿信徒进入圭亚那，集体自杀-谋杀。莫斯康尼任命查尔斯·加恩担（Charles Gain）任警察局长一职，授权他放宽对警察局的管理，停止警察对同性恋和少数族裔的骚扰。加恩局长的工作遭到了普通警察及其保守派盟友的抵制，他们很多人因为加恩下令把警车喷涂上更加友善、温和的蓝色而怒不可遏。莫斯康尼还委任男同性恋活动家哈维·米尔克入职诉讼委员会，不过当米尔克宣布与伯顿党成员阿特·阿格诺斯竞选州议会议员席位时，米尔克很快就遭到了解雇。

莫斯康尼市长的短暂任期中，监察委员会三番五次搁置他的立法提案、扰乱他对行政体系的控制。当时（和现在），委员

49

[1] 菲尔曼：《治理难以治理的城市》，第110—111页。

会 11 位委员都由普选产生，任期四年。 现任的身份优势几乎能够确保连任；想要找到一位强势有利的挑战者并非易事，想要资助挑战者也非常困难。 委员会在意识形态上中间偏右，保守派约翰·巴巴格拉塔和昆汀·科普（Quentin Kopp）成功说服中间分子对市长的项目投反对票。（尤其是科普，他是一位令人心惊胆战的对手，曾经在 1979 年的市长选举中与莫斯康尼进行竞争。）委员会有充足的选票阻止莫斯康尼提名鲁迪·诺森伯格（Rudy Nothenberg）任 CAO，他们的部分理由是诺森伯格欠缺商业经验，而且与市长的政治关系过于亲密。[1] 折中方案是由罗杰·博阿斯（Roger Boas）担任 CAO，博阿斯是一位汽车代理商，也是前委员会委员。 委员会还否决了支持工会的市长为本市手工业者涨工资的提议，当手工业者进行罢工抗议时，委员会又拒绝谈判。 委员会的反工会立场赢得了选民的欢迎，莫斯康尼除了对进行罢工的工人表达同情与支持之外，他能做的非常有限。[2]

早在 1975 年莫斯康尼当选之前，市区活动家就把监察委员会视作反进步主义领导和变革的大本营。 他们中很多人指责选举监察委员的普选制度，认为由于需要足够的资金支持才能赢得全市范围的选举，这一制度更偏向于那些对社区问题无动于衷、对市区商业有求必应的候选人。 1970 年，他们自发组建了市民代表政府（CRG），旨在用分区选举取代普选制度。 CRG 提出的具体分区计划将全市分成了 11 个选区，并要求代表本区的候

---

[1] 哈特曼：《旧金山的转型》，第 148 页。
[2] 菲尔曼：《治理难以治理的城市》，第 65 页。

选人必须是该区居民。 这一计划及其修订版分别在 1972 年和
1973 年被选民否决，但是，差之毫厘的失败也表明了人们对普
选制度的普遍不满。 这就促使 CRG 和其他进步主义团体在 1975
年组建社区大会，这是一个伞形组织，在全市组织一系列会议，
教育选民了解和应对社区问题，知道分区选举的优势。 在之后
的全市代表大会上，近千名与会者采纳了"旧金山社区改进规
划"，这是进步主义宣言，其重点就是把分区选举作为结构化改
革提议的关键。 莫斯康尼支持这些工作，也支持组建旧金山分
区选举，这是一个由社区和全市团体的广泛联盟，并在 1976 年
11 月的投票选举中提交了 11 个选区提案，即 T 提案。 T 提案仅
仅遭到了过度自信的市区商业领导者的象征性抗议，以 58% 比
48% 获得胜利。 1977 年 8 月的特殊选举中，选民分别两次否决
了废除议案，同年 11 月投票选举首次采用分区选举。[1]

　　11 个选区的候选人总数达到 113 人，约是通常大选人数的
四倍。 六位现任委员会委员（包括戴安·范斯坦、约翰·莫利
纳里和昆汀·科普在内）各自在不同选区参选，并都得以连任。
五位现任委员（包括约翰·巴巴格拉塔在内）选择不参加竞选，
因此无论最终结果如何，都保证了人事变更。 五位新当选委员
是来自第五选区的男同性恋活动家哈维·米尔克，代表的是海特
-阿希波利、卡斯特罗和诺伊谷的男同性恋/进步主义群体；来自
第八选区丹·怀特，代表的是主要以白人、天主教和蓝领阶层居
民为主的维斯蒂亚乔恩谷、克洛克亚马逊、博特拉和伊克萨斯
奥。 哈维·米尔克代表进步主义的希望，丹·怀特代表保守主

50

[1] 哈特曼：《旧金山的转型》，第 157—166 页。

义的恐惧，1978 年 11 月 27 日，两人终将在市政大厅进行终极对决。

　　1972 年，哈维·米尔克从曼哈顿搬到旧金山，很快就确立了自己的进步主义优秀政治家地位。 他在夯实了"卡斯特罗街头市长"的执政基础之后，又以公开出柜的男同性恋身份竞选监察委员会委员，并获得胜利，鼓舞了全国刚刚兴起的同性恋运动。 丹·怀特是土生土长的旧金人，他是一位越战老兵，曾经做过警察和消防员。 他代表了日渐衰落的选区，他们厌恶越来越多的同性恋和少数族裔，也对新当选的市长似乎对小众群体百依百顺而心生不满。 下面所引述的是怀特竞选宣传材料中的文字，传达出了本市许多"被遗忘"群体的敌意："我绝对不会被一撮微不足道的极端分子、社会异端和无可救药之人赶出旧金山。 你们必须明白，有成千上万的人像你我一样满腔怒火，他们等待时机释放心中的怒火，它既能也必将烧掉我们美好城市中的毒瘤。"[1]

　　怀特上任 11 个月就辞去职务，并称家庭财务是辞职的主要原因。 支持者苦苦哀求恳请他回心转意，数天之后，他又想重新要回自己的职位。 莫斯康尼一开始表示同情，几周以后，迫于自己的支持者要求拒绝怀特请求的压力，他只好做出让步，转而任命自由派的唐·霍兰齐（Don Horanzy）坐上怀特的空位子。由于这些事情和其他的挫折，11 月 27 日，怀特偷偷溜进市政厅开枪打死了乔治·莫斯康尼和哈维·米尔克。 随后的法庭审判

---

[1] 希尔特：《卡斯特罗街市长》，第 162 页。 另见哈特曼的解释，《旧金山的转型》，第 166 页。

彻底撕裂了这座城市。 在很多旧金山人眼中，怀特是一位英雄，他们当中有警察和消防员，他们为怀特筹集了 10 万美元的辩护费用。 同性恋和进步主义社群中很多人认为陪审团成员大多数都支持怀特，控方蓄意失职。 陪审团裁定丹·怀特犯有故意杀人罪，他对乔治·莫斯康尼连开四枪，重新装弹后对哈维·米尔克连开五枪。 怀特因罪被判刑七年零八个月监禁。（1984 年，他被保释出狱后自杀身亡。）宣判当晚，同性恋及其他愤怒的人群与警察发生冲突，烧毁了七辆警车。 此次暴力事件就是后来广为人知的"白夜暴乱"（White Night riot）。[1] 旧金山的进步主义运动在泪水与怒火中化为泡影。

　　一些分析人士把乔治·莫斯康尼描绘成一位"软弱"市长，还居心叵测地把他和像约瑟夫·阿里奥托这样的"铁腕"市长相比较。[2] 如果比较的重点能严格限定在行政权力和政治手腕两个方面的话，这样的判断或许有几分可信。 莫斯康尼作为一位纯粹的政治家，有其错误——却不曾有时间从中吸取教训。但是，莫斯康尼还有志于成为本市第一位进步主义市长，而不仅仅是像阿里奥托一样的自由派市长。 莫斯康尼敞开大门，让更多的人进入市政厅——或许，从他自身的政治利益来看，进来的人太多了。 他委任的官员打破了固步自封的官僚体系，为本市政府输送新鲜血液和进步观念。[3] 他利用有限职权，克服重重阻碍，对既有的保守体制和市区商业精英发起挑战。 至少，

[1] 哈特曼：《旧金山的转型》，第 167—168 页。

[2] 参见诸如菲尔曼在《治理难以治理的城市》中的分析。

[3] 参见诸如菲尔曼在《治理难以治理的城市》中的分析，第 105—106 页。

他使进步主义政府的理念在人们心中生根发芽。　如果说他是软弱的，或许仅仅是因为他志在逆流而上，而不是与旧金山政治洪流中的暗涌同流合污。

范斯坦的政治真空

莫斯康尼-米尔克被刺案，使得本市损失了两位重要市政领导，重创了全体市民。　依照本市宪章，监察委员会主席戴安·范斯坦继莫斯康尼之后入主市长办公室，给崭露头角的进步主义运动迎头一棒。　范斯坦因为暴力悲剧才坐上市长位子，她的温和派立场得到了进一步加强。"本市最好还是由最不偏不倚的政治力量来治理，"她说，"而不是极端力量。"[1]在莫斯康尼执政时期，尽管社会变革的道路遭遇了顽固的抵制，却还是偏左的，如今在范斯坦市长的领导下，向后急转又走上了原来的老路。

范斯坦市长上台后不久就解聘了警察局长加恩，并下令所有的警车重新喷涂黑白车漆。　1980年，在她的支持下，本市废除分区选举，恢复普选制度。　在她的鼓励下，开发商以"极快速度"建造摩天大楼，1979—1985年间，相当于修建了37座泛美大厦。[2]她全然不顾越来越进步的监察委员会的反对，否决了同居伴侣法案，引起愤怒的男同性恋和女同性恋群体共同支持1983年的罢免选举，尽管并未获得成功。　她大肆宣传建设美国

52

---

[1] 引自约翰·雅各布森和菲利普·玛蒂尔：《范斯坦执政期间重塑本市》，*SFE*，1987年3月30日。

[2] 同上。

海军密苏里号的母港，并借助涓滴效应理论认为与海军的协议将
会净增加蓝领就业岗位。市区商业精英自身早已放弃了防卫，
而她却要保护促增长体制免遭攻击。

如果对照进步主义事业的政策清单来评判范斯坦政府，人们
可以得出结论：几乎每一项举措都是倒行逆施、徒劳无功。从
另一面看，范斯坦的温和派政治天性或许恰好地适应了动荡不安
的时代的要求。谢尔顿·沃林写道："评判需要处理的政治问题
的轻重缓急时，需要考虑到在冲突不断的时局下所取得的短暂稳
定。"[1]他还指出，"政治之术永远要面对的问题之一是：厘
清要在何种程度上允许异议、冲突和多样性，而不会危及使任性
妄为成为可能性的社会体制"。[2]按照这样的标准，人们似乎
可以说范斯坦是一位成功市长。她的温和政策有助于维护社会体
制，才使得多年之后阿特·阿格诺斯市长的"任性妄为"成为可
能。然而，在她执政时，旧金山还没有建立进步主义政府的成熟
条件。后来与她竞争的凯尔文·韦尔奇（Calvin Welch）称范斯
坦政府是"政治真空"和"历史变异"。[3]不过，它也是必要
的政治断层——实现了体制稳定，却付出了政治倒退的代价。

缓增长教训

缓增长运动的早期反抗大多数都坚持不要直接与促增长政体

---

[1]　谢尔顿·S.沃林：《政治与愿景》（波士顿：利特尔-布朗公司，1960
　　年），第65页。
[2]　同上。
[3]　*SFC*，1987年12月9日。

作对，而是反抗威胁不同选区具体地点的孤立的开发项目。用卡斯特尔斯的话说，这个时期的旧金山仍旧是一座"野蛮城市"。[1] 草根联盟选举产生了乔治·莫斯康尼市长，选民心中燃起了希望，期盼出现新的政治秩序。突发的刺杀事件击碎了他们的希望，此时，一切都变得清晰：他们的领袖不过是可怜的凡人，旧金山社会中两股势力针锋相对，而法律已经彻底腐化。在范斯坦市长领导温和派促增长政府执政四年，或者更长的时间中，缓增长领袖意识到必须绕过市政厅，同时直接改变政策。为了对促增长*政体*发动有效的攻击，他们需要：基础深广的联盟，可以包容所有三个左翼党派，并积极回应各派选民的诉求；缓增长在野党通过多种机构渠道进行长期活动（法院、创议投票、规划机构和舆论舆情）；复杂的土地利用和开发规划领域需要高水平技术知识和技巧；一个全新的、积极向上的旧金山未来的规划——新的都市意义、新的梦想——将会鼓舞市民们奉献、奋斗。然而，缓增长的领导者甚至都没来得及把这些教训变成 M 提案的胜利，促增长政体就已经崩溃了。

崩溃

为什么 25 年来促增长体制一直掌握本市命运，规划它的未来，却在 1980 年代中期崩溃呢？简单来说，它是从内部崩塌，又遭到外力挤压。内部崩塌的部分原因是因为*本地经济龙头企业*（斯威格家族、泽勒巴赫家族和布莱斯家族）瓦解。1963

―――――
[1] 见第一章。

年，J. D. 泽勒巴赫去世，查尔斯·布莱斯迁居纽约。 与此同时，企业收购与兼并带来了与旧金山毫无瓜葛的高管。[1] 由此就造成了本市商业领袖的真空，而本市原来的商业领袖在人们心目中"太迟缓、太心软、太排他，无力应对经济变革的威胁"。[2] 此外，这些威胁却都是真实可见的，也有许多不同的形式： 信息技术的进步使不断推进的生产的全球化成为可能；大量企业重组对本地造成冲击；与本地区其他城市之间愈演愈烈的残酷竞争；国家金融机构腐败和停摆；联邦政府削减发展补贴和财政援助；联邦税务改革，把收益减少变成了蚀本赔钱；商业房地产市场暗流涌动；刚刚出现的旨在将资本限制在城市环境中的控制增长运动；资本主义公信力下滑——"合法性危机"。种种影响让旧金山濒临危机，然而，那些对旧金山忠心耿耿、野心勃勃的商业领袖却消失不见了。

　　企业重组（亦即收购和兼并）重创了促增长政体。 企业重组的本意是把旧金山重新打造成湾区的核心城市，以及本地区的行政和金融中心。 然而，1979 年至 1986 年之间的企业重组造成了旧金山"净流失"《财富》500 强企业，而南湾区（圣克拉拉县和圣玛特县）的硅谷市却净增加了旧金山所损失的企业。[3] 湾区委员会的研究表明，"作为湾区的历史中心，因为

---

[1] 见理查德·拉帕波特：《当城市入睡时》，《旧金山杂志》，1987 年 4 月，第 40—45、86—88 页。 关于湾区企业收购与兼并的广泛影响的讨论，参见湾区委员会：《企业重组： 湾区经济影响见解》（旧金山： 湾区委员会，1987 年）。

[2] 拉帕波特：《当城市入睡时》，第 43 页。

[3] 湾区委员会：《企业重组》，第 11 页。

最近发生的企业重组，旧金山似乎确实损失重大"。 此外，南湾区"近年来转向高科技经济"，"旧金山不知不觉间就失掉了经济中心地位"。[1] 尽管后来旧金山的一些商业领袖认为运势逆转的责任是 M 提案和本市"恶劣的商业氛围"，然而，商业领域的重要智库 BAC 却清楚地知道这是资本主义自身运转的过错。

54   除了领导层失利和企业重组的影响之外，促增长政体也遭受了金融大地震的冲击，此次地震的中心位于华盛顿特区。 第一波地震由 1981 年经济复苏税和 1982 年的盖恩-圣热尔曼存托法案（解除存贷管制草案）引起。 第一条法案缩短了房地产投资折旧核销期，因此增加了财团企业所持有的房地产资产的避税福利。 这些刺激因素催生了财团行业，他们积聚了数十亿美元（仅 1985 年一年就有 127 亿美元[2]），在商业房地产市场进行投机活动，尤其是投资建造办公楼。 第二条法案把大量资本投入毫无经验（有时也是营私舞弊）的储蓄和贷款借贷人手中，他们持有的数十亿美元再一次涌入了房地产市场。 风闻在旧金山可以盖高楼、挣大钱，开发商们蜂拥而入，一点也不担心进行提前租赁和项目资金。 即便大楼空空如也，投资人还是有大把大把的收益。 到了 1986 年，一轮摩天大楼拔地而起之后，旧金山的甲类商务办公楼空置率高达 18%。[3] 本市促增长政体尽享资本过剩的盛宴。

［1］湾区委员会：《企业重组》，第 11 页。

［2］蓝道·K.罗伊：《80 年代资本超额造成 90 年代的资本短缺》，《全国房地产投资者》第 32 期（1990 年 10 月），第 210 页。

［3］安东尼·多恩斯看到了墙上荒谬的字迹，并在他的预言书中警告世人，《房地产金融的进化》（华盛顿特区：布鲁金斯学会，1985 年）。

有必要暂时打住，弄清楚——似乎有些离题——什么是政治经济学和制度合法化。 应该如何描述这些资本运动及其对地方政治的影响呢？ 当普通市民想要弄清楚混乱的经济进程时，跳入他们脑海中的是荒谬这样的说法。 这个词对理解这些经济进程毫无用处，然而，却表达了对资本主义社会的不满和愤懑情绪。 当供需"定律"似乎以一种神神秘秘、难以预料的方式运行时，公众对私营经济的信心就开始下降，开始质疑缺乏管理的市场的合理性。 马克思主义传统中的左翼学者可能用资本积累危机来描述这些进程及其结果。（财团、银行和退休金的）过剩资本积累在次级资本流通（土地、摩天大楼、酒店以及尚不存在事物所有权的投机投资）、拉高价格（以及其他可以标示实际价值的市场信号）、产生短期收益（以租金、利息和股息的形式），但是，最终却必将贬值（以减记、注销、倒闭和撤资的形式），因此，根据其在不同地区和城市的影响造成地理上程度不同的危机。[1]

在此背景下，资本积累危机这一术语的确可以解释美国资本主义经济进程表现出来的非理性。 由于很多人厌恶它是令人讨厌的马克思主义原生词汇，兰德尔·K. 罗维（Randall K. Rowe）将同样的进程称之为"资本狂欢"（capital orgy），或许这种说法更容易被人们接受。 罗维是芝加哥股权财务管理公司的执行副总裁，他在《全国不动产投资人》商业杂志中分析称："我们借助海外资本建造空无一人的大楼，而不是利用我们的国内资本，

---

[1] 更加深入、更加详细地推理阐述，参见大卫·哈维：《资本的限度》（芝加哥：芝加哥大学出版社，1982 年），尤其是第十章和第十三章。

填补我们的联邦财政赤字。　我们建造空无一人的大楼，而不是
向我们的工厂投入更多资金，提高在世界市场中竞争力。　我们
建造空无一人的大楼，而不是把资本投入到提高国内人力资源水
平的项目（教育、职业培训，等等）。"[1]这是一位资本家对
其他资本家说的话，他说资本主义已经走火入魔了，不理智到了
会削弱公众对市场体制本身信心的地步。　在旧金山和美国其他
大城市中，尤尔根·哈贝马斯（Jürgen Habermas）所谓的支撑资
本主义社会"体制合法性"也开始出现裂缝："由于市场机能薄
弱和操控机制失调副作用的出现，公平交换的资本主义基本理念
崩溃了。　经济系统与政治重新连接，把经济系统与政治联系起
来——某种程度上，即生产关系政治化——造成了越来越需要合
法性。"[2]经济与政治的断开连接和重新连接曾经多次发生。
随之而来的合法性危机，通常是在国家层面上，总可以以某种
方式得到解决。　但是，在里根时代，城市本身被迫实现重新连
接和合法化。　在旧金山，这些自我适应过程发生（而且仍在发
生）在进步主义环境中。

　　"资本狂欢"的中心出现了更多的金融地震。　国会通过了
1986 年税收改革法案，极大地削减了房地产投资避税福利。　其
结果就是源于此的投机性流动资金几乎第一时间就枯竭了（例
如，1989 年，仅筹集了 35 亿美元[3]）。　与此同时，十年之期
快结束的时候，联邦检察机关对无序存款和放贷甚至商业银行都

---

[1] 罗伊：《资本超额》，第 210 页。

[2] 尤尔根·哈贝马斯：《合法性危机》（波士顿：灯塔出版社，1973
　　年），第 36 页。

[3] 同上。

采取了严厉措施。 领导者不得不变得精明理性，开始收紧信贷，同时对开发商设置苛刻条件——例如，房屋预租、股本合作等等。 国家金融和商业房地产市场中的大事最终对旧金山产生影响，其中一个就是由于没钱盖楼，许多经由市政批准的摩天大楼项目如今仅仅存在于设计蓝图上。 饕餮盛宴终成饥馑荒年。

飞机如果飞行次数过多，机身会因为挤压变化出现裂缝。与此相似，旧金山的促增长体制因为次级资本流动的震荡压力开始崩溃。 这些压力并非源于本地，也与本市的商业氛围或者缓增长政策的奇思妙想毫无瓜葛。 促增长体制内部出现的最重要裂缝是业主与投资者之间愈演愈烈的利益冲突，他们已经获得了商业地产所有权和/或建造许可，开发商、建筑公司和其他想要盖楼的人却没有资本或者没获得许可。 由于商务办公楼空置率居高不下，新建大楼只需要降低现有租户的房租就可以。 瓦尔特·肖恩斯坦在本市拥有或者打理超过 1 200 万平方英尺地产，像他这样的商业地产主在如此条件下对任何会增加房屋供给的政策都漠不关心。[1] 本市市区产生的此类分歧是由于内因或者非常外围的外因引起的，而不是受本地缓增长运动或者政策的影响。

促增长体制的经济发展战略规划促进了专业化中产阶层和后工业小资本家的增长。 这些新的旧金山人拥有应对复杂的社会和政治局势所必需的知识和手段，他们的后物质主义情感遭到了过度建设和过度拥堵的工作和生活环境的挑衅。 他们是缓增长

[1] 见大卫·韦伯：《谁拥有旧金山？》，《旧金山杂志》，1988 年 1 月/2 月刊，第 57—63 页。

联盟的核心力量，后来联盟发展壮大，吸收了社区活动家、租客联盟领导、小微企业业主和理想破灭的少数族裔群体。下一章将要讨论的是这一联盟最终达到了临界质量，并在促增长政体走下坡路的时候，将其一举摧毁。

我们有理由做出以下结论：促增长体制存在了很长一段时间，并一手造成了自身的覆灭。由于过度扩大办公空间，产生的冗余割裂了商人群体间的利益。由于服务业经济的发展，一方面刺激了全新的缓增长后物质主义中产阶层，另一方面却赶走了支持促增长物质主义目标的蓝领工人群体。由于推动市区金融区曼哈顿化，对周边社区造成威胁，摩天大楼遮蔽阳光，拉高住房成本，增加地壳负担，以及造成交通混乱，促增长联盟伤害了环境保护主义者的感情和新生代群体的身份认同感。由于迁出穷人、为通勤者提供高档工作、为富人打造豪宅，促增长联盟无法兑现为低收入少数群体和本地工人创造"小微就业机会"的承诺。事实上，促增长政体社会中的生产状况，极大地改变了最初孕育促增长体制的物质条件和社会环境。促增长政体最初设定的共同目标开始剧变。在很多市民眼中，这个政体已经萎缩、退化甚至失调。围绕城市意义展开的斗争发生了根本转向——斗争的具体形式即 M 提案之争。

第四章

缓增长运动的源起
与 M 提案之争

资本生产、政府投资、个人消费，以及公共房产管理都可以在土地利用中找到他们的纽带。土地利用，事实上，不过是我们所有现存组织和生产的冷冰冰、技术化的委婉说法。

——西德尼·普罗特金（Sidney Plotkin）

城市，是人力资源的综合体和建筑环境，其中包含社会和物质生产资料中的大量的固定投资。[1] 即便考虑到生产全球化和信息技术的进步，促进了"无地之权"和"无权之地"，[2] 资本在其循环中的某一个时期必将采取地点和事物、工厂和建筑的具体形式，用马克思的话来说，这些都是"牢牢地固定在地面上"。[3] 许多资本的固定都发生在城市中，因而，都会变成当地政府管辖和政治工作的潜在抵押品。正如大卫·哈维（David

[1] 有关讨论，参见大卫·哈维：《资本的限度》（芝加哥：芝加哥大学出版社，1982年），第十二章和第十三章。

[2] 曼努尔·卡斯特尔斯和J.亨德森：《科技-经济重建、社会-政治进程和空间转型：全球视角》，《全球重建与区域发展》，M.卡斯特尔斯和J.亨德森编（伦敦：萨奇，1987年），第7页。另见乔伊·R.费金和迈克尔·皮特·史密斯：《城市与新的国际劳动分工：概论》，《资本城市：全球重建与社区政治》，迈克尔·皮特·史密斯和乔伊·R.费金编（伦敦：巴兹尔·布莱克维尔，1987年），第3—34页。

[3] 卡尔·马克思：《政治经济学批判大纲》（米德尔塞克斯哈蒙德斯沃思：企鹅图书，1973年），第740页。

Harvey）所写，"资本流动越来越受限于固定的物质和社会基础设施，它们是为了支持某种类型的生产、某种形式的劳动过程、分配安排、消费模式等而进行精心设计"。[1] 资本限制在城市建筑环境之中，正是大卫·哈维所谓的资本主义的"第二天性"——他认为，越来越城市化的空间的生产，是资本主义在20世纪存活下来的原因——的后果。[2]

依据本市法律规定，关于土地和空间利用问题，本地市民的权利并非无足轻重。 M.戈特迪纳认为，"建筑条例、区划法规、遗迹保存、变量差异等，都是州政府可采取的控制土地和空间的方式。 事实上，所有其他层级政府赋予地方州的所有权力中，这一能力最为重要"。[3] 只要本地市民严格遵守彼得森所谓的"城市极限"，同时由商业领袖和专业规划师们制定土地利用和开发政策，资本家就可以无惧城市。 然而，一旦敞开政策制定的大门，市民可以更广泛地参与进来，资本家便有充分的理由担忧自己的城市土地投资和房地产投资将会被如何处置。 旧金山的大门敞开了。

58

———————

[1] 哈维：《资本的限度》，第428页。

[2] 大卫·哈维：《意识与城市经验：资本城市化的历史与理论研究》（马里兰州，巴尔的摩：约翰斯·霍普金斯大学出版社，1985年），第273页。 另见亨利·列斐伏尔：《资本主义的幸存》（伦敦：艾莉森和巴斯比，1976年），以及M.戈特迪纳：《城市空间的社会生产》（奥斯汀：得克萨斯州大学出版社，1985年）。

[3] M.戈特迪纳：《城市政治的衰落：政治理论与地方政府危机》（加利福尼亚州，比弗利山：萨奇，1987年），第253页。 另见西德尼·普罗特金：《隔离：土地利用控制之争》（伯克利：加利福尼亚大学出版社，1987年）。

1986 年 11 月 4 日,旧金山的选民通过了 M 提案,即规划责任创议,由此开始施行美国城市中最严苛的增长控制措施。 M 提案的通过加速了促增长政体的崩溃。 它扩大了本市开发政策领域中市民的参与。 它为土地利用的博弈设置了新的规则,改变了本市商业活动中的公私合作关系。 它在本地房地产市场中建立了秩序和纪律。 更重要的是,它为建造新的城市政体铺平了道路。

背景介绍

1970 年左右的社会形势,简单来说: 促增长政体全面掌控旧金山的社会发展和经济开发。 摩天大楼拔地而起,巴特铁轨铺设完毕,清空土地等待重建,把旧金山打造成西海岸曼哈顿的美梦很快就要成型。 这是一个征服了大多数旧金山人的美梦,他们任由市区商业精英及其市政府盟友进行战略领导、制定发展政策。 尽管有来自社区活动家、被拆迁的低收入居民和中产阶层保守派分子零零散散的无组织的抗议,这一时期的发展政策称得上是多方共识。

20 世纪 60 年代末,《旧金山湾区卫报》的记者与其他进步主义者就警告世人建造市中心摩天大楼造成的长期的社会后果和环境影响。 1971 年和 1972 年,阿尔文·达斯金领导的反摩天大楼创议运动引起了对增长作为全市重大问题的广泛关注。 但是直到 1975 年,有组织的缓增长运动才开始成形;这一年,许多社区联盟、环境保护主义者、小型企业业主、政治俱乐部、少数族裔群体、男同性恋和女同性恋组织、租户群体和工会组织联合起来组建草根联盟并选举进步主义者乔治·莫斯康尼为市长。莫斯康尼曾经对支持者承诺，如果他当选，在其任职期间市区不允许再建摩天大楼。 这是一个他无法兑现的承诺。 1978 年，莫斯康尼遇刺身亡，人们对他可能兑现控制增长承诺的希望戛然而止。 然而，到了此时，缓增长运动已经步入正轨。

旧金山著名的环境保护主义组织（尤其是"旧金山合理发展"和"旧金山明天"）在海特-阿希波利、杜波西三角地、波特雷罗山及其他地区与不同的民主党政治俱乐部、租户联盟、小型商业协会、社区保护主义者以及社区活动家共同合作，建立结构松散、根基牢固的联盟。 该联盟是一个更加广泛的进步主义运动缓增长阵营的组织核心，进步主义运动将会在范斯坦市长执政的九年中积少成多，汇成政治之流。

在这样的背景下，通过对当时的进步主义运动的研究，可以得出以下三个主要结论。 第一，缓增长运动的发展壮大之路崎岖坎坷，它们吸收了那些通常被其他相似运动排除在外的选民，最突出的就是蓝领业主、低收入租户和少数族裔群体。 这一变化扩大了该运动的社会基础，但是，也造成了内部的矛盾冲突，加重缓增长联盟的政治负载，削弱其在后 M 提案时代的执政能力。

第二，缓增长运动的成功是一系列创议运动前仆后继的成果，尽管它们大多数在选举中都失败了。 长期的成果在一定程度上是通过辨证过程实现的： 用实质性变革进行威胁；促增长领导人为了阻止选民支持重大变革，被迫进行单方面的细枝末节的改革和让步。 改革积少而成多，细枝末节的改革最终引起了发展政策制定的重大变革。 它们慢慢地侵蚀了促增长政体的思想意识基础，与此同时，还把每一个成功的缓增长倡议运动变得都不那么强烈，因此，相比之前，显得不那么咄咄逼人。

第三，缓增长运动最终能够突破 M 提案的局限，并非是因为该运动力量强大，而是因为 1983 年以后，促增长发动的反击越来越软弱无力，促增长联盟于 1986 年全面瓦解。范斯坦市长的政治大军几乎重新抢占了战场，但是，大选活动中一盘散沙的市区商业群体最终被缓增长力量击败。M 提案的胜利不仅仅是本市进步主义运动的伟大胜利，而且也意味着商业精英败给了他们最可怕的敌人：他们自己。

通向 M 提案的漫漫长路

1979 年，进步主义领导者根本看不到任何由市政厅开展缓增长改革的希望。即使是莫斯康尼市长执政时期，摩天大楼的建造率相比前面五年也没有多少改观。如今，莫斯康尼不在了，他们更是不敢奢望温和派促增长市长戴安·范斯坦会对环境保护主义组织和社区活动家关心的问题作出回应。缓增长领导者别无选择，只能发动针对规划制定官僚体系的游击战，在法庭上阻遏促增长政策，并通过创议程序直接诉诸选民。

O 提案：战斗警报

60

"旧金山合理发展（SFRG）"在 1979 年投票选举中提交了 O 提案，旨在降低市区新建建筑的高度和主体限制。该提案还呼吁修订奖励机制，如果开发商可以改善公共交通、采用节能设计、提供更多的经济适用房，以及采取其他措施减轻经济开发对本市地壳结构和市民生活的影响，就可以突破现有限制。 在"旧金山先锋（SFF）"的领导下，打响了反对 O 提案的战斗。SFF 是由市区商业团体和工会组成的联盟。 SFF 领导者耗资 50万美元，游说选民 O 提案会阻碍商业发展、减少就业机会和税收，同时还会造成都市布局无序蔓延。 O 提案的活动基金不足反对者十分之一，采取的措施普遍被认为是反增长的，其目标认同的人少，O 提案的支持者有理由做好惨败的准备。

令很多人意外的是，O 提案赢得了 46% 的选票——这一结果令人印象非常深刻，可以鼓舞支持缓增长的人们，同时也给市区商业群体敲响了警钟。 此次提案活动本身已经把有关增长问题的讨论政治化，揭露了民众在发展目标问题上的观念冲突，也开启了教育选民知晓无序发展消极影响的漫长而艰辛的历程。 投票选举结束了，它预示着反摩天大楼运动的蓬勃生机，及其在发展领域引起民主浩劫的潜在能力。 促增长政体领导人最不想看到的就是市民为此所创制的应对规划。 为了遏制进一步的创议活动，规划委员会被迫——谨小慎微、犹犹豫豫地——回应缓增长的观点和要求。

开发商关联税：车票

早在 1979 年夏，规划委员会就开始在建筑许可申请中推行缓解交通运输的要求。 1981 年，市长和监察委员会制定一次性开发税，即对市区新建办公大楼征收每平方英尺五美元地税，用以支付更多的公共交通服务费用。 市政厅支持的交通评估区域

（不仅仅要求新建建筑，还有原有建筑支付每平方英尺的年费）
创议，在房地产大亨瓦尔特·肖恩斯坦（Walter Shorenstein）和
商会领导的攻击下土崩瓦解。 为了解决住房顾虑，本市还建立
了办公用房生产方案（OHPP），方案向开发商收取公式核算税
费，补贴可以满足市区办公大楼工作人员最低需求新建建筑或者
住房重建项目。 依据加利福尼亚州环境质量法，按项目收取税
费已经施行了很多年，该法案规定经济发展在住房市场中引起的
问题是需要缓解的环境影响问题。 OHHP 制定的缓解规则非常
圆滑，这就使得开发商可以通过建造不同种类的住房积累可变
"信贷"以满足住房要求。 狡猾的开发商通过多种途径利用灵
活可变的规则，造成的结果就是遵循 OHPP 的规定而建造的住房
越来越少，无法满足需求。[1] 即便如此，该方案还是建造了
一些经济适用房，它也体现了私有经济的资源如何与公众需求
联系起来。

　　大多数市区商业领导不是在原则上而是在实际中接受了本市
的关联政策和一次性开发费用（one-time development fees）。 作
为全部开发成本的一部分，所涉金额相对而言不算很大，因此，
在商业投资或者区位选择中并非重要因素。[2] 此外，开发税
可以被看作对遭受发展之害的人的经济赔偿。 正因如此，它们
有助于维护稳定和谐，塑造企业的社会责任形象，使开发商更受

61

---

[1] 切斯特·哈特曼：《旧金山的转型》（新泽西州，托托瓦：　罗曼和阿兰
黑德，1984 年），第 288 页。
[2] 见亚瑟·C.尼尔森：《开发影响费：　导论》，《美国规划协会杂志》第
54 期（1988 年冬季刊），第 3—6 页。 另见道格拉斯·波特编：《市区
关联》（华盛顿特区：　城市土地协会，1985 年）。

公众欢迎。"在此过程中，"切斯特·哈特曼写道，"开发商和大型企业把自己塑造成了有社会良知的公共慈善家形象，他们的执行人员在报纸和电视上的形象就是向市长和规划局局长捐赠支票。"[1]或许更加重要的是，一次性开发费用明确了游戏规则，降低了不确定性，也可以使开发商免于因为任何未来发展问题的连带责任而遭受政治压力。正如迈克尔·皮特·史密斯（Michael Peter Smith）所说："只要开发商支付了一笔法律规定的'缓解税'，他们就可以以此合法地规避以后的税款。假如反对群体因为发展造成的实际社会损失组织起来，要求更多的影响补偿，或者要求他们缴纳新的税款，开发商就可以说他们已经支付了发展影响附加税。这种'关联税'方式有可能变成外化社会发展代价的许可证明。"[2]基于相同原因，本市缓增长领导开始意识到缓解税不足以充分解决发展问题，这种方法是对发展进程的合理化和去政治化，却无法限定正当发展的总量、类型或者地点。

市区环境影响报告（EIR）

O提案运动的成果之一是它推动规划委员会委员通过调停使反对摩天大楼的人和商会之间暂时休战。1980年代初，支持缓增长的人同意在选举中不再继续使用创议权。作为交换条件，

[1] 哈特曼：《旧金山的转型》，第288页。
[2] 迈克尔·皮特·史密斯：《美国城市中关联开发政策惯例》，《再生城市：英国危机与美国经验》，迈克尔·帕金森、伯纳德·弗里和丹尼斯·贾德编（曼彻斯特：曼彻斯特大学出版社，1988年），第107页。

商会、SPUR 以及其他商业集团筹集 500 000 美元，作为市规划局顾问的酬劳，而他们要提交深入彻底的环境影响报告，分析不同的市区增长控制方案对本市就业机会、住房存量、交通系统和自然环境的影响。

经过两年半的研究，规划局迪恩·马可里斯（Dean Macris）局长对市区 EIR 重新界定，认为它仅仅是一份用于"市区规划"的参考报告，以此改变该项目的深度和广度，马可里斯使 EIR 失去合法性，不需要公众听证会，只能获得最低的媒体曝光度。有批评家指责 EIR 被用作拖延手段和不作为的借口。 还有人声称马可里斯之所以要降低 EIR 调研结果的曝光度，是因为它根据市区规划提案描绘出了 2000 年旧金山的惨淡景象。[1] 市区办公区域继续扩张；通勤人数明显增加；社会贫富两极分化进一步发展；市场南区摩天大楼可以与曼哈顿中城的相提并论。 EIR 愿景破坏了市区计划的合理性，提供了进一步强化缓增长可行性的证据。《湾区卫报》评论 EIR 称，"或许是十多年来，面向旧金山民众最重要的规划文献"。 即便如此，《卫报》还是注意到 EIR 是非常厚实、高度专业化的文献，并总结说"或许本市官员最好的盟友——本市大多数市民永远不可能读到（它）"。[2]

1983 年 M 提案：旧金山规划提案

缓增长领导对迟迟不来的 EIR 报告有些不耐烦，又被它的调

---

[1] 哈特曼：《旧金山的转型》，第 272 页。
[2] 蒂姆·雷蒙德：《黑暗正午》，《旧金山湾区卫报》（下称 *SFBG* ），
　　1984 年 5 月 9 日。

查结果搞得心烦意乱，于是，他们在 1983 年初再次集会，计划在 11 月份选举中再提交一份增长控制提案。 这项提案，即旧金山规划提案（也被称为 M 提案——不可与 1986 年的 M 提案即规划责任提案混淆），并没有对市区建筑的高度和主体进行明确限制。 在工会领导，尤其是建筑和商贸从业人员眼中，这些限制给 O 提案贴上了反增长法案的标签，引起了他们的反对。 旧金山规划提案要求规划委员会和监察委员会修订本市的总体规划，从而在不同的规划要素（住房、交通等）中达成内部的一致性，并将工作重点转到社区保护、经济多样化、小微商业保护、市民就业、文化和种族多样性、维护经济适用房，以及提高公共交通水平。 该提案还要求修改本市分区规划法规，与修订的总体规划保持一致，要求新通过的法规规定新办公楼开发商为办公人员提供经济适用房和新增公共交通，还要求发展局（通常来说，不归规划委员会管辖）核实住房和交通责任之后再批准任何项目。总之，旧金山规划提案所要求的就是彻底修改总体规划、重新制定本市的土地利用和开发政策。

63　　　旧金山规划提案的核心是其发展目标和发展重点声明。 这份声明似乎无伤大雅，却描绘了一个与市区规划愿景不一样的未来旧金山。 由于工作重点转移到市区、小型商业、族群与文化多样性的保存与保护工作上来，这项提案向规划师、开发商以及投机商传达了明确的信号： 本市绝不仅仅是投资者资本积累的增长机器。[1] 实际上，M 提案就是一项激进规划，预示着要

---

[1] 建筑环境的观点被马克思主义者批驳为"地理上紧密排布的复杂的复合商品"，参见哈维：《资本的限度》，第 233 页，尤其是第八章。

把固定资产投资束缚在保护性的人造环境中，同时减缓资本流动，变成受到严格控制的涓涓细流。

规划提案在 11 月的选举中赢得了 49.4% 的选票，以毫厘之差遭到否决。 商会和其他的市区商业利益集团筹措了 608 000 美元活动资金，扼杀该提案，而提案支持者仅仅筹集到 87 000 美元，这其实已经是非常了不起的成就了。[1] 迪恩·马可里斯所做的决定是打击规划提案潜在支持者的关键因素： 他赶在 8 月——距离选举仅仅三个月——推出了一份更加合理的市区规划。 由于戴安·范斯坦市长的大力支持和本市两家重要日报的编辑全力背书，市区规划给很多选民的印象是： 市政厅积极行动、彻底解决增长问题。 一切不过是重施故伎，正如切斯特·哈特曼所说：“市政府试图调整风险，提交或者施行一些回应市民要求却远远算不上严格的措施。”[2]本市促增长主体的领导人又躲过了一枚缓增长子弹，不过，其代价却是接受一份全新的增长控制提案： 市区规划。

市区规划

市区规划最初重点关注的是城市设计、公共便利设施和建筑保护。 规划近乎完全禁止建造“电冰箱式”的摩天大楼，倾向于建造楼层低、占地少，有精致的尖顶而不是平顶的楼房。 它

---

[1] 有关竞选活动开销的详细问题，参见理查德·德莱恩和桑德拉·鲍威尔：《增长控制与选举政治： 旧金山城市平民主义的胜利》，《西方政治季刊》第 42 期（1989 年 6 月），第 316 页。
[2] 哈特曼：《旧金山的转型》，第 276 页。

还对 251 处有重要历史意义或者建筑意义的建筑物进行永久保护，以免遭受拆毁或者进一步开发。 不过，除了上述措施之外，它还允许建筑物所有人进行"开发权转让"（transfer of development rights，TDRs），开发权可以被使用或者转卖，从而在其他地区，尤其是市场南区，建造高耸入云的摩天大楼。 市区规划还要求：开发商捐赠建筑造价总额的 1% 用于发展公共艺术；按照每平方英尺 1 美元（或者等价服务）要求，提供儿童保育资金；按照每 50 平方英尺的建筑就留出 1 平方英尺的比例建造。 交通和住房关联税保持不变。[1]

市区规划最重要的新增内容是对社区活动家施加的压力而作出的回应。 监察委员会坚持以增长限额作为同意的先决条件。因此，市区规划还包括建造 50 000 平方英尺或者更大的市区办公大楼每年 950 000 平方英尺的限额。 "渠道"（即已经获得批准还没有开建的）建筑三年期限内，不受增长限额的影响。

64

本地报纸吹捧市区规划"毫无疑问是当今国内最著名的城市设计文献"。[2] 市区规划出台的新闻登上了《纽约时报》的头版。 市区规划声名远扬，纽约市议员露丝·梅辛格（Ruth Messinger）宣称，"我们很多人都对曼哈顿的'旧金山化'非常

［1］相关概述，参见杰恩·加里森：《监察委员会最终通过的市区规划》，*SFE*，1985 年 9 月 11 日。

［2］哈特曼：《旧金山的转型》，第 273 页。 对旧金山市区规划的最近讨论以及它与克利夫兰、丹佛、费城、波特兰以及西雅图市区规划的比较，参加 W. 丹尼斯·基廷和诺夫·克鲁姆霍尔兹：《1980 年代的市区规划：1990 年代更加平衡的案例》，《APA 杂志》第 57 期（1991 年春季刊），第 136—152 页。

感兴趣"。[1] 1985 年，经过两年之久的激烈争论，旧金山监察委员会最终通过市区规划时，波士顿市长雷蒙德·福林（Raymond Flynn）本人也参加了此次会议。 波士顿当时正在研究增长控制法案，他出席会议的目的就是借鉴旧金山的经验。[2]

尽管有国内舆论的褒扬和本地媒体的吹捧，市区规划却遭到了本市缓增长支持者的严厉批判。 例如，SFRG 的苏·海斯特（Sue Hestor）称市区规划"制造了认真对待问题的假象。 它根本算不上增长控制"。 她声称 SFRG 计划在 1986 年投票中另行提交一份增长控制提案。[3] 规划委员会中唯一的支持缓增长的成员苏·比尔曼（Sue Bierman）批评称市区规划由委员会主席托比·罗森布拉特（Toby Rosenblatt）一手操办促成，存在程序不正当或者公众听证不充分问题。"非常困难，"她说，"外地人在本市努力反抗种种怪象。"[4]《纪事报》的建筑批评家艾

[1] 然而，关注纽约问题的其他分析员则没有这么乐观，其中包括罗格斯大学的乔治·斯特恩勒布，他认为纽约市"今年（1985 年）将要耗资 2 亿美元以收容无家可归的人。 它需要课税基础。 旧金山能够勒紧发展的缰绳，但是纽约的（支出）需求让旧金山像一座小城"。 梅辛格与斯特恩勒布的引文均引自约瑟夫·弗鲁罗：《旧金山的市区规划或许有助于抑制曼哈顿天际线》，*SFE*，1985 年 12 月 22 日。

[2] *SFE*，1985 年 9 月 11 日。 尽管基于旧金山早期的开拓性努力，波士顿塑造了其综合性开发关联政策，但是一直以来波士顿人都认为增长控制措施——例如旧金山市区规划（更别说更加激进的 M 提案了）——政治上危险重重，经济上毫无必要。 见杰拉德·亚当斯：《波士顿拒绝本市市区规划》，*SFE*，1987 年 4 月 12 日。

[3] *SFE*，1985 年 9 月 11 日。

[4] *SFBG*，1984 年 12 月 5 日。

伦·特姆克（Allan Temko）公开表达自己对规划中 TDRs 规定的担忧，他认为那是"保护主义者和房地产投资者之间达成的浮士德交易"。[1] 监察委员会五位委员有三位投票反对市区规划，他们声称之所以这样做，是因为它远远算不上严格的规划。[2]

大多数商业领袖尽管忿忿不平却都接受了市区规划。他们都可以接受在办公空间供大于求的市场中暂时的增长限制。此外，渠道中塞得满满当当，新建大楼将不受限制，继续喷涌而出。限制之外（不超过 50 000 平方英尺）的小型建筑可以获得的 TDRs 以及市区办公区域之外的广阔空间，这些都使开发商获得了相当大的灵活性。还有新出现的一次性开发费用提供了一种不会造成太大经济损失就可以安抚社会活动家的办法。总之，考虑到这是旧金山，市区规划并不糟糕。

市区规划中商业领袖最喜欢的条款恰恰是缓增长批评者所讨厌的。增长限额只不过是暂时的，而所谓的不超过 50 000 平方英尺的小型建筑还可以免税。该规划在市区施行，对本市其他地区包括重大的米慎湾项目在内几乎没有任何影响。渠道项目所建大楼也不计入 9 500 000 平方英尺的限制。TDRs 可以交易买卖，在摩天大楼顶上再建摩天大楼。没有制定要求总规划各个部分保持一致或者系统阐述发展规划重点任务的条款。基于上述理由，支持缓增长的反对派认为市区规划非常糟糕。

65

---

[1] 艾伦·特姆克：《市区规划空间交换或许意味着更大建筑》，*SFC*，1985 年 11 月 1 日。
[2] *SFE*，1985 年 9 月 11 日。

缓增长全面出击

　　缓增长支持者并没有因为规划提案的失败而灰心丧气，也没有因为举国称赞市区规划而偃旗息鼓。 1983—1985 年期间，他们继续对促增长体制施加政治压力。 范斯坦市长封锁市政府的成功，仅仅是进一步刺激了政府系统其他部门，或者把焦虑引上了其他变革之路。 开发税的诉讼案件是一种压力；有的放矢的投票提案是另一种。

　　起诉开发商是苏·海斯特的拿手好戏。 海斯特是 SFRG 的一名律师，人们说她在 1981 年和 1982 年中"坚持不懈"地反对"几乎每一项提交到规划委员会的建筑和环境影响报告"。[1] 发展规划或许可以一路高歌获得市政厅的许可，但是，苏·海斯特会在终点线上等着收取社会什一税。 到了 1985 年，也就是高层楼房建设到达顶峰的时候，海斯特用诉讼紧紧缠住开发商，使其陷于法律问题与代价高昂的延迟动工的大网中。 很多开发商发现要想赶在税法改革、市场崩盘和设置永久性增长限额之前快速通过他们的规划项目，必须进行庭外和解。 这些和解行为给 SFRG 和其他的市民群体换来了开发商的让步和赔偿，补偿了 SFRG 的诉讼费，同时也为人才培养、影响评估以及弥补措施提供了资金支持。[2] 开发商和他们的市政厅盟友却开心不起来。

　　几个月前，规划委员会主席托比·罗森布拉特刚刚被指控阻

[1] 哈特曼：《旧金山的转型》，第 290 页。
[2] 克斯汀·唐尼：《支付雪崩或许会加剧》，SFBT，1985 年 2 月 11 日。

遏公众讨论市区规划，他却说由于庭外和解使得发展规划"消失在公共事务中、不属于公众领域"，因此"令人惋惜"，也"不符合本市的长远利益"。[1] 社区活动家大都赞同罗森布拉特的观点，不过他们也反驳说公众对发展规划的反对意见被当成了耳旁风，本市规划师根本不关心社区的所需和所求。 埃德温·李（Edwin Lee）是在一次诉讼案件中代表唐人街的律师，他说："托比说的没错。 我们也不喜欢。 然而问题是，程序是否正当？"[2]根据商业记者克里斯汀·唐尼（Kristin Downey）的报道，许多开发商和解是"市政府和旧金山合理增长组织之间权力之争的一部分，开发商却被夹在中间"。 此外，"许多开发商都认为，由于本市暧昧的政策规定，他们不得不面对冗长拖沓的诉讼官司，他们别无选择，只能跟 SFRG 和解"。[3]

　　由于没有全面综合的增长控制政策，诉讼便成为一种行之有效的方式，可以在半封闭的政治体系中监督市区发展，同时迫使开发商进行补偿。 另一项促成政策改革的方法是创议立法，针对某一项增长控制措施进行一项又一项法案，有的放矢赢得选民的投票。 例如 K 提案，就是一份仅仅针对阴影规定的投票议案。

66

　　1984 年 6 月，选民们压倒性地通过了 K 提案，规定了本市所辖约 70 座公园和公共区域全年全天的阳光照射时长。 研究表明，急剧增加的高层建筑可能会使"可见的天空变成光

------

［1］克斯汀·唐尼：《支付雪崩或许会加剧》，*SFBT*，1985 年 2 月 11 日。
［2］同上。
［3］同上。

带"，而且还会"在人行道上形成日偏食一样的阴影"。[1] K 提案，即广为人知的"阳光法案"（sunlight law），禁止新建建筑超过 40 英尺，从而避免遮挡投射在本市所辖任何土地上的阳光。 这一法案还规定： 每一块土地和几乎有光照的每一个小时中，光照阴影测量误差在 1 英尺之内。 本市不得不拨款200 000 美元收集阴影数据，以推行这一项规定。 1985 年，阴影禁令首次实施。 瓦尔特·肖恩斯坦（Walter Shorenstein）是本市最重要的开发商之一，他不得不放弃建造一座 24 层办公大厦的计划，原因是研究表明在规划区域建造的任何超过 6 层的建筑都会在唐人街圣玛丽广场上投下阴影。[2] K 提案是一项相对来说不算很重要的条例，通过创议立法，被置于运转得越来越快的增长控制机制当中，对本市市中心的开发又设置了一重限制。

这些事例都说明，市区中心规划的作用并不是作为政治妥协，或者作为严格的发展规划过程。 缓增长领导者不停地直戳开发商的痛处，毫不留情地要求进行更彻底的变革。 与此同时，市政厅也是徒劳无功，无法缓解缓增长运动对市中心商业造成的影响。 商业理性的祸根是不确定，而不确定性因素已经随处可见。 地方政府维系社区与资本积累平衡的能力遭到了质疑。 平衡的支撑点，即市区规划，已经全面崩溃，紧随其后就是促增长政体的瓦解。

———————

[1] 哈特曼：《旧金山的转型》，第 267 页。
[2] 特里·吉尔·拉萨尔：《阴影法案塑造旧金山的建筑》，《城市土地》
　　 第 47 期（1988 年 10 月），第 36—37 页。

F 提案：无增长与缓增长之争

　　1985 年，市区规划和旧金山规划提案的争论结束后，市区商业领袖刚刚松了口气，缓增长领袖就决定了下一次创议运动的规划。 恰在此时，乔·文特雷斯卡（Joel Ventresca）领导的社区活动家带着 F 提案一下子跃上了政治舞台。 此次投票提案建议，三年之内禁止建造超过 50 000 平方英尺的酒店和办公大楼。F 提案横空出世，几乎令所有人都大吃一惊，刚刚发生的缓增长运动的组织者也不例外。 SFRG 的法律否定策略，使得开发商为了避免诉讼不得不做出让步，但是文特雷斯卡及其支持者却越来越没有耐心。 他们也对缓增长联盟扩大根基的缓慢进程感到不满。 他们自称是支持停建高楼的旧金山人，要求立即、全面暂停摩天大楼建造项目。 他们的投票提案，即 F 提案，一时之间，把缓增长运动分裂成反对增长和控制增长两个派系。

　　旧金山很多更加重要的缓增长组织 [包括 SFRG 和 "旧金山明天"（San Francisco Tomorrow）在内] 都拒绝支持 F 提案，因而，他们坚持公开的中立态度。 但是，有些个别领导人——例如凯尔文·韦尔奇和苏·海斯特——却公开攻击此次创议，同时竭力促进它在投票辩论中失利的言论也出现在官方的选民手册中。 他们都非常憎恨文特雷斯卡，因为他拟定 F 提案时并没有征求他们的意见，尤其是当他们要求他为了联盟的和谐撤回议案时，文特雷斯卡抗拒不从。 在他们眼中，这份议案是骗人的把戏，因为它根本不能阻止已经得到市政府建造许可的 14 000 000 平方英尺的办公空间。 他们还担心，F 提案会毁了在 1986 年通过一项更有效的控制增长法案的机会。 韦尔奇认为,"恰恰是该法案在投票中造成的压力,毁掉了可以有效控制市区发展的未来"。[1] 其他人则担心会错失政治契机。"我们可不想跟窝囊废有什么瓜葛,"反对高层建筑的戴尔·卡森如是说。[2] 即使是进步的《湾区卫报》也发表社论反对该议案,他们承认,尽管"一想到要反对一项对控制市中心发展就会产生哪怕是象征性的措施,内心也会非常不安",但他们还是坚持如此去做。[3]

与此同时,市区商业领袖看到增长控制运动内讧的奇葩景致一点也不觉得恐慌,反而感到很好笑。 商会公开声明,谴责 F 提案,范斯坦市长在为市区规划辩护的同时也对提案进行攻击。《旧金山纪事报》斥责 F 提案是"粗糙的、剁肉斧头一样的"控制增长手段。[4] 即便如此,"对 F 说不"运动的经理唐·索勒姆(Don Solem)还是无法引起商界关注,筹措资金遏制该提案。"人们莫名其妙,不认为它是真正的问题,"他说。[5] 商会的执行干事约翰·雅各布(John Jacobs)道出了市区商业群体为什么不愿意给反对派运动捐助一分钱的原因。"我们一次又一次募捐。 人们已经看腻了我们端着破碗沿街乞讨。"[6]尽管可以从雅各布的话中发现人们表现出来的共同的战斗疲劳,但或许更加值得注意的是,市区商业精英根本没必要害怕 F 提案。 商

---

[1] 引自 *SFC*,1985 年 11 月 1 日。

[2] 同上。

[3] *SFBG*,1985 年 10 月 30 日。

[4] *SFC*,1985 年 11 月 3 日。

[5] 引自 *SFBT*,1985 年 10 月 14 日。

[6] *SFC*,1985 年 11 月 1 日。

业空置率居高不下，输油管已铺满，开发商意兴阑珊，而缓增长阵营却内讧分裂。 即便 F 提案能够成功通过，对市区商业精英也算不上什么大损失。 事实上，在两年之前，为了使市区规划不受每年增长限额的限制，商会自己就曾提议为期三年的搁置期。[1] 在这样的条件下，正如很多市区商业领袖所想的一样，F 提案胜利通过带来的好处远大于坏处，如果它能够给缓增长运动降温的话更是如此。

F 提案在 11 月投票中落败，仅赢得了 41% 的选票。 分区投票结果分析表明，F 提案投票与 1983 年旧金山规划提案的投票大致相似。[2] 然而，支持 F 提案的选民还达不到 1983 年 M 提案的水平，尤其是在海特-阿希波利选区，平均降幅达到 20%。海特-阿希波利是乔·文特雷斯卡和凯尔文·韦尔奇二人的政治大本营。 如果说 F 提案是控制领导权之争的话，孰胜孰负不言自明。 F 提案的失败使一切都变得清晰明了： 运动的目标是缓增长而不是不增长。 同时，它也展示了运动内部的协调能力，巩固了集体领导的原则。 缓增长运动不会因为盲目莽撞的平民主义者而走上邪路，或者一分为二。 紧随文特雷斯卡造访投票木箱之后，缓增长联盟开始组建核心群体，并为第二年投票制定严肃战略。

M 提案：规划责任创议

1986 年 1 月，缓增长联盟领导组建临时组织委员会

---

[1] *SFBG*，1985 年 10 月 30 日报告。

[2] 1983 年 M 提案选举投票与 1985 年 F 提案选举投票的关系是 r=0.74。

（IOC），为下一场创议运动制定战斗规划。[1] 凯尔文·韦尔奇担任主席，IOC 第一批会员有 31 位，其中七位代表来自旧金山明天［包括迪克·格罗保尔（Dick Grosboll）、雷吉娜·斯内德（Regina Sneed）和缓增长运动的幕后首脑杰克·莫里森（Jack Morrison）］，四位来自旧金山合理增长［包括苏·海斯特和约翰·埃尔柏林（John Elberling）］，两位来自塞拉俱乐部，一位来自绿带大会，其中至少九位来自不同的社区协会。 IOC 还包括几位锋芒正劲的领袖人物，他们代表的是本市几个进步主义民主派俱乐部（例如，来自男同性恋和女同性恋群体的哈维·米尔克和爱丽丝·B. 托克拉斯俱乐部）、社区商人联合会、租户群体和公职人员工会。 中产阶级环境保护主义白人、保守主义者和社区保护主义者三个群体曾经在早期缓增长创议运动中通力协作，他们与约占 IOC 最初核心成员三分之二的人基本上是同一群人。 IOC 几乎没有来自非裔美国人及拉丁裔社区、工人阶级白人业主选区，或者私营经济工会组织的成员。 同样缺席 IOC 的还有拒绝加入组织的乔·文特雷斯卡、维多利亚联盟，以及其他不增长社区保护主义者——其原因，一方面是由于意识形态立场的差异，另一方面是出于对缓增长主义者的怨恨，责怪他们故意破坏 F 提案运动。（后来，双方关系悉心修复之后，不增长群体的领导被连哄带骗最终加入了广泛的联盟。）

---

［1］ 应时任旧金山明天主席雷吉娜·斯内德之邀，我列席参加了 1986 年 2 月 10 日召开的 IOC 的早期会议。 本文对 IOC 决议及其活动的讨论，在很大程度上是基于我在会上所做的大量的笔记和分发给 IOC 与会者的备忘录草案、成员名单及其他材料。

1986 年，在早期增长控制创议运动中，旧金山三个左翼势力中的两个——环境保护主义者和社区平民主义者——被纳入初具雏形、尚不完整的进步主义缓增长联盟。 组建 IOC 旨在战斗，后来又扩展到论战，并化名为责任规划运动（CAP）。 它组建筹款委员会、外联社团、公关部，并草拟创议提案。 它还聘请了专业政治顾问大卫·卢曼（David Looman）负责管理运营；后来政治顾问克林顿·莱利（Clinton Reilly）也加入进来，并担任名誉主席。

M 提案的文本

IOC 草案创议委员会吸取了凯尔文·韦尔奇所提出的既要"化繁为简"，也要强调与本市总规划和市区规划的连续性的建议。 此次提案的终稿文本异乎寻常地清晰简洁、短小精悍（仅为选民手册中的两页纸）。 然而，它也经过了细致研究，从而确保新的立法在法律上经得起考验，也可以恰如其分地融入本市现存的规划机制中。 这一点值得进一步强调，即要想把缓增长运动的目标和花言巧语变成具有法律效力、切实可行的城市规划文献，需要高水平的认知运动和专门的技术知识。 联盟内部对文特雷斯卡停建高楼大厦的提案的主要批评是他行事鲁莽粗犷和文笔拙劣。 如果城市平民主义者想要参与发展政策制定，那么，他们需要对联邦航空条例、技术数据分析、地板覆盖率及吸收率等的晦涩术语有所培训后，才能就此发出自己的声音。

后来，提案最终文本作为 M 提案进入投票表决，包括以下规定。

增长限制： M 提案规定，每年全市范围内新建建筑不得超过 950 000 平方英尺的永久配额限制。（大致相当于两座泛美金字塔和三栋 20 层高的办公大楼。）这项规定也适用于任何新增 75 000 平方英尺及以上办公空间的新建、修缮或者改造工程。为了鼓励新建小型建筑，总配额中每年预留出 75 000 平方英尺土地用于建设面积从 25 000 到 49 999 平方英尺之间的建筑。 为了清空已经批准的高层楼房项目，在积压项目清空之前，M 提案只允许每年不超过 475 000 平方英尺建筑进入新限额。（每年可以建造多少积压项目则没有限制。）直到 2002 年，即预计积压项目清空之时，规定中每年对新通过项目的限制，相当于一栋 30 层高的办公大楼。

提案增长限额限制堵住了市区规划中最重要的漏洞。 这些限额将会是永久性、全市适用，包括小型建筑，也影响了已经获批的建筑。

市民参与： M 提案明确规定，在定期选举中，选民必须批准对任何超出规定配额的办公开发规划。 这一规定赋予了选民对本市所辖范围内任何大型发展项目——例如，米慎湾——命运的最终决定权。

优先政策： M 提案命令规划委员会举办公众听证会，参照八项"优先政策"修订本市总规划。 这些优先规划项目，大多数与被否定的旧金山规划提案一脉相承。 除非提案与优先政策以及修订后总规划一致，本市不得允许任何拆迁、改造、用途变更，以及需要环境评估的项目。 与官方文本一致，八项优先政策具体如下：

（1） 保留并加强现存的服务于社区的零售业，提高居民未来受雇于和拥有此类商业的机会。

（2）为了维护我们社区文化和经济的多样性，保存和保护现存房屋和社区特征。

（3）保障并加强本市经济适用房的供应。

（4）交通通勤不得阻遏本市城市铁路交通服务，或者加重街区或社区停车负担。

（5）保护我们的制造业和服务业免遭商业办公开发造成的迁移，维护本市多样化经济基础；提高市民未来受雇于和拥有这些经济部分的机会。

（6）为避免地震中发生人员伤亡，本市竭尽全力做好准备。

（7）保留标志建筑及历史建筑。

（8）我们的公园和开放区域，以及它们阳光普照和开阔视野得到保护，免遭开发商破坏。[1]

居民职业培训： 最后，M 提案为了适应因经济增长出现的新的工作，提供面向本市市民的职业培训。 与强调经济适用房的优先政策一道，强调居民就业的政策也对本市少数族裔、工薪阶层和低收入租户的所需所求做出了回应。

总体来说，CAP 提案是一份精心编写的法律文件，它把三项迥然不同左翼事业（环境保护、社区保存以及就业与住房）联系起来，组建起一套统一的*进步主义*改革方案。

到了 7 月底，CAP 志愿者已经征集到足够的选民签字，可以在 11 月 4 日的投票选举中提交创议。 然而就在此时，选民登记

---

[1] 摘自旧金山选民登记处 1986 年 11 月 4 日的选民手册。

处以草拟申请书不符合要求为理由，不承认选民签字，叫停正常
进行的竞选活动。 对 CAP 组织者来说，幸运的是本市选举条例
允许任意四位监察委员会成员在投票中提交此类议案。 前来救
场的四位监察委员会成员分别是哈利·布里特、理查德·宏伊斯　71
特、威利·肯迪和南希·沃克。[1] 他们采取必要措施，把
CAP 创议变成 M 提案。 如果他们没有这么做，该项创议几乎肯
定会被扼杀在选民登记办公室里。 这将会使缓增长运动至少耽
搁一两年时间，市区规划将会有足够的时间牢固其根基，促增长
联盟也将得以重组。 细枝末节却事关大体；一个细小的错误差
一点造成缓增长联盟瓦解和 M 提案搁置。

斗争背景

　　CAP 组织者完全有理由相信 1986 年将会是取得重大突破的
一年，可以通过严苛的增长控制法案。 万事已俱备。 缓增长运
动的政治势头尤其锐不可当。 不把莽撞 F 提案运动考虑在内的
话，后续每一个缓增长创议都比前一个更接近成功。 既然 1985
年旧金山规划创议不过是毫厘之差，可想而知，责任规划创议必
将成为 1986 年的赢家。 此外，面对缓增长运动造成的持续压力
和即将出现的越来越多的威胁，市政厅也先发制人进行政策改
革：缓解费、收紧社区开发（限定低密度土地使用）和市区规
划。 缓增长政策日积月累，为进一步的——例如，M 提案——
改革扫平了道路。

[1] *SFC*, 1986 年 8 月 8 日。

72　　　　早期缓增长运动也启发市民了解无序发展对社会和环境的破坏。潜移默化地，使市民更加容易接受 M 提案的增长限制。例如，1985 年 5 月开展的民意调查显示，本市 66% 的登记选民都支持限制每年新建办公楼的面积，同时，59% 的人都不赞同新建办公空间是经济强劲的必要条件的促增长观点。[1] 此次民调还表明了缓增长具有广泛的群众基础。表 4.1 表明，几乎所有社会群体中的大多数选民都支持限制每年增长的限度：白人与非白人、业主与租客、工会成员与非工会成员、民主党与共和党，以及大多数工薪群体。（注意按照税收水平划分反复出现的支持度抛物线模型：最坚定的支持增长限制的是中等收入群体，最不支持是贫困人群和富裕群体。）正如表 4.1 所示，同一群组中的大多数选民也质疑所谓的多层办公建筑与健康经济之间息息相关的说法的合理性。民调结果还表明公众更熟知与理解促增长经济发展的负面影响，尤其是那些少数族裔、工会成员以及低收入租客与业主。

73　　　　非裔美国人社群中的许多居民不再迷信促增长理念，开始拒绝小阿道夫·里德（Adolph Reed, Jr）所谓的由市区商业精英提出的、旨在推动开发计划合法化的"发展/就业，涓滴神话"。[2] 正如当地非裔美国人政治顾问和缓增长活动家达里尔·考克斯（Darryl Cox）所说："暂且不论我们是否拥有一栋高

[1] 公共研究所：《旧金山选民投票》（旧金山：旧金山州立大学，1985 年）。

[2] 小阿道夫·里德：《黑人城市政体：结构化起源与局限》，《权力、社区与城市》，M. 史密斯编（新泽西州，新布伦瑞克：交易图书，1988 年），第 168 页。

表 4.1　1985 年 5 月选民支持控制增长的抽样调查结果

提问：旧金山一些人提议限制城市每年新增的商业办公用的。其他人则反对这种年度限制。你是强烈支持、适度支持、适度反对，还是强烈反对这一提案？

	总样本	白人	非白人	自有产权	租房	小于1万美元	1万—2万美元	2.1万—3万美元	3.1万—5万美元	5万美元以上	联合	非联合	共和党人	民主党人
强烈支持	35	35	33	29	40	27	37	39	37	30	36	34	31	38
适度支持	31	32	29	36	28	18	35	33	31	30	27	33	26	33
适度反对	19	19	20	18	19	24	15	18	21	22	14	21	24	18
强烈反对	15	14	18	16	13	30	13	10	12	19	23	12	19	11
总数（n）	100（376）	100（274）	100（100）	99（152）	100（206）	99（33）	100（75）	100（79）	101（95）	101（54）	100（78）	100（290）	100（88）	100（237）

提问：为了保持城市经济的强劲势头，是否有必要继续建设新的办公空间。你是强烈支持、有些支持、有些反对，还是强烈反对？

	总样本	白人	非白人	自有产权	租房	小于1万美元	1万—2万美元	2.1万—3万美元	3.1万—5万美元	5万美元以上	联合	非联合	共和党人	民主党人
强烈支持	14	12	21	20	11	11	20	16	8	19	16	15	18	15
有些支持	27	28	23	25	27	20	22	34	26	32	17	29	31	24
有些反对	27	26	30	31	25	29	27	21	36	23	29	27	26	27
强烈反对	32	34	25	24	37	40	31	29	31	26	39	29	26	33
总数（n）	100（387）	100（274）	99（103）	100（158）	100（211）	100（35）	100（74）	100（76）	101（101）	100（57）	101（83）	100（297）	101（90）	99（244）

注：1985 年 5 月 4 日至 12 日，旧金山州立大学公共研究所对 407 名旧金山注册选民进行了电话抽样调查。由于记录原因，总百分比可能不会增加到 100%。

层建筑、高层建筑里的一扇窗户，或者甚至是浴室里的一个水龙头，我们清清楚楚知道的是就业机会一点都没增加。 尽管我们过去曾经全力支持，我们却没有获得任何高层楼房的股权。 就算是那些挤破了头想要进入发展游戏中的黑人也遭到了阻挠。 银行和开发商都不愿意帮助黑人。"[1]

许多低收入租户也开始明白，促增长导致房价上升，把这座城市变成了富人独享的城市。 例如，1988 年，旧金山一套房子的平均价格是 300 000 美元，是全国平均水平的三倍多。 即使在价格最低的社区中，一套两居室小户型住房的平均价格是 180 000 美元，这就要求购买者的家庭年收入接近 60 000 美元。按照这样的价格，本市只有 5% 的家庭可以承担得起独栋住宅。[2] 通过操纵保险和市场进程，房地产动态快速地改变了旧金山的种族构成、社会阶层结构以及工薪社区的整体特征。例如，在这样的市场条件下，高龄低收入业主受到诱惑，把他们的房产卖给富得流油的买家。 这笔意外之财可以让他们在湾区之外过上舒适的退休生活。 经济社会地位高的人则占据雀巢，建房盖屋。 最近开展的缓增长运动开始阐明市区开发与社区层面结果之间的微妙的偶然联系。[3]

───────

[1] S. 鲍威尔教授主持的访谈，引自德莱恩和鲍威尔：《增长控制与选举政治》，第 325 页。

[2] 旧金山市长房屋顾问委员会：《1989 年 5 月 12 日旧金山经济适用房行动规划：报告草案》，第 29 页。

[3] 1986 年初，在一次与我的日常谈话中，达里尔·考克斯讲述了他与海景-猎人角黑人领袖的接触。 他们当中有些人抱怨称黑人人口越来越少，而亚裔似乎控制了社区。 考克斯记得自己告诉他们根本没有什么控制阴谋。 仅仅是一些黑人业主行使他们的族长权力，以非 （转下页）

　　1985 年 5 月的民意调查还表明，大多数普通工会工人都支持限制增长、反对促增长言论。 对此，一种解读是面对这一类问题，工人的想法更多地受到居住环境而不是办公场所的影响。 工会的领导就要另当别论了。 除了公职人员工会这个重要的特例之外，本市多数工会领导都支持开发市区，或者保持沉默，对此类问题不予评论。 例如，在 1984 年的一次访谈中，美国劳工联合会－产业工会联合会（AFL－CIO）的旧金山工会领导杰克·克劳利（Jack Crowley）称： 每建一座新的办公楼，工会的力量就削弱一分。 轻工业中稳定的工会工作被抵制工会的办公室白领职员取而代之。"蓝领工人搬走了，再也回不来了，"他说，"我们不再是市区的主力军。 这枚苦果，实在是难以下咽。"克劳利坦言，建筑协会领导很可能会继续支持市区增长，不过也是自掘坟墓。 他说："将来只有汽车生产业还需要蓝领工人。"[1]

　　另一个对 M 提案有利的条件是，人们越来越广泛地意识到高楼大厦越建越多，城市生活质量并没有越来越好反而越来越差。 房价节节攀升，高架桥和快速路堵车越来越频繁，即使是

74

（接上页）常有利的价格把他们的房子卖给那些愿意同时也有能力买的人。 愿意同时也有能力买的人包括数目众多的亚裔人，却并没有多少黑人。 他督促他们思考一下最初是什么造成了房屋快速增值，又反过来成为无法抗拒的诱因，促使黑人业主出售他们的房屋，从而获得一大笔意外之财，然后，他们离开市区寻找更加舒适的生活。 在相似的情形下，他们难道不会采取同样措施吗？ 最初的原因，他认为，就是毫无节制的市区发展。

[1] 引自爱丽丝·Z.库内奥：《克劳利担忧本市工会力量的衰退》，*SFBT*，1984 年 8 月 27 日。

市区 EIR 也显示十个重要交通地点交通拥堵越来越严重，并预测到 2000 年，其中四个将会出现全面大拥堵。 最重要的是，选民开始把这些问题看作是建造高楼大厦的直接后果。 例如，1985年 5 月民意调查发现，60% 的选民同意（28% 强烈同意）缓增长所说的"公交车人满为患和住房成本居高不下，都是过去十年市区新建大楼的直接结果"。 支持缓增长的人们已经表达了他们的观点。 如今，问题的关键在于所谓的发展带来好处是否超过了显而易见同时证据确凿的代价。 CAP 组织者认为答案是否定的，至少对旧金山人来说是如此。

有助于选民理解提案的另一个因素是公众对市场合理性和市区商业群体的信心跌到了最低点。 选民并不需要马克思主义者宣讲万恶的资本主义，就可以看清旧金山市区的供需关系已经乱了节奏。 不知是什么原因，不断增长的经济适用房需求传递给市场的信号却造成了过剩供应空置的摩天大楼。 尽管商业办公楼的空置率高达 18%，办公楼租金再冲新高，新建高楼大厦依旧以前所未有的速度直冲天际线。 很多商业领导自己都开始满腹狐疑，期待已久的市场调整是否就在眼前。 整个经济出现了一些严重的问题。 市民只需要睁开眼睛，便可看到市区林立的水泥大楼、巴特火车潮水般的上班族，还有睡在市民中心广场上无家可归的人。 资本主义一团糟就意味着票都会投给 M 提案。

预示 M 提案胜利的最后一个条件是市区商业群体内部失和与领导权的崩溃。 那些拥有现存的商业房产或者获得新建许可的本地企业家认为他们可以从 M 提案对供应的限制中获利。 那些不幸的人，尤其是开发商、建筑师和施工企业，按照新通过的规定将遭受重大损失。 开发商理查德·德灵格（Richard

Deringer）坦言："已经获得新建许可或者拥有市区房产的开发商都支持 M 提案，因为，它可以让他们的房产更加值钱。他们有所有权，他们已经完工，他们不希望出现竞争开发。"[1] 商会的内部争斗因为前期缓增长创议运动的重创而濒临崩溃，此时的商会却喜出望外，可以把惯常的领导权让渡给别人，除了自己之外的任何人。

　　总之，到 1986 年末，M 提案的前景看起来非常光明。当 CAP 主管大卫·卢曼（David Looman）宣称："我相信，一切都在今年。"此时，几乎没有人不同意。[2]

交锋

　　缓增长领导者利用前期创议运动让选民知道了市区办公大楼增加的负面影响。促增长领导却宣称这样的增长可以为本市就业和税收创造净收益，在创议运动中，CAP 组织者对这种说法的可信度表示质疑。除此之外，他们还强调 M 提案与市区规划的连续性，提出为了纠正错误——也就是说，明确并重申选民已经通过的优先政策——需要 M 提案。他们预计反对派会为市区规划辩护，为此他们做好准备，对计划本身及其施行方式进行批判。

　　同时，CAP 组织者还决定扩大缓增长联盟的社会基础，他们

75

---

[1] *SFE*，1986 年 11 月 2 日。

[2] 理查德·哈尔斯特德：《不甘失败卷土重来的创议》，*SFBT*，1986 年 6 月 23 日。

把数额有限的竞选基金（大约 80 000 美元）的大部分用在针对遭到前期运动忽视的非裔美国人市民、工薪业主、工会成员以及其他传统的自由派的选民。　尽管这些群体对促增长一派所谓的市区扩张创造就业和经济机会的说法深信不疑，但是，他们也最容易从促增长转为缓增长立场。　万事俱备，是时候把三个左翼群体——环境保护主义、平民主义和自由主义者——组成统一的进步主义缓增长联盟。

　　运动开展早期，"对 M 说不"力量几乎没做什么有效抵抗。他们的募捐活动筹措到的资金只比1983 年 M 提案资金的一半多一点（361 000 美元与 608 000 美元）。　反对派领袖马克·布埃尔（Mark Buell）非常沮丧，他说："过去，我们有很多开发商争着抢着撒钱。　现在，由于过度建设，再也没有愿意主动投钱的市区（企业）了。"[1]一直以来，商会在反对运动都出力不小，但是这一次，它却选择袖手旁观。　商会工作人员迪克·莫顿说："我们以后会反对此次议案，但是，如果不能一呼百应，我们不想做领头羊。"[2]他质问说："我们赢了又怎么样？　你怎么知道来年不会旧事重提？"[3]莫顿说出了其他许多市区商业领袖信奉的宿命论，他还说："不少人都认为，或许本市就应该遭受并感受经济痛苦。"[4]作为对这一悲观论调的回应，一位开发商称他想"让选民走出家门、上吊自杀"。[5] 这并不是真的认

---

[1] 引自 *SFC*，1986 年 9 月 18 日。

[2] 引自 *SFC*，1986 年 7 月 17 日。

[3] 同上。

[4] 同上。

[5] 同上。

输，不过，也差不多了。

《考察家报》记者杰拉德·亚当斯（Gerald Adams）和约翰·雅各布森（John Jacobs）发表题为"核心圈"的四篇连载系列报道，披露市政厅政治家、规划官员与谋求项目特权及豁免的开发商之间存在的不为人知的内幕交易，以及他们朋比为奸、谋取私利报道，报告面世之后，击败 M 提案的可能性更是微乎其微。[1] 多年以来，《湾区卫报》一直在深挖并报道各种黑幕。然而，由于遭到偏保守的重要报纸的曝光，造成了一系列的道德反感，和对为促增长辩护的人来说有重大公共关系的难题。 不出所料，6 月到 9 月之间的民意调查始终显示 M 提案将会以 2∶1 的选票获胜。 此时此刻，如果范斯坦市长没有插手接管反对运动，M 提案有可能不费吹灰之力就载入史册。

范斯坦市长认为市区规划是她在任期间的重要政绩之一，她把 M 提案投票看作是对市区规划进行的全民公投。 此外，她的第二任期同时也是最后任期行将结束。 她想要谋求更高职位，不愿意以失败者的身份离开本市。 8 月底，范斯坦组建竞选指导委员会，她解雇唐·所罗门、委派杰克·戴维斯担任经理。 距离投票选举只剩两个月，她和杰克·戴维斯想出了一条不同寻常的策略。 一直以来议会陈腐老套的竞选领导风格是召集举足轻重的企业财团，募集大笔资金，并且聘请顾问、炮制促增长信件。 范斯坦和戴维斯决定打破常规，他们转向社区，动员工人、小型商业业主和少数族裔群体，保卫促增长体制。

---

[1] 杰拉德·亚当斯和约翰·雅各布森：《核心集团》，*SFE*，1986 年 6 月 15—18 日。

范斯坦市长与多位市政官员和社区领袖进行商谈，敦促他们公开表态，她还签署投票辩论，攻击 M 提案是种族歧视和精英主义。 很多人听到市长的腔调就拒绝合作，因为他们既不喜欢她的语气，也不喜欢其文案。 例如，监察委员会委员威利·肯尼迪在报告中称范斯坦及其支持者"想让我们公开表态：想让黑人有工作的人应该反对提案。 他们想把它变成种族歧视的说法——有一些白人想减少黑人就业的机会"。[1] 但是，其他的社区领袖却承诺支持市长，并采取孤注一掷却也技高一筹的策略。 他们的策略主要分成两个部分。

第一，竞选活动不再为市区规划辩护，因为此规划对大多数选民并无多大影响，对鼓吹增长好处的说法也采取旁观的姿态。这样的说法也很难推行，支持 CAP 的人多年以来一直在对此问题打磨他们的生花妙笔。[2]

第二，"对 M 说不"运动的参与者继续攻击，利用的 CAP 顾问克林特·莱利所谓的"致命缺陷"（fatal flaw）的技巧，即集中火力、批评创议细节，对又其整体上的良好意图进行含糊其辞的表扬。[3] M 提案最为凸显的两项致命缺陷：全市每年新建、修缮或者改造活动造成 25 000 平方英尺或更多新增办公空间的永久限制；呼吁保护现有社区和商业的优先政策。 这些措施将

---

[1] 蒂姆·雷蒙德和吉姆·巴尔德斯顿：《市长与增长创议》，*SFBG*，1986 年 9 月 10 日。

[2] 上述有关"对 M 说不"运动策略的见解摘自有桑德拉·S.鲍威尔主持的对"对 M 说不"运动经理杰克·戴维斯的访谈。 另见德莱恩和鲍威尔：《增长控制与城市政治》，第 316—318 页。

[3] 引自 *SFBG*，1986 年 9 月 24 日。

被用作说服少数族裔、小型商业和工会不再支持 M 提案的游说。目标群体将会听到类似的论调：增长限制将会减少工人和少数族裔的就业机会。除此之外，反对运动还提出了一种别开生面而又颇具心机的论断，他们指出全市范围的增长限制，再加上社区保护政策，采取禁止社区重新开发措施，会造成全市很多低收入群体和少数族裔居民无法摆脱贫苦的生活。换句话说，社区中的贫苦人群变成了用心良苦的控制市区发展措施的无辜受害者。正如促增长战略家们所说的，这一缺陷就是 M 提案的命门（苹果派里的虫子）。

"致命缺陷"的说法尤其遭到了 M 提案支持者的奚落嘲笑。作为"对 M 说不"此类攻击话语的回应，苏·海斯特说："实在是荒唐可笑，我简直不敢相信。"[1]然而，这样的说法作为战略手段，仅仅是因为它们让 M 提案的支持者采取防御措施，差一点就扼杀了 M 提案。颇具讽刺意味的是，多年以来社区活动家一直使用同样的游说技巧提倡增长控制措施，如今捍卫促增长体制的人也采取了相同策略。它造成的影响就是再次激活进步主义联盟内部（工人阶层和少数族裔自由派人士与白人中产环境保护主义者）的潜在分歧，从而使公众不再关注到 M 提案暴露出来的社区与资本之间的深层冲突。这一招非常高明，格莱德卫理公会教堂的塞西尔·威廉姆斯（Cecil Williams）牧师则是实际执行的不二人选。

威廉姆斯是一位卓越的非裔美国人领袖，他坚定捍卫本市无家可归者和贫苦人群的权益，他曾经在西增区教堂里向 30 位非

[1] 引自 *SFE*，1986 年 9 月 16 日。

裔美国牧师发表演讲，使市长在 8 月 27 日的竞选活动徒劳无功。 演说结束后，他在提前准备好的声明中抨击"所谓的自然环境保护主义者，他们似乎习以为常，忘记了生活在我们城市中的穷人，并光明正大地把他们排除在外……他们在干净整洁的环境中自诩道德君子，但是却对我们贫穷社区的乌烟瘴气熟视无睹"。[1] 后来，他又对增长控制的支持者们说了更多尖刻的话："我曾经跟他们一起参加会议。 他们从来不讨论穷人，他们全都自诩道德君子，让我非常恼火。"[2] 为了进一步揭露 M 提案恶性的一面，他指出，提案将会阻止行政公园的最终通过，行政公园即一个拟建在海景-猎人角附近，占地近 200 万平方英尺的办公、酒店、住宅、购物综合体提案。 猎人角以非裔美国人社区为主，据称市区居民将会从该项目中获利。 威廉姆斯还担心 M 提案将会从根本上削弱本市从开发商那里索取补偿的能耐。"我希望能够走到开发商面前，对他说'我们要求……就业、食物，并且保证我们可以在城里活下去。'"[3]

据记者杰拉德·亚当斯报道，牧师的攻击让 M 提案的支持者"左右为难"。[4] M 提案尚未尘埃落定——发起提案的支持者也是如此。 迪克·格罗斯波尔（Dick Grosboll）以及其他 CAP 领袖辩护称，该措施的目的是为少数群体提供经济适用房和职业培训。 他们还承诺如果 M 提案得以通过，他们将会支持立法，

---

［1］杰拉德·亚当斯：《黑人牧师会晤以打败反增长规划》，*SFE*，1986 年 8 月 28 日。

［2］同上。

［3］同上。

［4］同上。

使行政公园免受新的增长限制。（他们信守了承诺，该项目得以通过。）苏·海斯特向来不以言辞委婉著称，她更喜欢迎头反击，直呼威廉姆斯是"擅长敲竹杠的大师"，他反对 M 提案不过是想从开发商手里"分一杯羹"。[1] 夸夸其谈之外，你来我往、唇枪舌剑揭露政治真相的重要核心在于，旧金山的自由主义与进步主义并不完全站在同一战线。 进步主义倾向于支持大多旨在帮助穷人和少数群体的自由派政策，但是，对于进步主义的增长控制措施，自由主义者更倾向于部分支持，且主要基于战略立场。

　　之后的运动就围绕着这些主题展开。"对 M 说不"一方分发了一封信，上面画着一片苹果派，冒出来一只绿虫子，另一封信上画着巨大的蟑螂，象征着被 M 提案忽视的糟糕的社区环境。 至于 CAP 一方，他们在本市涂满了"不要轻信开发商的牛皮"的房屋标志，发布"牛皮-事实"声明，驳斥增长效益的说法，同时，他们也发送信件，上面写着"他们撒谎成性，不要轻信"。 投票选举日临近，最后的民意调查显示选情对"对 M 说不"活动有利，最终结果非常接近，难以预测。 11 月 4 日，投票结束并进行计票。 M 提案获胜——不过是毫厘之差——赢得了 5 311 位选民的选票。

M 提案投票的分析与解读

　　在旧金山，投票获胜的局势往往很快就会消逝。 依靠创议起家的改革者大多也会随之一同消亡——1977 年至 1980 年，过

---

[1] 杰拉德·亚当斯：《黑人牧师会晤以打败反增长规划》，*SFE*，1986 年 8 月 28 日。

山车一样急转直下的分区选举运动。 这些都是超多元体系中的直接民主怪象。 M提案势均力敌的投票结果仅仅是旧金山历史中的意外事件，是选举的火光昙花一现吗？ 又或者，它意味着旧金山政治更深层的、结构性的转变，或许可以长期存在呢？

旧金山的社会多样性，及其政治上的超多元主义是政治企业家所设定的，"他们操纵自然的社会分裂，使这些分裂在政治上凸显，他们扩展、利用并镇压冲突"。[1] 增长控制问题更是如此，能够引发多种多样的社会分裂，引起千变万化、有时候难以预料的结果。 在政治专家手中，增长控制问题可以为打造选区提供多种手段。 在这种情况下，对投票结果的统计学分析可能"发现"投票选举的结构性原因，而这些原因实际上却是政治家设计策划"制造"的。

由于缺少选举之后的调查数据，对分区选举结果和1980年人口普查数据进行回归分析，至少可以增加一些我们对缓增长投票社会基础的理解。 表4.2所示就是M提案投票和1983年旧金山规划提案投票的分析。（对1983年提案投票的分析为衡量三年来缓增长社会基础变化提供了基准。）作为分区选民对两项提案都投"赞成"票的预测因子，表4.2考虑了四种类型的社会分裂：社会阶层（SES选区）、住房所有权（租户比例）、性取向（如果归为男同性恋，则选区得分为1；如果没有，则为0），以及种族（非裔、亚裔以及西班牙裔占比）。 回归分析估计了每一个社会分歧对投票的独立影响，而统计控制分析的是其他因素的

[1] 阿尔文·拉布什卡和肯尼斯·A.谢普勒：《多元社会政治：民主稳定理论》（俄亥俄州，哥伦布：查尔斯·E.美林出版公司，1972年），第60页。

影响。 下面对 M 提案投票的分析就是基于这些回归分析结果。

表 4.2 对《旧金山规划倡议》(1983) 的分界线投票与以社会阶级、租期、性取向和种族为维度划分的《负责规划倡议》的多元回归分析

	旧金山规划倡议	负责规划倡议
社会经济地位指数	0.799[a]	0.607[a]
社会经济地位	-0.008[a]	-0.006[a]
租房的比例	0.321[a]	0.227[a]
同性群体	7.255[a]	6.240[a]
黑人的比例	0.100[a]	0.126[a]
亚裔的比例	-0.009	-0.032
拉丁裔比例	0.360[a]	0.254[a]
常量	6.708	18.714[a]
估计的标准误差	9.591	7.245
负相关系数	0.51	0.50
无社会经济地位系数	(0.44)	(0.43)
选区数目	682	682

　　1983 年和 1986 年回归估计对比表明, 支持两项提案的选民的社会基础在很大程度上是重合的。[1] 两次投票中, 最有可

---

[1] 严格来讲, 比较有着独立变量的回归模型是错误的。 例如, 实际上无法比较两个模型的 R^2 值。 [相关讨论, 参见盖里·金:《统一政治法则: 统计推理的似然函数》(剑桥: 剑桥大学出版社, 1989 年), 第 23—24 页。] 因此, 评价本书所做的交叉模型对比时应牢记这一点。 然而, 缺少更优数据, 回归分析却也的确可以得出结论: 相比投票选举 B, 投票选举 A 中变量 X 是一个更优的预测因子。 此外, 选区层面的分析与长期以来社区层面的增长控制投票选举的跟踪研究也证实了本文所展示的所有主要观点的例证。

能投票赞成增长控制的选区有较高比例的租户、中等 SES 以及大量男同性恋、西班牙裔，和/或非裔美国人。 最有可能投票反对增长控制的选区有较高比例的房屋业主、高或低 SES，以及主要是盎格鲁和/或亚裔非男同性恋群体。 支持两项提案的投票模式的相似性值得引起注意，其原因是它反映了三年以来，缓增长联盟的选举投票社会根基整体上非常稳定。[1] 此外，旧金山缓增长运动的社会根基与其他城市缓增长运动所观察到的非常不同。 例如，在洛杉矶，迈克·戴维斯（Mike Davis）写道，"缓增长的核心"是"本地历史悠久的房屋居住权中产利益集团"和"白人特权安全堡垒中房产价值永远上涨的愿景"。[2] 在旧金山，尽管缓增长的核心同样是中产阶层，租户和非白人群体也构成了缓增长选民的主要部分。

　　1983 年和 1986 年之间的缓增长联盟的社会根基确确实实发生了重要转变。 这些改变符合 1986 年投票活动期间双方都采取的靶向策略。 例如，CAP 组织者尤其努力争取非裔美国人和房屋所有者的选票，表 4.2 中的归回结果也说明他们获得了成功。 社区层面的追踪研究证实了回归结果。 例如，在主要是非裔美国人的海景-猎人角和英格尔赛德社区，相比 1983 年的水平，缓增长普通区选民投票分别增长了九个和六个百分点。 爆发了一波支持浪潮，尽管事实上，非裔美国人社区中最受人尊重的领袖之一塞西尔·威廉姆斯牧师督促选民，尤其是非裔美国人反对 M

80

---

[1] 1983 年与 1986 年投票选举关联是 0.84。

[2] 迈克·戴维斯：《石英之城：挖掘洛杉矶的未来》（纽约：维索，1990年），第 159 页。

提案。 支持控制增长投票增长也出现在访谷区（9%）、克洛克亚马逊（5%）和埃克塞尔西奥（5%）等工薪阶层房屋业主区。

CAP 重视低收入居民和工人似乎也在传统上支持促增长选民过程中进一步推进了支持缓增长的滩头阵地。 由于社会阶层变量可以分为两部分，即 SES 和 SES^2，它们必须放在一起评判才能弄清这些调查结果的意义，因此，表 4.2 中很难找到这一发现的证据。 表 4.3 按照 SES 和房产所有权状况的不同组合，模型中其他变量的平均值保持不变，展示所预测的 1983 年和 1986 年缓增长投票，以此澄清问题。 对比 1983 年和 1986 年子表中的对应表格，我们可以看出在住房-业主地区（租户 = 0%）预估的低-SES 选民"赞同"票从 12% 涨到 23%，在业主/租户混合地区（租户 = 50%）从 28% 涨到 34%，在租户地区（租户 = 100%）从 44% 涨到 46%。 显然，缓增长支持率预计增加最多的是在住房-业主地区（增加 11%），最少的是在租户地区（增加 2%）——这一规律符合 CAP 靶向规划。

表 4.3 旧金山规划倡议（1983）和负责规划倡议（1986）对业主/承租人社会经济地位不同组合的预估价值

	旧金山规划倡议				负责规划倡议		
	社会经济地位分数					社会经济地位分数	
	0	50	100			0	50	100
承租人比例 0	12	34	17	承租人比例	0	23	39	27
50	28	50	33		50	34	50	38
100	44	66	49		100	46	62	49

注： 条目是根据表 4.2 报告中的回归方程计算的对增长控制投票的预期值，所有其他变量的均值保持不变。

表 4.3 还表明，作为影响投票的决定因素，旧金山 1986 年社会阶层与房产所有权分歧不像 1983 年那么突出。 两次投票选

举年都可以发现缓增长投票与 SES 之间的（抛物线状）倒 U 型
关系，但是，1986 年两端的线都被拉高，整个曲线更加平缓。
（曲线越平缓，分析作为投票的决定性因素越不凸显。）例如，
在表 4.3 中比较 1983 年和 1986 年在房产-业主地区（租户占比
为 0）增长控制支持率。 1983 年低-SES 选区的"赞成"投票比
例从 12% 陡增到中-SES 选区的 34%（差额达到 22 个百分点），
随后，下降了 17 个百分点，变成高-SES 选区的 17%。 1986 年
低-SES 选区的"赞成"投票比例从 23% 增长到中-SES 选区的
39%（差额仅为 16 个百分点），随后，仅仅回落 12 个百分点，
变成高-SES 选区的 27%。 1986 年所有的房产-业主选区相比
1983 年增长控制支持率的水平都有所提高，但是，提高最多的
还是在低-SES 和高-SES 选区——造就了倒 U 形结构两端拉高和
平缓的曲线。 换一种说法即，相比 1983 年，1986 年社会阶层差
异在影响增长控制选票中影响较小。 比较表 4.3 子表中的对应
栏，我们可以看到房主-租户分歧的影响同样趋缓。

　　社会基础和房产所有权分歧的政治显著性的整体下滑，不仅
是 CAP 在通常促增长工薪房产业主中成功动员缓增长支持者的
结果，而且也是反对方在通常缓增长选民中成功动员促增长支持
者的结果。 例如，海特-阿希波利选区的缓增长支持率相比
1983 年水平平均下降了七个百分点，波特雷罗山选区平均下降
了 11 个百分点。 此外，本地传统智慧认为高投票率选举与促增
长投票高涨相关，与之相矛盾的是，相比 1983 年水平，选票投
票率增加与缓增长支持选民的增加呈负相关。[1] 显然，CAP

81

---

[1] 德莱恩和鲍威尔：《增长控制与选举政治》，第 322—324 页。

组织者集中大部分有限资源，目的在于征服新的领地，与此同时，"对 M 说不"力量在缓增长联盟大本营中遭到忽视、非常薄弱的一侧取得了不小进展。

在施行各自的运动策略时，敌对的双方都侵入了对方的核心选区。通过如此做法，事实上，他们在缓增长-促增长的跷跷板上调换了位置：一方抬高了传统的促增长一端，另一方拉低了传统的缓增长一端。最终结果就是跷跷板的运动非常平缓（社会分歧凸显地位降低），投票结果相比没有激烈的投票活动交锋的结果更加接近。

通过分析可以得出的普遍结论是，循环往复的缓增长创议运动的总体累积效应，即消解并消除作为发展问题政治冲突根源的重要社会分歧。赞同（和反对）缓增长政策的选民越来越不再限制在某一社区、阶层、住房群体或者族群之中。（表 4.1 中早期报道的 1985 年 5 月投票结果讲述的是同样的故事。）近年来，缓增长联盟的社会根基越来越深广，这一结果至少受到缓增长领导特意采取的包容策略的影响。如果这一运动继续发展，将建立起真正的跨阶层、跨种族、跨文化的社会根基，在某种意义上其领袖就可以宣称旧金山社区，在整体上和部分上都支持缓增长政体。然而，正如后面章节所示，旧金山政治未来的愿景依旧仅仅是臆想。

M 提案的重要性：冲击与回响

除了现存的开发商关联税、建筑主体限制、商业土地规划和阴影法案，M 提案的增长限制和优先政策最终将会扼住奄奄一息的促增长政体的喉咙。 M 提案不仅仅意味着体系*内部*的变革，也意味着体系*主体*的变革。 即便是在竞选运动期间，敌友双方都已经意识到了 M 提案投票选举的历史意义。 土地利用和开发政策制定将不再由市区商业精英和地方政府规划专家说了算。根据 M 提案，社区群体、邻里组织以及普通市民在事关城市环境的决议中将发出更加响亮的声音。 投资人、设计师、开发商以及建筑方都将受到约束，为新的社会目标服务，在全新的土地利用游戏中遵守新的游戏规则。 H. V. 萨维奇（H. V. Savitch）认为，"国情"所做的不过是在地方"城市棋盘"上排布棋子，让玩家有充足的空间采取重要的动作。[1] 按照这一类比，人们会说 M 提案阻遏进入某些空间的通道，限制主要棋子的移动，规定游戏公开进行，同时对棋子进行保护和提升以重新界定"赢"的定义。 建筑师或许会因为角色弱化而沮丧，但是大多数市民都会因为作为普通棋子有了更多权力并可以保护他们的空间不受宏大计划的侵犯而欢呼。

　　M 提案还展示了一座城市如何使自己免受城市环境中资本投资动荡的侵害。 萨维奇在对后工业时代城市的研究中指出，地方政府的"自主路线"，"永远无法远离资本主义的风暴，最终还是得孤立无援地面对资本主义最暴虐的狂风。 造成的结果在于政治家和技术官僚而不是资本家，紧紧抓住城市发展的船舵"。[2] M 提案印证了萨维奇的观点，只不过在旧金山是强大

---

[1] H. V. 萨维奇：《后工业城市： 纽约、巴黎和伦敦的政治与规划》（新泽西州，普林斯顿： 普林斯顿大学出版社，1988 年），第 9 页。

[2] 同上书，第 7 页。

的市民创议运动把政治家和技术官僚畏葸不前的手紧紧拴在了
船舵上。 M 提案提出了每年严格的增长限额，它就像一种地
方电涌保护器，限制并稳定城市环境中资本投资的周期性流
动。 尽管本市许多商业领袖仍然认为 M 提案阻遏了外来投资
者和亟待流动的资本，其他人——尤其是国外投资代理人——
都认为 M 提案在创造绝佳的发展环境中发挥了重要的稳定
作用。

  M 提案的胜利同时还鼓舞了美国其他城市的进步主义领导者
推进相似的改革。 例如，1989 年，西雅图的选民通过了 31 号创
议，把西雅图市区新建建筑面积限定为每年 500 000 平方英尺以
内，为期五年，以及此后每年限制在 1 000 000 平方英尺以内。
与此同时，它还禁止建造高度超过 450 英尺的建筑。 相比较而
言，尽管西雅图的 31 号创议不像旧金山的 M 提案那么严苛，但
是它仍然是一项强硬的增长控制法案。 市区商业群体为了打败
该法案所投入的资金是社区活动家的十倍，即便如此，它还是在
特别选举中赢得了 62% 的选票。[1] 即使习惯上被认为是促增
长城市的洛杉矶，也在 1986 年正式通过了一项市民创议的增
长控制措施，严格控制本市市区之外其他区域商业建筑的建
设。 伯纳德·弗里登（Bernard Frieden）和林恩·塞加林
（Lynne Sagalyn）写道："就像引领 1970 年代的环境保护运动
和纳税人抗议运动一样，加利福尼亚经常引领政治潮流。 当
旧金山和洛杉矶同时开始重新思考城市发展问题的时候，必然

83

[1] 《西雅图选民掌掴市区发展的加利福尼亚式限制》，《加利福尼亚发展
  规划报告》，1989 年 6 月（托夫·富尔顿联合公司），第 10 页。

会触发对政治潮流敏感之人的神经。"[1]从这些案例中，我们可以看到美国其他大城市的进步主义领导都受到旧金山缓增长改革的鼓舞。然而，却没有哪一个大城市心甘情愿或有此能力像旧金山一样勒紧（也许，有人会说"猛拽"）发展的缰绳。

此外，通过 M 提案也是旧金山政治历史上的一个重要转折，它开启了地方民众掌控土地利用和开发政策的一系列图景。然而，公共政策通常都无法自行施行，尤其是需要在政策制定体系内部强制推行的根本改革。缓增长运动领导者很快就要面临抉择：是在市政厅大门外徘徊，还是一鼓作气直接接管地方政府。作为社会运动的领导者，他们成功的创议运动已经照亮了前路——但是，能不能信任本市的政治家不走邪路呢？又或者，他们是不是不得不深入体制变身政客呢？无论如何，正如下一章所示，他们决定打入内部。

---

[1] 伯纳德·弗里登和林恩·B.塞加林：《市区公司：美国如何重建城市》（波士顿：MIT 出版社，1989 年），第 311 页。

第五章

从社会运动到市政权力：阿特·阿格诺斯当选市长

（阿特·阿格诺斯当选市长）表明旧金山人并没有那么
关心自己是否是世界级城市。 这是一次平民主义的反叛。

——莫文·D. 菲尔德（Mervin D. Field）

投身革命的人空忙碌一场。

——西蒙·玻利瓦尔（Simón Bolívar）

缓增长改革的制度化

M 提案通过了，实施一项全新政策的重担落在了市政厅政治
家、规划师和行政官员的肩膀上。 这项政策中某些部分的目标声
明和推行要求都很精确——限制高层办公楼建筑的数量、每平方
英尺的固定开发商税，以及用于补贴通勤与住房的经费。 如此一
来，几乎没有给开发商留下自主裁量或者创造性解读的空间，但
是，在某些情况下，每平方英尺缴纳的最低税费不过是为了抬高
开发商补偿金额的基准线。 这项政策的其他部分则被认为是更加
模糊，同时也更加开放。 例如，它列举的八项"优先政策"，被
泛泛地称之为"保护"或者"加强"有价值的东西，比如，社区
多样性和经济适用房。 由规划者更加准确地定义这些目标，并由
他们决定什么时候、什么地点、如何做以及在何种程度上把它们
变成实际行动并产生相应的结果。 但是，积年累月的经验教导进
步主义者不要指望政客和技术官僚会做正确的事，尤其是他们中

间那些坚持促增长的理念、对开发商有求必应，并处处刁难缓增
长改革的人。 M 提案为旧金山带来了崭新的指南针和航行图，但
是，船舵仍然由戴安·范斯坦、托比·罗森布拉特、迪恩·马可
里斯，以及其他旧体制的卫道士牢牢把持。 许多进步主义领导
者深知，不管是抗议还是民意所向的政策都不足以迫使市政官员
踏上新的征程。 假如缓增长运动想要存留持久的影响，假如它
想做的不仅仅是"空忙碌一场"，它的理念和目标必须牢牢嵌入
行政权威的结构中。 简而言之，缓增长改变必须制度化。

　　正如此处术语所示，*制度即"利用权力支持价值的手
段"。*[1] 继亚瑟·斯汀克姆（Arthur Stinehcombe）之后，人们
认为"给定价值方向的社会效应是决策体系对价值承诺程度，以
及该体系所控制的资源和权力的产物"。[2] 这一概念的逻辑是
乘法的： 如果在某一范围的价值是 10，而支持权力为 0，那么，
10 乘以 0 等于 0，所衡量的是价值对社会的影响。 按照这一逻
辑，当统一的市区商业精英分崩离析、内讧不断，耗尽了曾经支
持促增长目标和价值的集中力量，促增长政体在私人部门一方，
至少已经在某种程度上被去制度化。 然而，这一政体在公共部
门一方，范斯坦市长依然对市政厅大权在握，仍旧支持促增长价
值，即便这些价值一点一点逐步退让，被拉向缓增长方向。 只
要范斯坦市长及其委任的要员依然在位，新的政策和旧的权力就
水火难容。 心智正常的人都不会期望着促增长政府实施缓增长
改革。 不可避免的结果就是官僚系统的抵抗与破坏。 但是，范

---

[1] 亚瑟·L. 斯汀克姆：《建构社会理论》（纽约： 哈考特、布雷斯世界图
　　书，1968 年），第 182 页。
[2] 同上。

斯坦很快就会下台。 重要的是要用一位方向正确、价值符合缓增长大多数群体的市长取代她。

寻找进步主义市长：1987 年阿特·阿格诺斯的竞选运动

1987 年，戴安·范斯坦即将离开市政厅，再加上监察委员会委员昆汀·科普当选州议员，以及菲利普和萨拉·伯顿两位之死，造成了旧金山的权力真空。[1] 随着市长办公室大门敞开，核心集团缺少后继人选，进步主义领导再次看到了入主市政厅的机会。 他们很多人都与凯尔文·韦尔奇持相同观点： 刺杀惨案引发和造成的混乱阻碍了温和派政治的出现，而范斯坦政府不过是步入温和政治时期必然要走的一段弯路。[2] 如今时机成熟，是时候选举一位进步主义市长，将缓增长改革制度化，完成乔治·莫斯康尼的未竟遗愿。

1987 年 3 月底，竞技场中只剩下四位主要的市长候选人： 州议会议员阿特·阿格诺斯，一位开明的民主党人，代表旧金山第六选区；监察委员会委员约翰·莫利纳瑞，他是范斯坦的盟友，民调显示，他一直领跑市长竞选；商人罗杰·博阿斯（Roger Boas），莫斯康尼和范斯坦主政期间，他担任了十年的 CAO；以及市检察官路易斯·雷恩（Louise Renne），刺杀案发生后，她受密友戴安·范斯坦的委派，进入监察委员会后开始了她

---

[1] 对"权力真空"细致分析，参见杰瑞·罗伯特：《跨过大桥进入新旧金山》，《金州报告》第 3 期（1987 年 5 月），第 24—30 页。
[2] 引自 *SFC*，1987 年 12 月 9 日。

的政治生涯。 在大多数事务中，莫利纳瑞和雷恩都把自己塑造成
范斯坦式的温和派促增长候选人。 尤其是莫利纳瑞，他在委员会
中赢得了高效调解各种利益的中间人名声。 在从政期间，他能够
在亚裔与非裔美国人、同性恋与异性恋，以及社区与市区之间跨
越界限、沟通交流。 右翼集团的是博阿斯，他是一位促增长财政
保守派候选人，与市区商业机构有着非常密切的联系。 左翼阵营
的是阿格诺斯，1976 年击败竞选对手哈维·米尔克赢得议席，自
此之后一直热衷于支持自由社会政策和同性恋权利立法。 在四位
候选人中，只有阿格诺斯赞成 1986 年 M 提案。 他积极捍卫社区
群体、小型商业、工会组织、环境保护群体、同性恋权利组织和
低收入租户联盟的权益，深受进步主义选民的喜爱，却令许多市
区商业精英退避三舍。 旧金山的企业、商业机构在竞选活动开始
之后，认为他们完全有理由因为阿格诺斯的参选而提高警惕。 例
如，1983—1986 年，州议员阿格诺斯对加利福尼亚商会及其他重
商说客所支持的每一项重大法案都提出了反对意见。[1]

初选：缩小阵营

当时许多政治评论家认为领跑者约翰·莫利纳瑞会输掉竞
选——他的确输了。 或许是由于范斯坦 1983 年轻松连任，以及
她一直颇受选民欢迎，莫利纳瑞不禁洋洋自得，竞选活动战略和
战术都存在失误。 在战略上，他低估了一度被击垮的莫斯康尼联

---

[1] *SFC*，1987 年 10 月 27 日。 有关阿格诺斯和莫利纳瑞政治生涯的更加
　　深入的背景介绍，参见杰夫·吉伦科克：《莫利纳瑞与阿格诺斯之
　　争》，《旧金山杂志》，1987 年 5 月，第 31—38、85—88 页。

盟，随着后来缓增长创议运动的展开，该联盟得以进一步强化。本市的意识形态中心已经明显偏向左翼，莫利纳瑞也发现自己已经跟不上民意了。　他在有关问题上变得越来越保守，并且在发送给民众的竞选邮件中攻击阿格诺斯和博尔斯两个人，从而使他的战略失误更加严重。　他称阿格诺斯是 60 年代遗存的激进派，不适合治理像旧金山这样的世界级城市。　他还使用"平庸无能"这个词来形容博阿斯担任 CAO 期间的政绩——后来，莫利纳瑞对自己的错误言论后悔不已。　随着温和派支持者开始反水，莫利纳瑞寻求财政税务和社会保守派的努力也只是徒劳一场。　罗杰·博阿斯所持的反自由主义理念和资金雄厚的媒体宣传，让他赢得了市区商业领袖的重要支持，以及居住在旧金山西部的富裕白人房产业主的支持。　与此同时，路易斯·雷恩的竞选团队却只获得了非常少的支持，因此，她决定退出竞选，从而在阿格诺斯和博阿斯之间留出了一片空白。　莫利纳瑞坚持不作为保守立场和采取适得其反的负面宣传策略，它们唯一的作用就是与许多支持者渐行渐远，驱使他们克服重重阻碍进入阿格诺斯的阵营。　回头再看，莫利纳瑞还是有几分胜算的，但是，他的愚蠢促成了他的失败。

　　阿特·阿格诺斯决定发动一场有的放矢、自下而上的草根竞选运动。[1]　这一策略有违当地专家鼓吹的优质竞选手段传统。　传统观念认为，竞选重点落在问题上将会令选民一哄而

————
[1] 对此次竞选活动及其采取的策略和技巧的精彩解读，参见约翰·雅各布森：《市场街奇迹》，《金州报告》第 4 期（1988 年 1 月），第 7—13 页；杰瑞·罗伯特：《阿格诺斯如何逆转莫利纳瑞》，*SFC*，1987 年 12 月 9 日；以及阿琳·斯坦因：《阿格诺斯采取草根民众手段》，《国民》，1988 年 2 月 6 日，第 156—158 页。

87

散；向选民直投邮件之类的高技术手段，总是优于实际走访社区和群众集会之类的低技术手段；以及负面宣传、贬低对手奏效最快。 因此，当阿格诺斯开始组织一系列大型选区活动，并把竞选活动搬到街头巷尾时，许多政治观察家都大吃一惊。 阿格诺斯竞选团队由里奇·罗斯（Richie Ross）全权负责，他聘任经验丰富的政治活动组织者拉里·特拉姆托拉（Larry Tramutola）在全市组织支持阿格诺斯的志愿者队伍、规划安排成百上千次会谈、领导不计其数的公开集会，同时还搭建起小额捐助者竞选资金筹措网络。 在 400 多个选区设置选区领导及其助理，组建电话银行并拉到了超过 300 张选票。 莫利纳瑞仍旧主要依赖向选民投递邮件，博阿斯依靠电视宣传片与选民互动，与此同时，阿格诺斯和选区志愿者已经与居住在该社区的选民进行直接接触。此外，阿格诺斯竞选活动的口号自始至终没有攻击其他人，一直保持积极向上。 特拉姆托拉明确指示基层工作人员不得采用任何形式的负面宣传手段。 这种策略有些理想化、有些老派、有些冒险，不过，却非常有效——尽管由于媒体爆料阿格诺斯在与萨克拉门托的开发商安格洛·扎克波罗（Angelo Tsakopoulos）进行的房地产交易中获利 65 000 美元，却没有缴纳个人所得税，阿格诺斯遭遇了小小的挫折。[1] 传统观念被打破了。

　　阿格诺斯打败了莫利纳瑞，赢得了本市错综复杂的社区协会、工会组织、环境保护组织和政治俱乐部的集体背书。 几乎所有的缓增长运动环境保护主义群体——包括塞拉俱乐部和旧金山明天在内——全都支持阿格诺斯。 阿格诺斯取得了一场重大

[1]　*SFC*，1987 年 6 月 3 日。

胜利，赢得了旧金山警察协会的支持，这场胜利让许多保守主义者无法将阿格诺斯与莫利纳瑞口中的激进主义怪胎联系起来。阿格诺斯凭借着他为促进同性恋权利立法所做的努力，撼动了莫利纳瑞与本市男同性恋和女同性恋群体的紧密联系。阿格诺斯获得了相对更加进步的男同性恋政治俱乐部的支持，在与莫利纳瑞争取本市最大规模的同性恋政治组织爱丽丝·B. 托克拉斯（Alice B. Toklas）女同性恋/男同性恋俱乐部的支持中陷入僵局。[1]

　　涉及新闻报纸时，没有人对进步主义《湾区卫报》公开支持阿格诺斯表示意外。阿格诺斯"敢于应对关键问题"，尤其是增长控制、空置调控和分区选举等问题，而在莫利纳瑞温和派带领下，"推行 M 提案将变成旷日持久的拉锯战"，"几乎不可能做好空置调控"。[2]《纪事报》支持莫利纳瑞也是意料之中。然而，令人惊讶的是《检察官报》决定为阿格诺斯背书，以及《旧金山商业时报》对他的支持。新闻报纸公开支持阿格诺斯发生在竞选活动后期，在民意调查表示阿格诺斯成为新的领跑者很久之后。然而，即便考虑到这种做法是支持胜利者的实用主义，这些促增长派、偏重商业的出版物公开支持阿格诺斯也是非常了不起的，要知道阿格诺斯是一位扎根社区、缓增长自由主义候选人，曾经被对手斥为商业灾难。

　　两份社论背书都强调，本市的许多问题都亟待像阿格诺斯这样的强势领导，而不是莫利纳瑞这样的利益掮客来解决。《检察

88

---

[1] 见蒂姆·雷蒙德：《爱丽丝之战》，*SFBG*，1987 年 7 月 15 日。

[2] *SFBG*，1987 年 10 月 28 日。

官报》认为，莫利纳瑞主政，"范斯坦政府的政务重点工作将会保持不变。维持现状的问题在于：现状并没有那么好"。与之相对，阿格诺斯却拥有"改革和协调工作所需要的强势魅力"，他身上有管理"旧金山在未来四年中亟需的不知疲倦的能量和焕然一新的理念"。[1]《商业时报》承认，"商业群体有充分的理由害怕阿格诺斯，他一直公开支持强势自由的社会运动和立法，被许多商业人士视作重要威胁"。尽管心存疑惑，这份报纸还是支持阿格诺斯，原因在于"我们认为旧金山现在最需要的是采取行动"，阿格诺斯出任市长提供了采取行动的可能，"因为时运如此，因为他有坚定的信念、不屈的意志、第一手资料和寻求解决方案的动力"。[2]

阿格诺斯最令人惊叹的竞选成就是他在 9 月写了一本 82 页的竞选手册，名为《把事情做好：旧金山的愿景和目标》，并由他的"小型志愿者军团"分发给全市超过 200 000 户家庭。[3]这本手册细致阐释了他在许多重要问题上的立场，同时明确了如果他当选市长将会采取什么样的市政方案。本地很多专家被他的鲁莽之举吓得目瞪口呆，还有很多人也心生疑惑，甚而出言不逊。这些专业人士认为，普通民众只会在极短的时间内关注政治信息——就直投邮件来说，仅仅不过两秒钟。怎么能有政治家天真地以为选民会坐下来读一本细致入微地探讨重大政治问题的书呢？然而，上千人真的研读了，而且印象深刻。（投票日

[1] *SFE*，1987 年 11 月 1 日。
[2] *SFBT*，1987 年 11 月 2 日。
[3] 有关阿格诺斯竞选团队"秘密武器"的讨论，参见罗伯特：《阿格诺斯如何逆转》。

票站民调表明，大多数选民都收到并阅读了阿格诺斯所写的手册，其中阅读过该手册的人中有 64% 的人把选票投给了阿格诺斯。[1]）"读我的书"变成了他的口号，这到了竞选活动的最后一周越来越为人熟知，民调显示，阿格诺斯以超过 20 个百分点的优势迅速甩开莫利纳瑞和博阿斯。

　　11 月 3 日，投票日，阿格诺斯竞选团队派出 1 700 名志愿者，他们走到街头巷尾，开启了大规模的拉票运动，最终赢得选举胜利。两位竞争对手最多分别可以召集约 300 名工作人员。票选结果显示，阿格诺斯获得了 48% 的选票，比莫利纳瑞（25%）和博阿斯（22%）两个人获得的票数加起来的总和还要多。但是，阿格诺斯需要赢得超过半数的选票才能获得胜利，因此，最终的胜利要等到 12 月与莫利纳瑞的决胜选举。

89

决胜选举：阿格诺斯与莫利纳瑞之战

　　西塞尔·威廉姆斯牧师和其他顾问都恳求莫利纳瑞就此认输，有尊严地退出选举，但是他拒不接受。莫利纳瑞解雇了自己的竞选经理，又重新聘请了一位，然后走上街头斥责阿格诺斯的极端理念和财政疏漏。莫利纳瑞此举的主要目的是吸引博阿斯团队中的保守派选民，他认为，既然博阿斯在大选中失利，他的支持者对接下来要投谁想必也是毫无头绪。"我绝不愿意把这座城市拱手让人，他们会把它带入黑暗和灾难"，他对外宣称："我绝不会让给那些心怀极端黑暗未来和愿景的人，他们不属于

―――――――
[1]　*SFE*，1987 年 11 月 4 日。

1980 年代，只是 60 年代的残影。"[1]莫利纳瑞借用阿格诺斯众人皆知的选举手册作为分析文本，指出阿格诺斯的提案是"哗众取宠，自作聪明"，将会给旧金山造成 3.1 亿美元的额外财政支出和税收损失。 阿格诺斯的回应简洁明了而又直击要害："对莫利纳瑞先生来说，真正的问题是——他是否反对我的提议呢？如果反对，请他讲一讲，如果不反对，请他解释一下他将如何弥补其言论造成的后果。"[2]莫利纳瑞本身没有一份积极方案，无法做出回应。

　　与此同时，阿特·阿格诺斯则开始与企业管理者进行一对一的会谈，并且举办了两场直面企业关心和关注问题的新闻发布会，借此拉拢市区商业领袖。 尽管莫利纳瑞斥责阿格诺斯是极端分子，但是包括太平洋证券交易所主席在内的六位企业领导全都支持阿格诺斯担任市长一职。[3]《商业时报》报道称："开明的阿格诺斯，常常被对手贴上'反商业'的标签，如今正在旧金山支离破碎、各自为政的商业群体中寻找盟友。"[4]不过，对莫利纳瑞来说，真正的致命一击是罗杰·博阿斯在 11 月 16 日宣布他将把选票投给阿格诺斯，并敦促其支持者也把票投给阿格诺斯。数天之后，路易斯·雷恩也依样照做。 原本仅仅是一次失利，现在莫利纳瑞已经溃不成军。 12 月 8 日，阿格诺斯以 70% 比30% 的压倒性优势赢得了选举。

─────

[1] *SFC*，1987 年 11 月 6 日。

[2] *SFC*，1987 年 11 月 16 日。

[3] *SFC*，1987 年 11 月 24 日。

[4] *SFBT*，1987 年 12 月 7 日。

回顾阿格诺斯的竞选运动：进步主义目的，进步主义手段

　　阿特·阿格诺斯当选市长是一场进步主义的胜利，而不仅仅是进步分子的胜利。此次运动的草根民众风格和所涉事由及其目标都是进步主义的。它揭示了罗伯特·昂格所言的真谛：集体动员"不仅仅是重建社会生活的武器；在关于社会应该变成什么样的斗争过程中，它是社会解体、转型、显露真相的活生生的展现"。[1] 确保阿格诺斯当选市长的"底线"并非是真正的底线，因为*如何*当好市长事关重大。手段可以证明目的的合理性。在这一点上，阿格诺斯竞选运动中有三点比较突出。

　　第一，阿格诺斯的竞选策略以市民都有较高水平的政治意识和认知动员为先决条件。选民没有被当作是被动的、对政治一无所知的蠢货，需要媒体或者用邮件一口一口投喂给定信息。"人们不希望自己的智商遭到侮辱"，阿格诺斯的竞选经理里奇·罗斯解释说。"他们不想要现成的结论。他们会臧否人物，表示感谢，然后得出自己的结论。"[2] 事实上，有很多人阅读阿格诺斯所写的竞选手册，并且好评不断，足以说明政治家的一点点敬意都大有裨益——尤其是在旧金山。

90

[1] 罗伯托·M.昂格：《虚假必然：对激进民主派有利的反必然主义者社会理论》（剑桥：剑桥大学出版社，1987年），第402页。
[2] 引自 *SFE*，1987年11月22日。

第二，竞选活动开创了市民积极参与和志愿者维护的草根风格的新形式，不过，它可不是业余人士的小打小闹。自其伊始，就有专业人士全权掌握，整个竞选活动各个阶段都离不开他们的组织技能，而并非仅仅是规避反对派媒体和阻碍邮件直投。如果说这是一种平民主义，那它也是一种老成练达、步步为营的平民主义。

第三，阿格诺斯竞选团队重建了由于莫斯康尼和米尔克遇刺而四分五裂的竞选联盟。缓增长创议活动为了重建联盟付出了许多心血，但是，阿格诺斯竞选市长稳固根基的同时也进一步将联盟扩大，囊括了更多代表贫穷人口、工人阶层和少数族裔的组织。此外，竞选团队表现出来的包罗万象的特点并没有止步于此，而是更进一步，去吸引博阿斯竞选团队中的保守派难民、背叛莫利纳瑞团队的温和派、市区企业管理者，以及其他许多想要支持胜者的群体与企业。阿格诺斯竞选团队的兼收并蓄使得他在 12 月 8 日以压倒性优势赢得胜利，并保证他第一年当政时有充足的政治资本。然而，这也使他的竞选联盟臃肿不堪，超出了不需要淡化或者妥协他的进步主义议程就可以掌权所必需的最低限度。正如阿格诺斯后来所认识到的那样，本市进步主义联盟的承载能力远低于他在决胜投票中获得的 70% 的投票。如果他打算在最后改选中也赢得这样比例的选票，他就会冒与其草根民众竞选理念背道而驰的风险。[1]

---

[1] "政治承载力"概念在选举联盟中的精彩阐发和运用，参见亚当·普雷泽沃斯和约翰·斯普拉格：《纸石：选举社会主义的历史》（芝加哥：芝加哥大学出版社，1986 年）。

阿格诺斯竞选活动中的重要事项

阿特·阿格诺斯竞选市长时关注的问题非常广泛，并且大胆地表达了自己的看法。[1] 他的政治话语和日程规划表明他是一位真正的进步主义候选人，作为自由主义者、环境保护主义者和平民主义者，他表达并捍卫了他的左翼立场。 身为一位自由派市长，他支持妇女和少数族裔反歧视计划、本市雇员可比价值计划、租房空置管理、公共住房保护、加快经济适用房建设、无家可归人员庇护所和安置管理、增加居民和少数族裔就业机会以及加强教育服务。 作为环境保护主义者，他支持严格执行 M 提案的增长控制指导准则、扩大回收规划、收购并保存公园和公共空间、反对建设"密苏里号"战舰母港，推动地区协作。 作为平民主义者，他支持分区选举、社区"市长小站"、推动市民参与制定开发规划、支持小型商业，以及保护社区和文化的多样性。

阿格诺斯践行缓增长改革的决心坚定不移，毫不含糊。 他承诺将组建施行 M 提案的规划委员会，尤其关注它的经济适用房、社区保护和小型商业发展方面的指导意见。[2] 他公开批评把 M 提案视为反商业提案的评论家。 "M 提案并不反商业，"

[1] 这是一个令人沮丧的说法，当时对当地政治顾问来说，这一策略似乎非常鲁莽而且冒险。 很有可能，阿格诺斯的成功至少让一些人不再低估旧金山的复杂。

[2] 阿特·阿格诺斯：《把事情做好： 旧金山的愿景与目标》，竞选手册，1987 年 10 月，第 44 页。

91

阿格诺斯写道，"它反对的是市政厅，因为市政厅过于重视*市区
发展*，而对*社区发展*的关心不够。"[1]他提出，"绝不允许旧金
山重建局（SFRA）大规模清理社区"，同时，提供经济适用房应
该成为 SFRA 的"第一要务"。[2] 他承诺，他委任的委员会和
理事会成员将"带着奉献精神、自主意识、切实关注社区问
题"。[3] 他强调，在他任职期间规划程序将实现民主化，绝不
允许财团大亨和特权阶层的小集团独断专行："富可敌国的利益
集团，手下有出手阔绰的说客，并大手笔支持竞选运动，他们在
规划制定程序中的地位不应该比旧金山的纳税人高。 *中等收入
的工薪家庭被赶出了我们的城市。 阿格诺斯执政期间，这些必
须废除。*"[4]最后，阿格诺斯还承诺，担任市长期间，他将会
"与私营经济和社区组织共同研究出一个推动平衡发展的规划。
M 提案的重要目标即平衡商业群体的所需与邻里社区的所
求"。[5] 强调"平衡发展"尤其重要，原因是： 等阿格诺斯市
长谋求连任时，它将成为后来更加激进的缓增长进步主义者怨声
载道的症结所在。

不管是在竞选演讲还是在他的竞选手册中，阿格诺斯都没有
非常深入地解释他的进步主义议程中错综复杂的事宜的重点事
项、连带责任或者潜在矛盾。 但是，至少不同组成部分摆在明

---

[1] 阿特·阿格诺斯：《把事情做好： 旧金山的愿景与目标》，竞选手册，
　　1987 年 10 月，第 36 页。
[2] 同上书，第 33 页。
[3] 同上书，第 61 页。
[4] 同上书，第 44 页。
[5] 同上。

处，他处理每一部分的坚定决心都变成了一份承诺书，而他的竞
争对手则无法与之匹敌。 正如接下来所要讨论的，对阿格诺斯
市长来说遗憾的是：本市的财政也无法与其承诺匹配。 "创议 92
规划"野心过大的难题已经导致许多新政体垮台。[1] 是阿格
诺斯在竞选运动中承诺的太多，还是他为了自己的政治前程在书
中写了太多，我们拭目以待。

阿格诺斯选举联盟：投票分析

如前文所示，如果说体制即与权力相连的价值，[2]那么，
阿格诺斯的胜利则有助于制度化进步主义改革。 表 5.1 选取选
民对进步主义的价值观与政策为指标，显示的是 11 月 3 日把选
票投给阿格诺斯、莫利纳瑞和博阿斯选区选民的关系。 数据显
示，支持阿格诺斯的选民很可能与支持 1983 年范斯坦罢免投票
的选民、支持 1987 年分区投票的选民、支持 1979 年租金调控的
选民、支持 1986 年 M 提案的选民、自由主义指数、环境保护主
义指数，以及进步主义投票总体指数有正相关关系。 这一正相
关关系的概述实际上是博阿斯和莫利纳瑞关系的镜像。 结果明
确表明，阿格诺斯是"进步主义"候选人，莫利纳瑞是"温和
派"候选人，而博阿斯则是"保守派"候选人——至少在选民眼

[1] 有关讨论，参见胡安·J. 利兹：《民主政体的崩溃：危机、崩溃与再
平衡》（马里兰州，巴尔的摩：约翰斯·霍普金斯大学出版社，1978
年），第 40—42 页。

[2] 斯汀克姆：《建构社会理论》（纽约：哈考特、布雷斯世界图书，1968
年），第 183 页。

中是如此。 此外，这些数据还表明了在选择自己的政府领导时，旧金山的选民是多么明察秋毫且就事论事。 基于以上结论，如果选民旨在用市长权力以保证进步主义价值，他们则做出了正确的选择： 阿特·阿格诺斯。

选区选民社会基础的多变量分析表明：（1） 绝大多数租客和拉丁裔都支持阿格诺斯，（2） 同性恋群体和非裔美国人选民分别支持阿格诺斯和莫利纳瑞，（3） 亚裔选民中支持阿格诺斯的人最少，支持莫利纳瑞的最多，以及（4） 在同一族裔群体和房屋所有权状况的*群体内部*，中产阶级选民主要支持阿格诺斯，而低-SES选民和高-SES选民差不多分别平均支持三位候选人。 同一族裔和住房类别内部，中产阶级选民更加支持阿格诺斯，这一发现与媒体通常称阿格诺斯的胜利当选为"平民主义的反叛"——至少如果有人把这一术语理解为工薪贫困群体的选举崛起——的说法相矛盾。 阿格诺斯竞选活动的草根风格以及重人而轻利的理念是平民主义的。 但是，就其社会基础来说，即便它是平民主义的，其内核也是中产阶级的平民主义。

表 5.1   阿格诺斯、莫利纳里和博阿斯选区投票与某些进步主义指标的相关性：1987 年 11 月 3 日，市场选举

相　关　性	阿格诺斯	莫利纳里	博阿斯
费恩斯坦罢免投票（1983）	0.45	−0.36	−0.37
地区选举（P‑1987）	0.84	−0.43	−0.79
租金管制（R‑1979）	0.80	−0.32	−0.79
增长控制（M‑1986）	0.79	−0.36	−0.74
自由主义指数	0.89	−0.26	−0.92

续　表

相　关　性	阿格诺斯	莫利纳里	博阿斯
环境保护主义指数	0.32	-0.43	-0.13
平民主义指数	0.37	-0.32	-0.30
进步主义指数	0.79	-0.47	-0.69

注：旧金山选民登记册公布的选区数据的来源分析。

阿格诺斯市长主政：为新政体打下基础

阿格诺斯上台以后，市政厅开始出现新的面孔，旧面孔则隐退了。苏·海斯特和凯尔文·韦尔奇在范斯坦执政期几乎从不在市政厅露面，如今开始频繁出没于阿格诺斯市长的办公室，与他共商发展事宜。西塞尔·威廉姆斯牧师、托比·罗森布拉特、约翰·雅各布森（商会首脑）、威廉·科布伦茨（开发商说客）以及范斯坦的其他亲信都发现他们的特权要么降级、要么消失了。[1] 新鲜的血液搅动了市政厅。如今他们已经穿过大门、进入内部，进步主义的领导者全都雄心万丈。

相比 12 年前自由派前辈乔治·莫斯康尼所面对的政治境况，阿格诺斯市长的处境要乐观很多。第一，经过漫长的竞选历程，阿格诺斯在大选中以压倒性优势战胜对手、入主市政厅。他和他的进步主义议程都获得了民众的广泛支持，而且，他上台

---

[1] 对于进入阿格诺斯通讯簿的名单和被剔除的名单的简介，参见道恩·加西亚：《阿格诺斯执政的旧金山谁持有进入权力的钥匙》，*SFC*，1988 年 7 月 11 日。

时拥有大量政治资本同时，改革也得到了公众的许可。 反观莫斯康尼不过是在 1975 年市长竞选中侥幸获胜。 但他的整个规划都引起了旧金山普通民众的激烈争论。 他不曾获得公众的许可，也没有犯政治错误的回旋余地。

第二，阿格诺斯就任市长时，社会相对稳定。 很多问题正在撕裂旧金山，但是，却还没有爆发造成社会两极分化、造成莫斯康尼政府瘫痪的恐慌、仇恨和混乱。 范斯坦政府执政的九年，疗治伤痛、休养生息，给了旧金山撕裂的社会以恢复的时间。

第三，阿格诺斯大可期待与监察委员会中占据多数的自由派╱进步主义者为友，他们在接下来的三年中实实在在地变大，甚至变强。 莫斯康尼却被迫与保守派占主导的委员会为敌，他们几乎处处都反对他和他的政策。

第四，阿格诺斯是从范斯坦政府日积月累的缓增长政策的受益人，或者日积月累的市民创议议案的受益人。 莫斯康尼曾经备受期待，从零开始创造政策，并且要应对统一的市区商业精英群体的反抗。 阿格诺斯的任务比较简单： 推行现有政策方针，并应对四分五裂、群龙无首的商业群体声势渐弱的反抗。

94

尽管阿格诺斯占尽有利条件和政治优势，他也要面对一些难以逾越的障碍。 第一就是钱——确切地说，是缺钱。 前任市长范斯坦留下了 1.8 亿美元的财政缺口，以及需要平衡的财政预算。 阿格诺斯想要签写的任何用于社会事业的财政支出，都被提前盖上了"资金不足"的印章。 这就意味着需要分配负担而不是利益，意味着"否定"而不是"肯定"，这些全都与人们越来越高的期待相去甚远，新任市长将会像在竞选手册中承诺的那样，"把事情做好"。 "对我的诅咒要实现了，我是一分钱都没有的自由派。"阿格诺斯抱怨说。[1] 担任市长期间，他每年都摆脱不了财政赤字的折磨。

阿格诺斯面临的第二个问题是，本州和全国的保守政治氛围。 旧金山饱受来自里根经济政策、削减财政支出，以及私营经济奋力自保的种种压力，不得不继续搜刮自己并不富裕的钱包，同时还要与其他城市争夺私有经济投资。[2] 与此同时，受13号提案的影响，财产税基础持续缩水，而市区商业领导则在国家媒体中公开谴责本市的反商业环境，抗议的声音越来越大。似乎，旧金山已是四面楚歌，步履维艰。

第三个问题是本市碎片化的地方政府和政治失序。 这种境况并不罕见，但是，近些年来，在范围更广、更稳定的选区中社群和利益集团的分裂愈加严重。 例如，在男同性恋和女同性恋群体中产生了新的群体，诸如"动起来"和酷儿国度之类，他们的政治诉求各不相同。 华裔美国人社区中的传统权力结构正在解体，与此同时，源于社会公益福利机构网络的新型群体和政治领袖也出现了。 非华裔的亚裔社团和俱乐部也开始在政治上活

---

[1] 道恩·加西亚和苏珊·斯沃德：《阿格诺斯当选一年记录》，*SFC*，1988 年 12 月 16 日。

[2] H. V. 萨维奇和约翰·克莱顿·托马斯报告了 1960 年至 1988 年间，联邦援助对旧金山及美国其他城市的下降数据。 作为本市财政收入的一部分，对旧金山的联邦援助从 1976 年 17.57% 的高占比骤降至 1988 年的 4.66%。 见 H. V. 萨维奇和约翰·克莱顿·托马斯：《结语： 千禧年大城市政治的终结》，《转型中的大城市政治》，H. V. 萨维奇和约翰·克莱顿·托马斯编（加利福尼亚州，比弗利山： 萨奇，1991年），第 237 页。

动筋骨。 代表拉丁裔群体中"居民"和"移民"不同利益、各自为政的政治组织也已经出现了。 老派自由党和年轻进步群体之间的分歧造成了非裔美国人社群的分裂，他们近来争论的焦点问题是增长控制和家庭伴侣立法。 市区商业群体裂变成几个泾渭分明的利益群体。 各经济部门将工会有组织地分化，政治上却变得没有组织。 社区和小型商业正在打算建立新的组织。乔·阿里奥托时期的超多元主义在阿特·阿格诺斯执政时期演变成了"超多元主义的平方"。

旧金山在社会多样性的政治方面上的大踏步发展。 例如，监察委员会不再是异性恋白人男性群体组成的组织，即使是（包括警察局和消防员在内）最保守的机构和部门也在平权运动中有所改进。 但是，日益精细的选区代表工作的成就也造成了政治联盟、领导权力以及政治治理任务复杂化。 在一个如此碎片化的体系中，"把事情做好"实在是艰巨的挑战。 西西弗斯推着巨石上山，相对而言还是简单的；阿格诺斯市长却注定要推动砾石。

95

正如芭芭拉·费曼所说，莫斯康尼市长在超多元主义的情况下，无法建立强有力的行政领导权。 他欠缺政治手段，无法吸引资源，难以实现他的进步主义愿景。 借用费曼的话来说，他无法将选举联盟变成行之有效的政府联盟。[1] 为了回应曾经支持他竞选的不同群体的权力诉求，他想把选举联盟变成治理本

---

[1] 芭芭拉·菲尔曼：《治理难以治理的城市：政治技巧、领导力和现代市长》（宾夕法尼亚州，费城：坦普尔大学出版社，1985年），第52—53页。

市的工具，把它们全都带进了市政厅，他犯了错。联盟的领导一旦手握本市理事会、委员会和政府结构的实权，很多人就会借助手中权力和职权便利在政府内部，一方面抵制莫斯康尼集中领导的努力，另一方面为各自群体谋求利益。面对这种境况，莫斯康尼也无法自保。他在与他们的周旋中，耗尽了有限的资源，而且结下了更多的敌人而不是朋友。[1] 阿格诺斯市长会不会重蹈覆辙呢？

建立统治联盟

阿格诺斯市长面临的政治挑战是如何借助他当选的选举联盟的基本结构组建一个行之有效的政府联盟。为了实现这一目标，他既需要提高自身的行政能力，又要求诸那些被迫离开市政厅长达十年之久的人。囿于有限的正式权力，他不得不在支离破碎的政治环境中创造非正式的权力根基，并借此下达命令、传达指示。这一切他不得不采取的措施，都与政治文化核心的反权利歧视相抵牾。他采取了三步走的措施：向委员会和理事会委派坚定的支持者；用内阁政府作为缓冲，也便于监察和控制；维持草根运动组织活跃状态，随时待命协助他动员社区支持他的政策。

新一届政府开始运行的前几个礼拜，阿格诺斯市长由 51 人

---

[1] 芭芭拉·菲尔曼：《治理难以治理的城市：政治技巧、领导力和现代市长》（宾夕法尼亚州，费城：坦普尔大学出版社，1985 年），第 105—108、200—203 页。

组成的资格审查委员会收到了超过 3 000 份申请，应征本市由市
长委任的 31 个理事会和委员会的近 200 个席位。[1] 这种"超
级委员会""因为代表了本市的多样性而大受欢迎"。[2] 阿格
诺斯宣布，他希望填补空缺职位的人有"和平卫队的心脏和后卫
的眼睛"。[3] 委派委员会成员是一次机会，阿格诺斯称："对
市长来说，是赋权于民，让他们参与政策制定。"[4]直白地
说，这也是政治上的投桃报李，和在权力部门安插亲信人脉、组
建关系网络的机会。 正如一份针对本市委员会结构的调查报告
所示："受阿格诺斯委任的人中绝大多数，都曾在他竞选本市最
高职位时发声驰援。"[5]但是，他们并非雇佣文人，他们中很
多人真的是因为认同他的进步主义愿景才支持阿格诺斯。 其中
有规模庞大的非裔美国人、拉丁裔、亚裔，以及男同性恋和女同
性恋。 就官僚体系而言，在阿格诺斯的领导下，少数族裔的政
治合作取得了一项重大进步。[6] 他还委任环境保护主义者、
社区活动家、非营利性住房专家以及缓增长支持者坐上规划委员
会和重建委员会的职位；它们是本市土地利用和开发政策的主中
心。 在评价阿格诺斯所做的任命时，当地政治分析师大卫·宾
德（David Binder）评论说："在范斯坦执政时期，这些人都在边

[1]《旧金山独立报》，1990 年 5 月 29 日。
[2]《城市报告》（《每周政治通讯》，前身是《小报》），1988 年 2 月
　　15 日。
[3] SFE，1987 年 12 月 9 日。
[4]《旧金山独立报》，1990 年 5 月 29 日。
[5] 同上。
[6] 详见加西亚：《谁持有钥匙》。

缘徘徊。　现在，他们要进行决断，还要给那些曾经大权在握的
开发商以及其他人吃一些苦头。"[1]

　　不同于莫斯康尼对委员们的放任不管，阿格诺斯一直紧密关
注，一旦有人公然违逆他，或者对团队有了二心，他很快就会解
雇他们。[2] 莫斯康尼承受了意见相左的委员们的内部压力和
要求，与此不同，阿格诺斯则设置了六位薪资不菲的副市长作为
缓冲，避免重蹈覆辙。　通过缩减政治控制范围，阿格诺斯希望
可以对理事会和委员会拥有更大的行政影响力。　他还从自己在
萨克拉门托的州议会办公室引进工作人员，协助运营新的市政厅
办公室。　从管理层面上看，这些措施非常合理。　但是，从政治
层面上看，正如阿格诺斯将来所发现，这些缓冲设置后来都彻底
失败。　旧金山人不喜欢他们的市长受到如此多缓冲的保护。

　　任期甫一开始，阿格诺斯就重启助他掌权的竞选组织。　他
聘请他的高级顾问做参谋，进行社区组织和政治动员的长期运
动。　阿格诺斯解释称，他之所以采取如此措施是因为"他不想
做坦曼尼协会之流的政治掮客，而是要善用职权解决（城市社
会）问题"。[3] 入主市长办公室七个月以后，阿格诺斯及其助
手就重启了选区组长和忠心耿耿的活动分子的网络，他们中有
150 个人拿着熨衣板（旧金山 1983 年以来的传统）和写字板走
上街头，呼吁民众支持市长政策，同时了解民意。　副市长克劳
德·艾弗哈特（Claude Everhart）不认为这种基层组织被用作政

---

[1] 详见加西亚：《谁持有钥匙》。

[2] 举例，参见上书。

[3] 引自 *SFE*，1987 年 11 月 15 日。

治工具。"它并不是什么扭曲、转动的工具，"他坚称，"它根本就不是工具。"然而，包括安吉拉·阿里奥托（Angela Alioto）和泰伦斯·哈里南（Ference Hallinan）在内几位谋求地方公职的候选人都被其吸引，将其作为他们各自草根民众运动的宝贵资源。[1] 即使阿格诺斯的一些政敌也都非常赞许市长的社区行动小队。 其中之一就是顾问杰克·戴维斯，他将会在 1991 年，动用自己的选区队伍帮助阿格诺斯的对手弗兰克·乔丹把市长赶下台。

　　同时，阿格诺斯市长还采取其他措施，从而在四分五裂的体系中搭建一个权力平台为"把事情做好"以提供组织上的、经济上的及政治上的资源。 他拉拢了民主党的资源和支持。 他采取措施强化自己与工会组织的联系。 他与市区商业精英建立起更加友善的关系。 同时，他还与企业高管紧密合作，推动"中国盆地"、米慎湾以及滨水区的大规模土地利用规划。 这些都是一位强势的自由派市长为了夯实其执政能力，可能采取的全部措施。 对阿格诺斯来说不幸的是，他曾经是以进步主义候选人的身份竞选市长。 这也是他的草根支持者选举他掌权时所期待的，但他们得到的却不是进步主义市长。

97

---

[1] 安德鲁·罗斯：《阿格诺斯部队直捣街头》，*SFE*，1988 年 7 月 24 日。

第六章

保护社区不受
资本之害：
城市反政体 *

---

* 本章主要内容摘自理查德·德莱昂：《城市反政体：旧金山的进步主义政治》，《城市事务季刊》（1992 年）。

旧金山市民把选票投给了自由派政治家，但是，当要保护市民美丽的城市时，自由派就变成了强硬的保守派。

——阿特·阿格诺斯市长

"坚决说不"是一个不错的禁毒口号，但是，却不是治理城市的好办法。

——大卫·张伯伦（David Chamberlain），旧金山商会

反政体

摧毁城市政体是一回事，创制政体则完全是另一回事。或许确切地说，旧金山如今已经无政体，尽管如此，本市还是勉强有一种政体——反政体。反政体的最终作用是保护社区不受资本之害。它是一种"赋权"政体，在城市规划的过程中对其他权力构成阻力。其中最主要的权力手段是地方政府对土地利用和开发。在旧金山，增长控制措施对资本施加的限制已经达到了前所未有的程度。它们被用来阻抑、延缓或者转移人们在他们的寓所、邻里和社区中所遭遇的资本市场活动潜在的毁灭性力量。

借用维克多·汤普森（Victor Thompson）40年前研究战时配给时创造的术语，旧金山的反政体是一种"资源管控"[1]。资

[1] 维克多·A.汤普森：《OPA配给中的监管程序》（纽约：哥伦比亚大学出版社，1950年），第27—30页。

源管控发展的一个指标即本市的规划法案，法案文本从 1985 年的 150 页增加到 1990 年的 450 页，增加了三倍。[1] 阿格诺斯当政期间，该法案被严格执行。 例如，在 1987 年，按照本市阴影限制条例，已经获得建造许可的办公大楼的提议高度不得不降低 52 英尺，原因是有研究表明，一年当中有 20 天，该建筑清晨时会在圣玛丽广场上投下三分钟的阴影。[2]

　　汤普森第一次使用这一术语时历史环境早已不同，但是，资源管控的配给动机并没有改变： 保护和节约紧缺资源。 在旧金山，紧缺资源包括可开发土地、清新的空气、阳光和经济适用房。 反政体的围栏和防护旨在通过一种自然选择的过程阻止不必要的发展。 只有那些有恒心、博爱的同时怀着市区愿景的开发商才可以获得许可破土动工。 需要大兴土木、影响深广的项目将难以适应本市的"水晶鞋"。

　　反政体的特性是： 保护、防御与应激。 在涉及土地利用和开发规划时，其不成文的法规可以简化为一个词： 不允许。 反政体用繁文缛节、红头文件把本市围在当中。 它努力保护一个弥足珍贵却又不断萎缩的城市价值空间，防御掠夺性投资者及其同党进入本市。 在它的捍卫者眼中，本市社区就像是仅靠单丝悬着的政治之茧。 如果旧金山还想演化成进步主义的城市政体，反政体是必须经过的一段历程，但是，反政体领导对他们的城市赖以生存的资本主义社会过于气傲，并对此苛责以至于全面

99

────────

[1] L. 艾弗森：《饱受批评的旧金山规划局》，*SFC*，1990 年 12 月 17 日。

[2] 特里·吉尔·拉萨尔：《阴影法案塑造旧金山的建筑》，《城市土地》第 47 期（1988 年 10 月），第 36—37 页。

否定。他们现在学习的就是如何对资本说"不"，以便有朝一日能够以一种更具鉴别力的方式说"是"。

本章以及后面两章的案例分析是探讨反政体在土地利用和发展规划中的影响，并全面揭示反政体。本章第一个案例研究探讨 M 提案对旧金山市区高层办公建筑的影响。第二个考察 M 提案在海特-阿希波利和日落区社区中的实施情况。

曼哈顿化的终结——抑或是亡羊补牢？

推动旧金山缓增长运动发展的主要动力就是要找到一种可以阻止旧金山市区金融区曼哈顿化的方式。然而，等到市民们凑齐了取缔市区高层建筑所需的选票，市区已经基本上全都是摩天大楼，管道中新规划大楼也将蜂拥而至。除此之外，（在联邦政府的帮助下）房地产市场终于渐渐恢复理智，其标志就是呼吁"不要建大楼"。正如商业专栏作家托姆·卡拉德拉（Thom Calandra）所说："储贷（S&L）危机——而不是选民支持的 M 提案——引发的租金低廉、空间过剩以及信贷收紧等将决定他们（开发商）会不会浇筑地基。"[1]事实上，在 1990 年，不下七个获批办公楼项目因为缺乏资金被搁置，它们的开发商拼命地寻找合资伙伴和预租租户以便打动银行。[2]目前在建项目工地上，唯一的迹象是地基上探出来固定土壤的钢梁，静待资金到位。本市规划委员嘲笑这些象征性的努力是"钢铁矩阵"，他

100

[1] 托姆·卡拉德拉：《金钱万能》，*SFE*，1990 年 9 月 2 日。
[2] 司各特·希杜拉：《高楼大厦资金困难》，*SFBT*，1990 年 8 月 13 日。

们采取措施迫使开发商加快建设进度，否则将面临丢掉许可证的
风险。[1]

　　回顾往事，在 1986 年，质疑 M 提案的时机和现实意义的人
是完全正确的：此时此刻推行增长限制就像马儿丢了关厩门。
要保护社区免遭曼哈顿化的戕害，控制增长又能有什么实际的效
果呢？除非人们打算把它们拆毁，否则高楼大厦就在这里，已
是*既成事实*。因此，M 提案的意义何在呢？从短期的、市场导
向的商业角度来看，这是一个非常敏感的问题。从长远的、社
区导向的政治角度来看，其答案是：保护社区不受资本之害，
保护资本不受自身之害。

　　旧金山的曼哈顿化推动了 M 提案，但是，却不能为其所
止。然而，泛滥的水泥森林与政治回应之间的时间差，却对进
步主义运动有利。恰恰就在旧金山资产阶级最虚弱无力之时，
社区则变强变大。进步主义领导抓住时机，制定缓增长政策，
想让旧金山可以长期的、整体上抵御资本的周期性影响。通过
资本周期循环最低谷时在地方政府推行政策，进步主义领导提高
了政策生根发芽并最终扩散到整个政治文化层面的可能性。具
有讽刺意味的是，商业房地产市场的崩溃以及持续的经济衰退，
延长了孕育 M 提案土壤的时间，从而强化了 M 提案的长期影
响。商业空置率居高不下（本文写作时为 13%），租金低廉，
信贷收紧，在城市建造高楼的压力不再紧迫。

　　商业领导人继续抱怨 M 提案，但是抱怨和阻止是两件不同

_____

[1] 见丽萨·布雷姆：《城市重拳引起雪佛龙高管震怒》，*SFBT*，1991 年 9
　　月 13 日。

的事情。 规划局长迪恩·马可里斯近来宣称："本市处处都建得满满当当，人们需要干预管理增长，我没看到有人站出来说我们需要更少的规则，有政治影响力的人也不会支持他。"[1]马可里斯说得没错，人们的确需要增长管理。 1989年4—5月，对406位注册选民的民意调查表明，83%的选民反对（60%强烈抗议）"修改本市总规划，允许市区建造更多的高层办公楼"。[2]旧金山的增长控制将常态化，由此，M提案则会成为土地利用和发展规划不容置疑的框架。 这一框架赋予了普通市民所需的制度化影响力，他们可以更加积极地参与到规划程序中；的确是如此，正如后面章节所示，很多市民已经习惯并且非常善于利用这些新的权力。 在一些活动家眼中，M提案是一种市民权力法案，在曾经被CEO们和专业人员主宰的领域内确保民众民主。 M提案的深层意义即它是在达成土地利用决议中把政治与经济联系起来的关键。 由于经济中总会有疯狂的力量伺机出动，因此，它的捍卫者希望这种结合维持不变。 如果说增长控是一扇关上的大门，那么，M提案就是锁上它最坚固的门锁。 在阿特·阿格诺斯市长的领导下——而且有时与他达成交易的倾向和管理风格格格不入——M提案和市区规划成为了限制增长规划师、政治家、资本力量决策的前提。 在某些情况下，新的规定几乎"编入"了规划机制。 例如，M提案对新建办公建筑的具体限制几乎没有给开发商留下任何自作主张的余地。 一经推

101

[1] 引自艾弗森：《饱受批评的旧金山规划局》。
[2] 公共研究所：《城市状况调查：1989年》（旧金山： 旧金山州立大学，1989年）。 报告数据基于我对这些电话抽样调查结果的分析。

行，它们就产生了直接而又显著的影响，规划委员会每年通过的
新建办公空间下降显著。 图 6.1 显示，1979—1985 年是获批建
筑最高的一段时间，1986 年 M 提案的水龙头拧得非常紧，获批
建筑变成了涓涓细流。 此外，每年严格的增长限额很快就改变
了旧金山与其他城市的竞争格局，它们需要吸引新企业，尤其是
需要硕大平层的高楼大厦的大型企业。 例如，在与奥克兰竞争
雇员达 1 500 人的卡特兰总部时，旧金山投标人评论称："（对旧
金山来说）问题在于，奥克兰把土地拱手奉送，而在旧金山，我
们却惜土如金、寸土必争。"[1]（最终卡特兰选择了奥克
兰。）在其他情况下，M 提案和市区规划缩小并疏导自行决策

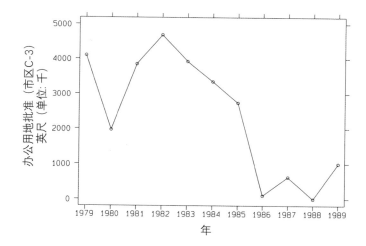

图6.1 1979—1989 年，旧金山市中心金融区获批的办公空间（平方英尺）
资料来源：增长监测报告草案，旧金山城市规划部。

[1] 帕特里克·丹纳：《旧金山与奥克兰： 争夺运输代理之战》，*SFBT*，
    1989 年 3 月 20 日。

权，驱使它为新的社会目标服务。 1986 年以后通过的新建筑屈指可数，通过了也必须熬过困难重重的复核程序，即本地广为人知的规划委员会举办的"选美大赛"。"规划委员会所要求的是十年以前，甚至五年以前，这些要求被当作社会目标提及却很少能实现。"[1]这一程序最为青睐的规划提案有公共便利设施（自带儿童托管中心、开放空间设施，等等），提前预租，表明办公空间的高利用率，同时建筑选址在影响较小的南部金融区。从审美观感上来看，新建建筑要更小、更精致，同时与当地的城市设计背景和社区文化更加一致。

　　然而，很多时候，旧金山规划官员对开发商苛求太多。1989 年，旧金山重建局拒绝了富国银行（Wells Fargo Bank）在第三大街和米慎街市属土地上建造新楼的提议，这一事件毫无疑问彰显了公共部门的胃口之大。 当时，旧金山有成百上千的数据分析师和其他雇员分散在不同场所办公，该建筑原本可以成为他们的办公中心。 阿格诺斯市长及其规划官员希望富国银行参与第三大街和米慎街项目的竞争，原因在于这样既可以维持现有的银行工作岗位，同时还可以增加本市市民的就业机会。 重建局不受 M 提案规定约束，但是，规划局局长爱德华·赫菲尔德（Edward Helfield）却巧借土地短缺和缓增长的大背景，唆使富国银行、格里芬地产（一家南加州企业）以及其他想要投标第三大街和米慎街项目的开发商进行竞价大战。 格里芬提议建造一栋 28 层楼高的大楼，美国银行（Bank America）是主要租户，提

[1] 斯蒂夫·梅西：《摩天大楼开发商改善提高》，SFC，1990 年 5 月 30 日。

供奢华设施和巨额补贴（包括超过最低要求的 500 万美元费用）。 这一提议让富国银行无法与之匹敌，而重建局也无法拒绝。 就像一条狗吐掉嘴里的骨头去抓水中的影子，重建局拒绝了富国银行，投入格里芬的怀抱。 然而，金融资本形势严峻，格里芬无法筹集大兴土木所需的资金。 美国银行撤出，不再租赁。 后来，富国银行用其项目资金——1 800 万美元——在加利福尼亚州的洛克林（Rocklin）购置了 127 英亩土地作为员工商务园区。 而本市嗷嗷待哺的大嘴依旧空空如也。[1]

　　总之，M 提案不可能推倒重来，也不能逆转曼哈顿化。 但是，在疲软的房地产市场，年度增长限额却有助于减缓新建摩天大楼的进度。 M 提案和市区规划鼓励本市土地利用规划人员在拣选为新的社会目标服务的项目时，可以变得更加苛求和挑剔——在富国银行一事中，则过于苛求和过于挑剔。 如果公共部门的胃口可以抑制，那么，新实施的增长控制规定也就可以削弱地方房地产市场的不确定和不稳定。 更加重要的是，它们改变了土地利用和开发政策制定的制度与文化环境。

反政体中的社区力量：思瑞富特药店事件

　　此次案例研究具有前/后"自然实验"的特点。 阿特·阿格诺斯当选市长之前和之后，不变的是思瑞富特公司（Thrifty Corporation）想要根据 M 提案优先政策指南获得规划委员会的有

[1] 对这一事件的讨论，参见托姆·卡拉德拉：《富国银行：旧金山，再见》，*SFE*，1991 年 10 月 13 日。

条件使用许可。　它所谋求的许可即在两个独立社区中建立连锁药店，第一个是本市著名的海特-阿希波利地区，第二个在日落区。　在这两个案例中，规划委员会的决议迥然不同，其原因在于规划委员会本身已大不相同：　前者是范斯坦执政时期的委员会，后者是阿格诺斯执政时期的委员会。　思瑞富特药店的传奇故事有很多有趣的地方，但是最重要的一点是：　如果没有权力和权威的支持，政策不过是一纸空文。　一切取决于做决定的人及其想法。　海特区发生的事情，有助于解释为什么本市的进步主义群体决定寻求政治权力。　日落区后来发生的事情则证实了他们的决定。

思瑞富特药店与海特区之争[1]

1987 年 6 月，全国大型连锁企业思瑞富特公司请求在海特-阿希波利社区商业区的租赁用地上新建一个可以辐射 5 275 平方英尺的药店。　社区居民和零售商强烈地反对思瑞富特的企业计划。　在海特-阿希波利社区联盟（HANC）的凯尔文·韦尔奇和海特-阿希波利保护协会（HAPS）的吉姆·罗阿德斯（Jim Rhoads）的领导下，抗议者征集到 5 000 人签名的请愿书，反对思瑞富特进驻社区。　他们还组织集会、举行游行以吸收盟友，同时博取公众对他们运动的支持。　一方面，他们坦率地

---

[1] 下面的解释在很大程度上借鉴了戴安娜·比克进行的参与——观察研究：《海特-阿希波利保护协会（HAPS）与思瑞富特公司之争：保护海特-阿希波利及旧金山其他社区的问题分析》（旧金山州立大学政治学系，未公开发表硕士项目报告，1987 年）。

（而且骄傲地）承认对所有连锁经营商业的"文化仇恨"
（Cultural animosity），一方面抗议领导者认为瑞斯福特药店会
赶走规模小、竞争力低的药店和商店，会加重交通和停车难
题，还会"侮辱"社区特色与传统。[1] 海特-阿希波利的居
民和零售商绝对算不上一致对外、同心协力反对新建药店。
他们中有一些人，尤其是新来居民认为，反-思瑞富特活动不
过是激进分子们妄图抵制必然变革、变海特为历史博物馆的鼠
目寸光的尝试。 不过，抗议者的确代表了喧嚣的大多数
群体。

104　　　为了与 M 提案的优先政策一致，规划委员会刚刚完成了对
旧金山总体规划基本部分和社区商业用地章程的修订。 关键变
化集中在目标八，即商业和工业部分，要求本市"维持并强化其
实可行的社区商业区域，方便当地居民"。[2] 为了便于在街区
施行这一政策，九个分区的新政取代了五个分区的旧政策。 新
的分区政策把旧政体的促增长文本熔铸到 M 提案优先政策缓增
长保存主义者的言辞中。 例如，一方面，M 提案规定"保存并
加强本市经济适用房存量"；另一方面，目标八的新政策要求本
市"在保护现存经济适用房存量和必需的商业扩张之间达成平
衡"。[3] 尽管新的分区政策紧抓 M 提案"保存并加强本市经济

[1] SFBT，1987 年 6 月 15 日。 引用评论是凯尔文·韦尔奇所说。 有关海
　　特-阿希波利的历史背景，参见查尔斯·佩里：《海特-阿希波利史》
　　（纽约：古典书局，1985 年）。
[2] 旧金山规划局：《重新划分社区商业区报告》，1986 年 12 月，第
　　7 页。
[3] 同上。

适用房存量"的精神和只言片语，同时基于目标八，本市还需要
"推进高水平的商业街区城市设计"。[1] 结合社区商业区规划
法律，要求提供海特地区所需的商品和服务，"平衡发展"和
"城市设计"与缓增长政策挂钩，使得思瑞富特的代理人有正当
理由在本市最时髦、最活跃的社区里新建一座大型连锁药店。

　　法律要求规划委员会就此案举行有条件使用权许可的听证
会，因为提议区域超过了该区域允许商用的 2 500 平方英尺的规
定。 规划局分区署长首先辩解称，由于该建筑已经获准在一楼
进行零售，举行听证会并非应尽义务。 但是，虽然规划时间一
拖再拖，委员会最后还是在 8 月 20 日召开了面向广大民众的公
开听证会。 规划委员会在听取了双方证词［包括思瑞富特高级
副总裁小罗伯特·亨利（Robert Henry, Jr.）、凯尔文·韦尔奇和
吉姆·罗阿德斯（Jim Rhoads）的演说］，以及在海特生活了很
长时间的居民要求否决思瑞富特的申请的慷慨激昂的演说之后，
委员会以六比一的投票结果通过了思瑞富特的申请，允许动工兴
建。 委员会中只有苏·比尔曼（Sue Bierman）投了反对票，她
称"小型零售商的日子会很难捱……海特地区没有一家企业付出
的广告费能够比得上思瑞富特"。[2] 正如一位评论家所说：
"很明显，委员会从大局出发，分析形势、做出决定时，（听证会
上）如此之多的居民所称赞的海特看不见摸不着的优良品质是最
无关紧要的。（分区署长罗伯特）帕斯莫尔（Robert Passmore）

―――――

［1］旧金山规划局：《重新划分社区商业区报告》，1986 年 12 月，第
　　7 页。
［2］引自比克：《HAPS 与思瑞富特之争》，第 17 页。

的话说得很明白，'你没办法依据社区特性制定法律'。 通行难和停车难的问题被当作'日后自有办法的问题'敷衍过去。"[1]与会众人无法接受投票结果。 很多人"向委员们扔文件、指名道姓责骂他们"。[2] 一位 HAPS 的领导抢过麦克风，大声喊："你们听听人民的声音！"还有人尖叫："你们到底怎么想的？ 你们有没有认真听我们说话？"吉姆·罗阿德斯从福瑞斯特的罗伯特·亨利身边走过时说："欢迎到社区来。"[3]

　　突然之间，M 提案带来的希望被委员会的决议撞得粉碎。从愤怒的海特区活动家的角度看，抗议和政策尚不足以阻止范斯坦市长的委员们给大公司一路放行，任由他们毁掉邻里社区。HAPS 和海特区其他群体不久就提起诉讼，质疑规划委员会是否有权力与 M 提案提出的优先政策背道而驰，赋予有条件使用许可权。 与此同时，思瑞富特药店则已经动工开建。 但是，在1988 年 9 月 21 日，一场大火把尚未完工的大楼夷为平地，人们怀疑是人为纵火。（大火同时也毁掉了周围的建筑，并迫使十余户居民迁出。）这一行为的政治意图非常明显。 HAPS 的领导者吉姆·罗阿德斯强烈谴责人为纵火，他声称："毫无疑问，我更

---

[1] 引自比克：《HAPS 与思瑞富特之争》，第 17 页。

[2] 杰拉德·亚当斯：《批评家抗议同意在海特区新建思瑞富特》，*SFE*，1987 年 8 月 20 日。

[3] 引自比克：《HAPS 与思瑞富特之争》，第 18 页。 亨利将会对本故事最终的结果非常震惊，但是，毫无疑问，他启动该项目的时候两眼瞪得很大。 甚至早在 6 月的时候，他就曾说："我们面对的是一个政治领导强硬的市区。 假如我们能够重新来过，我们将不会把海特区作为我们的第一入口。"（引自 *SFBT*，1987 年 6 月 15 日）

愿意打赢官司。""无论你怎么看，这都不是什么好事。"[1]

在给本市新任市长阿特·阿格诺斯的信中，思瑞富特公司的罗伯特·亨利写道："这次大火传递的信息即如果有人不认同申请程序的最后结果，如果本市的法律不能使个别群体满意，那么，他们就可以一把火烧毁大楼。"[2]阿格诺斯市长谴责纵火行为，但是，他拒绝与思瑞富特的行政人员面对面交谈，而是把任务委托给主管商务的副市长詹姆斯·何（James Ho）。 与何商谈无法保证旧金山以后能够阻止此类破坏活动。 思瑞富特公司决定不再在海特区重建大楼。[3]

把缓增长的精神献祭给自由企业，范斯坦市长的规划委员会再也挑不到更坏的地点（海特地区），或者更糟糕的时间（M 提案获胜才过去几个月）。 这一事件让很多社区平民主义者和缓增长进步主义者证实了他们早就知道的事情： 除非有地方政府权力和权威的撑腰，要么 M 提案宣称的价值和目标在实际中就全都一文不值。 只要范斯坦市长任命的委员仍然在位，新的优先政策就不过是一纸空谈。

思瑞富特药店与日落区之争

1990 年，思瑞富特公司再次向规划委员会提出了有条件使用权的申请，这一次是为了扩建在日落区的一家大型药店。 基

---

[1] *SFC*，1988 年 10 月 25 日。

[2] 同上。

[3] 同上。

于 M 提案的指导方针，经过漫长的审议和听证，如今，阿格诺斯市长任命的委员会，立足社区活动的委员占多数，他们最终以六比一的投票结果拒绝了思瑞富特的诉求。 委员会列举了规划中有悖于 M 提案的优先政策和其他的总体规划的规定。[1] 布雷特·格拉德斯通（Brett Gladstone）是代表日落区居民和零售商与思瑞富特斗争的辩护律师，他认为这一决议是 M 提案的胜利，并评论称 "M 提案终于在我们的社区和市区推行了"。[2] 思瑞富特的本地说客投入了大量的金钱、时间和心血（包括民意调查在内）试图阐明基于 M 提案的标准，该提议的经济合理性和社区相融性。 面对 M 提案，面对新的游戏规则，他们的挫败沮丧之感显而易见。 决议公布前一个月，他们中间就有人宣称："突然之间，我们发现自己已经身陷'旧金山人民共和国'。"[3]

结语

这些反政体的土地利用政策和发展规划集中在我们熟悉的市区和社区。 这也说明，新的缓增长机制对资本循环的钳制、疏导或分流资本的流向，以防止它侵入社区。 研究还表明，由哪一方来操控机制同样至关重要，即便是最优秀的操控方也可能麻痹大意。 在所有促使机制运作的人中，市长最为重要。 旧金山

---

[1] *SFC*, 1990 年 7 月 28 日。

[2] 引自同上。

[3] *SFC*, 1990 年 6 月 25 日。

进步主义者吸取了教训，这也是他们选举阿特·阿格诺斯的原因。阿格诺斯作为市长候选人承诺将会推行 M 提案，同时委任支持者掌握实权。在已经曼哈顿化的市中心金融区，阿格诺斯市长作为缓增长管理者所面对的任务相对简单。法律规则清晰，区域建设完善，资本压力已经退潮。在社区中，阿格诺斯可以信任他的委员们会在 M 提案的指导下做出正确的决定，即社区居民在保护和强化社区事务中拥有最终决定权。但是，在市区和社区之外，阿格诺斯则放开手脚，开展大规模的开发项目，这就是在玩文字游戏而背离了 M 提案的精神。这些区域包括辽阔的"中国盆地"、米慎湾地区以及七英里的滨水区。在"中国盆地"，阿格诺斯市长第一次露出了他的促增长爪牙，开始与缓增长选民分道扬镳。

第七章

保住咱们的巨人队："中国盆地"的强硬政治

看爪子，辨狮子。[1]

——佚名

1989 年，阿特·阿格诺斯市长和旧金山巨人队联合提议，想在本市滨海区被人称为"中国盆地"的地方建造一座崭新的棒球体育场，旧金山选民拒绝了这一提议。 体育场提议被否决，意味着 1994 年赛季结束之后——也可能会更早——巨人队几乎肯定会离开旧金山。 此次规划提案失利也预示了在之后的数月中，阿格诺斯试图在缓增长政治环境中推行促增长的方针，他将纠纷不断、麻烦缠身。 阿格诺斯为建造"中国盆地"体育场奔走忙碌，其行事风格与所行之事，都有辱他进步主义政治家的声誉，也令原本支持他的人非常恼火。 然而，阿格诺斯当时很为自己设法将巨人队留在旧金山所达成的"明智"协议感到骄傲。

鲍勃·卢瑞的饥饿游戏

在美国许多城市，职业球队可以为所在城市提供就业岗位、财政税收、休闲娱乐，还可使所在之城闻名全国。 一座城市的全国大联盟棒球队和足球队可以培养忠诚的市民球迷、提高市民自豪感，并形成强烈的公共归属感。 然而，抛开公私合作的说辞，为

[1] 原文：Ex ungue leonem；英文：From his claw one can tell a lion。

了更好地盈利，几乎所有的球队都施行公司制，同时注入其中的资本也越来越活跃。 只要球队老板认为在其他的城市更加有利可图，就会考虑把球队搬到那里去——或者，他们也可能只是虚张声势，要挟东道主城市从而获得更大利益。[1] 由于城市之间时常会发生争夺专业球队的竞争，因此，球队装装样子通常都会奏效。球队老板必然集万千宠爱于一身，支持者和政府官员为了"保住咱们的突袭者队"或者"保住咱们的白袜子队"——眼下是为了——"保住咱们的巨人队"——往往毫不保留、竭尽所能。

大富翁鲍勃·卢瑞（Bob Lurie）是旧金山巨人棒球队的老板。 他从小在旧金山长大，为了把巨人队留在旧金山，他 1976 年买下了俱乐部——毫无疑问，他这么做也是为了挣钱。 1980 年代初期，卢瑞就开始向戴安·范斯坦市长和其他市政官员抱怨烛台公园（Candlestick Park）面积太小，不够球队使用。 烛台公园由巨人队和旧金山"49 人足球队"（Forty-Niners）所共享。 烛台公园的位置靠近旧金山南部的海湾高速公路，距离市区五英里远。 它是全国棒球联盟中排名第二的又老又旧的棒球场，相关配套寒酸，缺少便利设施，也没有现代体育场常见的场地特许使用权。 它阴冷、漏风的臭名也并非虚传。 卢瑞告诉范斯坦市长，1994 年赛季结束以后，巨人队与本市的合约到期，他的球队将不会再继续在烛台公园进行比赛。 他要求在市区附近新建

---

[1] 见 S. A. 里斯：《城市游戏： 美国城市社会的进化与运动的崛起》（乌尔巴纳： 伊利诺伊大学出版社，1989 年）。 另见约翰·佩里塞罗、贝斯·亨坤和爱德华·西德劳：《城市政治事务与体育特许经营权： 以芝加哥为例》（1990 年 8 月 30 至 9 月 2 日在旧金山举办的美国政治学协会的年会提交论文）。

一座小型的现代化的棒球场。　与此同时，他也向其他城市抛出橄榄枝来做巨人队的东道主。　圣何塞市和圣克拉拉市都急缺一支特许经营球队，两市市政领导很快就作出回应，早在1985年就开始动员支持者，并提交规划提案。　到了1986年中，范斯坦市长肩上的压力越来越大，她需要想办法为卢瑞的球队在市区新建一座体育场，否则将不得不背负"弄丢巨人队"市长的骂名。

　　范斯坦市长及其顾问们为了满足卢瑞的要求，面临了许多问题。　由于交通堵塞越来越严重、增长限制已经颁布，以及可开发土地急缺，为新体育场选址将不是件容易的事。　筹措购置土地的资金、平整场地以及兴建体育场都将困难重重，如果需要数额巨大的政府补贴更是如此。　体育场支持者在政治上可能会遭到财政保守派、社区保护主义者和缓增长进步主义群体的阻挠。当时的民意调查显示，登记选民大多数都反对新建体育场替代烛台公园的规划提案。　仅仅半数选民表示兴建新的体育场是个不错的主意，"只要纳税人不为此买单"。[1]

————

[1] 上述结果基于1986年6月19日至23日，由本地政治顾问大卫·宾德所作的对416位注册选民进行的电话抽样调查。（1）问题："有人提议称本市将为巨人队新建一座体育场以取代烛台公园。　有的人说，我们需要新的棒球场，因为烛台公园又冷又漏风，旧金山不能没有自己的职业棒球队。　还有人说，新建一座棒球场将最终由纳税人承担费用，而且还会使交通拥堵更加严重。　您认同哪一种观点——应该新建棒球场还是不建呢？"结果：26%同意，65%反对，还有9%犹豫未决。（2）问题："如果纳税人不需要承担费用的话，新建一座棒球场将会是个好主意。"结果：55%同意，40%不同意，5%犹豫不决。　完整报告，参见大卫·宾德：《市区体育场或许取决于由谁出钱》，《小报》，1986年7月9日。

考虑不周又大而无用：W 提案

1987 年，范斯坦市长领导的体育场工作在波特雷罗山附近的第七大街和汤森德街为巨人队球场找到了新址。 选址靠近市区，鲍勃·卢瑞非常满意。 项目规划提出新建一座可以容纳 42 000 人的体育场，预估造价 8 000 万美元。 圣达菲太平洋房地产公司拥有这块土地，但是估计他们会主动捐出。 大多数建设资金将来自特许经营公司、豪华包厢销售、广告收入、场馆租赁费用，以及私人捐赠。 其他资金来源还包括由私人资金担保的租赁收益债券和游客支付的城市酒店税收构成的政府补贴。[1]

卢瑞原本计划支持第七大街和汤森德街体育场规划，但是，他坚持要求在进一步行动之前，了解民心所向。 考虑到一年前刚刚通过的 M 提案所提出的增长控制措施，以及旧金山市民是巨人队球迷的仅仅占 15%，政治上小心谨慎似乎也是必需的。 正如巨人队副总裁克里·布希（Corey Busch）所解释的："我们需要造势。 事态发展到了死胡同，如果要投入私人

---

[1] 租赁收益债券由公共机构发行，并由租赁费用专项收入支付——迥异于需要抵押本市信贷的一般责任债券。 这种"预算外融资"作为一种在财政压力之下推进大规模发展项目的手段，在美国的城市中越来越流行。 见查尔斯·艾布拉莫斯：《城市的语言：术语表》（纽约：阿文图书，1971 年），第 27—28 页，对公共债券有整体的讨论。 另见伯纳德·J. 弗里登和林恩·塞加林：《市区公司：美国如何重建城市》（波士顿：MIT 出版社，1989 年），第八章和第十二章，对包括租赁收益债券在内的专门的预算外融资技巧进行讨论。

资金，我们需要知道民众的意愿。　最好的方式就是公开投票。"[1]为了回应这一诉求，在 1987 年 11 月 3 日的投票活动中，范斯坦市长和监察委员会正式宣布了该政策（W 提案）。问题非常简洁："不花市政一分钱，不增加赋税，而且所有负债由非税收资金偿还，是否要在第七大街和汤森德街新建一座棒球场呢？"

　　W 提案提出的建议措施的重大缺陷在于它无法令人信服。假如不是纳税人为体育场买单，又会是谁呢？　既然可以预知，即便没有新建棒球场，市区街道交通拥堵状况也会更加严重，那么，如何应对工作日比赛，尤其是高峰时段增加的成百上千辆汽车呢？　支持新建体育场的群体无法对这些显而易见的问题给出明确的答案。　反对新建体育场的群体则可以肆意揣测最坏的情形。　当波特雷罗山的居民知道他们将饱受体育场之害：　交通、噪声，以及商业开发的袭扰；他们组织起来，形成规模，驳斥了W 提案。　州议会议员阿特·阿格诺斯加入到他们的队伍中，当时，他还是市长候选人，正在组织草根竞选活动，着力强调社区保护的重要性。　阿格诺斯批评第七大街和汤森德街体育场规划提案"完全是累赘，在政治上考虑不周，完全没必要，也没有人想要，这会造成交通堵塞、浪费金钱，导致体育场根本无法运转，对巨人队毫无裨益，对市区毫无用处，而且几乎没有停车位"。[2] 阿格诺斯竞选市长过程中，几乎绝口不提自己支持新

---

[1] 引自《小报》，1987 年 8 月 19 日。
[2] 反对 W 提案的声明发表在 1987 年 11 月 3 日旧金山综合市政选举的选　民信息手册上。

建一座体育场，在他那本广为流传的竞选手册中也没有对此留下
只言片语。 此时，进步主义选民有充分的理由相信如果阿格诺
斯当选市长，他将会与鲍勃·卢瑞抗争到底，绝不屈服于他的任
何无理要求。[1]

　　11 月 3 日，旧金山选民以 53 比 47 击败了 W 提案。 退一步
讲，这并非是卢瑞所期待的民心所向。 他很快就搁置了市区体
育场规划，并转向跃跃欲试的圣何塞市、圣克拉拉市及其他城
市，寻求更佳提案。 为了证明他并非虚张声势，他为圣克拉拉
市体育场规划的市场调研活动资助了 200 000 美元。 桑尼维尔市
市长拉里·斯通（Larry Stone）主持南湾区体育场工作组工作，
他说："传达给我们的信息是'如果你们没搞砸，就是你们的
了'。 他们（巨人队）说如果我们能做成，就是我们的。"[2]
1988 年夏，市场调研表明：棒球场若建在圣克拉拉市，将可以
吸引整个湾区的球迷。 调研结果公布后，卢瑞就公开支持南湾
区规划方案。 如今，圣克拉拉市的支持者占到了吸引巨人队的
有利位置。

阿格诺斯市长上台

　　刚刚入主市长办公室，阿格诺斯市长就迅速地做出最后的努
力，说服卢瑞把巨人队留在旧金山。 1988 年 9 月底，阿格诺斯

---

[1] 1987 年 11 月 3 日支持阿格诺斯的分区投票与 W 提案的投票之间的关
联性为−0.30。
[2] 托马斯·G.基恩：《与开发商缔结合约有助于推动交易》，*SFC*，1989
年 7 月 29 日。

秘密会见卢瑞，提议在"中国盆地"的第二大街和国王街建一座可以容纳 45 000 人的棒球场。卢瑞被阿格诺斯的提议打动了，鼓励他促成"中国盆地"规划提案。但是，他还时刻保持警惕，他非常清楚一年前阿格诺斯曾经非常反对在第七大街和汤森德街新建体育场，此地与"中国盆地"选址仅仅隔了五个街区。然而，阿格诺斯作为市长候选人，在竞选后期就向市区商业精英保证自己会关照他们的利益，并将与他们通力协作促进本市的经济发展。现在机会来了，阿格诺斯市长可以兑现自己的承诺。不管是哪一种发展策略——尤其是本地经济如此依赖服务业和旅游业——来说，失去巨人队都将是一记沉重的打击。同样显而易见的是，阿格诺斯与他的前任范斯坦一样焦虑，不愿背负"弄丢巨人队市长"的骂名。因此，尽管阿格诺斯此前曾表示坚决反对，他的反商业立场也名声在外，但是，对卢瑞来说他的整个"中国盆地"计划却似乎是可信的。此后的事态发展证明他对市长没有看走眼。

卢瑞宣布他将于 1989 年 7 月，在南湾区和旧金山体育场规划之间做出选择。最后期限分别给两个宣传小组一年的时间完成详尽规划。尽管南湾区工作组在这一段竞赛中一度抢得先机，但是，阿格诺斯市长的由 12 位成员组成的体育场特别工作组动作迅捷，旧金山再次领跑。阿格诺斯团队中的两位重要成员分别是前规划委员托比·罗森布拉特（Toby Rosenblatt）和规划局局长迪恩·马可里斯（Dean Macris）。他们的策略是：规划伊始就与开发商签约，整合出一套完善的协议，这一点对卢瑞来讲非常有吸引力。一位促成交易的内部人员后来回忆称："我们从一开始就把各方各面组织在一起——租户、施工方和政府。

我们能够遥遥领先，这一策略至关重要。"[1]

　　1989 年 2 月 3 日，阿格诺斯市长宣布他的工作小组选择斯波克塔科管理集团作为体育场项目的开发商。斯波克塔科是一家总部设在费城的开发商公司，挤掉了两位竞争对手，赢得竞标，它之所以可以获胜除了它名声在外、享誉国内，并且善于促成此类的交易，还因为它有一个完备的计划，可以在建造和运作"中国盆地"体育场过程中减轻本市财政负担。斯波克塔科的公司业绩令人眼前一亮。它建造了迈阿密的乔·罗比体育场。该公司的设计团队是堪萨斯市 HOK 运动体育设施小组，他们刚刚在布法罗建造了一座体育场，眼下正在巴尔的摩和圣路易斯建造体育场。斯波克塔科的承建商胡伯、亨特和尼古拉斯公司，建造了辛辛那提的滨河体育场和路易斯安那的穹顶体育场。斯波克塔科还主持操刀了旧金山的莫斯康尼中心，因此，斯波克塔科在当地的名气也不小。斯波克塔科的最初方案是在"中国盆地"建造一座耗资 2 亿美元的棒球体育场和室内体育场（后来，室内体育场规划被取消）。本市将提供新建体育场用地。由于这片土地为旧金山港和加利福尼亚交通部共同所有，因此，土地交易将非常复杂，但却并非绝不可能，如果州土地委员会能允许土地交换的话，更是如此。由于规划场地距离岸线不足一百英尺，因此，旧金山还需要获得州政府和联邦机构的许可。旧金山还被要求发行 5 000 万美元的免税工业债券，并须在 30 年内还清。由斯波克塔科而不是纳税人承担支付证券的风险。随后将由市

[1] 托马斯·G.基恩：《与开发商缔结合约有助于推动交易》，*SFC*，1989年 7 月 29 日。

政部门与斯波克塔科进行独家谈判,制定其他的细节金融问题的最终方案。[1] 如果卢瑞同意规划,那么,旧金山人将在1989年11月的选举中进行投票表决是否接受该规划。

阿格诺斯市长及其工作组在与斯波克塔科谈判之际,南湾区体育场工作组则开始在争夺巨人队的比赛中频频失误。 圣克拉拉市议会的一些成员有些举棋不定: 为了一支球队的特许经营权,拱手让出一百英亩市区土地,而且众人皆知,球队带来的经济效益实在是微薄。 此外,对南湾区体育场管理安排——涉及桑尼维尔市、圣克拉拉市、圣何塞市和圣克拉拉县代表共同参与的联合管理机构——似乎非常复杂、难以运作。 显然,卢瑞及其顾问也有如此看法。 记者托马斯·基恩写道:"巨人队(对联合管理机构)心生惧意、畏葸不前,他们担心行政官僚纠缠不休,会把交易弄得像捂着眼睛拼图一样麻烦。"[2]

随着旧金山与南湾区的竞争愈演愈烈,有评论家开始说出一些普遍的疑虑: 卢瑞怂恿南湾区规划方案仅仅是把他当作筹码,迫使旧金山按照他的要求建造一座市区体育场。 圣克拉拉议员戴夫·德罗奇恩(Dave Delozion)评论说:"我感觉卢瑞先生在利用我们,把我们当成任由他拿捏掌控的老相好。"[3]卢瑞及其助手自始至终都不承认有如此不可告人的动机。 例如,巨人队的副总裁克里·布希坚称:"如果我们真的只是想给旧金山煽风点火,我

[1] 本市与斯波克塔科合约的细节内容引自同上和托马斯·G.基恩:《市长回应体育场质疑》,*SFC*,1989年2月4日。

[2] 基恩:《与开发商缔结合约有助于推动交易》。

[3] 雷·泰斯勒和托马斯·G.基恩:《体育场决议中的政治》,*SFC*,1989年8月14日。

们大可以对丹佛、凤凰城，以及其他所有渴望大联盟球队的城市
敞开大门。"[1]阿格诺斯市长也想要平息这样的疑虑："我可以
告诉大家，在谈判过程中，鲍勃·卢瑞从来都没有把我们跟圣克
拉拉比较。 我们提出了规划方案，他也没有把我们的方案拿到圣
克拉拉市去谋求更大好处。"[2]尽管阿格诺斯如此仗义执言，
但是，外界对卢瑞的真正动机的怀疑从来都没有停止。

卢瑞的选择

112　　　到了 7 月，越是临近卢瑞做决定的日子，各方猜测越是层出
不穷。 卢瑞会选旧金山还是圣克拉拉呢？《纪事报》记者雷·
泰斯勒和托马斯·基恩用下面一段话来表述这一选择："巨人队
离开曼哈顿来到金门已经 30 年了，悬而未决的倒计时已经开
始，终将决定威利·梅斯和左撇子奥多尔之城是否仍旧是大联盟
之城。"[3]尽管内部传言南湾区体育场计划已经泡汤了，但
是，《圣何塞水星报》的编辑们依旧自信满满，卢瑞的决定将符
合他们的心意："其他的孩子在玩游击手的时候，（南湾区的孩子
们）摆弄真空试管和滑尺……要是他们现在成了大联盟棒球队的
老板——那难道不是书呆子的甜蜜复仇吗？"[4]圣克拉拉山谷
巨人队粉丝俱乐部向卢瑞呈递了一份 15 000 人签名的请愿书，
恳请卢瑞把巨人队迁至南湾区。 与此同时，旧金山的"中国盆

---

[1] 基恩：《与开发商缔结合约有助于推动交易》。

[2] *SFC*，1989 年 8 月 14 日。

[3] 泰斯勒和基恩：《体育场决议中的政治》。

[4] 同上。

地"体育场支持者也集中力量、振作精神。　数月之前，旧金山棒球场联盟组建成立，旨在为"中国盆地"规划背书和获得民众支持。　商会消除了多年的内部纷争，团结一致，支持体育场规划。　棒球场联盟的主席芭芭拉·巴格特（Barbara Bagot）对此感到非常欣喜："面对这一问题，我们需要商业群体挺身而出，现在，我们如愿以偿。　我们团结一致，拧成一股绳。"[1]监察委员会委员温迪·内尔德（Wendy Nelder）强烈要求委员会成员一致支持"中国盆地"规划方案，并解释称"卢瑞先生对旧金山情深义重，但是，他毕竟是商人，也不得不做出选择"。[2]监察委员会以八比二的投票结果通过了规划方案，表达了强烈支持，尽管最终结果并非是人们所期望的全体一致。　监察委员会委员汤姆·谢（Tom Hsieh）和理查德·洪伊斯托（Richard Hongisto）投出两张反对票。

　　洪伊斯托在解释自己所投的反对票时，表达了财政平民主义的主题思想，后来它将进步主义与保守派联合起来，反对"中国盆地"体育场："（巨人队）追逐金钱，一直想窃取本市的财富。　如果我们想留住巨人队，我们就要认清现实，我们已经有一座体育场了。　或许，它不够理想……但是，它是我们买来的，我们已经付清了钱。"[3]就在他说话的时候，乔·文特雷

---

[1] *SFC*，1989 年 4 月 15 日。

[2] 同上。

[3] *SFC*，1989 年 7 月 18 日。　有关旧金山和美国其他城市中"财政平民主义"（经济保守主义与社会自由主义的结合）的崛起，参见特里·尼古拉斯·克拉克：《新一代精明市长》，《华尔街杂志》，1985 年 6 月 10 日，以及特里·尼古拉斯·克拉克和洛娜·弗格森：《城市金钱：政治程序、财政紧缩和削减开支》（纽约：哥伦比亚大学出版社，1983 年）。

斯卡（Joel Ventresca）以及其他反对市区体育场的人正在征集签名，将在 11 月的投票选举中提交创议（即 V 提案），要求本市采取措施，由私人出资修缮烛台公园，作为"中国盆地"规划的替代方案。

　　很多原来支持阿格诺斯的人，都因为他在棒球场争议问题上的态度大逆转而大吃一惊。 有人开始质疑他的进步主义身份是否可信。"旧金山明天"的主席杰克·莫里森（Jack Morrison）是"中国盆地"规划的主要的批评者，他评论说："在现阶段，我不认为我们对（阿格诺斯）的支持有任何风险，但是，我们实在是非常失望。"[1] 伊丽莎白·博伊罗（Elizabeth Boileau）曾经在阿格诺斯市长竞选中担任过选区队长，她推测市长"不得不争取市区集团和企业势力的信任……我想他现在要面对不同的选民并作出回应，同时，我认为，（在"中国盆地"体育场问题上）他将会损失一些（支持者），有些人对社区事务真的有非常强烈的感情"。[2] 阿格诺斯回应人们的牢骚不满，他恳请进步

──────

[1] 托马斯·G.基恩：《阿格诺斯为什么押宝体育场》，*SFC*，1989 年 7 月 10 日。

[2] 同上。 阿格诺斯入主市长办公室第二年初，选民转变的迹象就已经开始出现了。 例如，他在第一次发表"市情咨文"中宣布"市政体消极对待商业规划的日子一去不复返了，取而代之的是对全体旧金山人有利的积极规划安排"。 规划安排其中的一项内容即提议研究把"中国盆地"作为新的巨人队棒球场的可建场地。 另一个是远东地区旅行规划，允许阿格诺斯寻求与环太平洋国家商务合作机会与贸易协定。 听完阿格诺斯的演讲，商会执行董事约翰·雅各布森评论称他对"（阿格诺斯）强调商业需求非常惊讶同时也非常高兴。 我必须承认，我们之间存在着绝对的差异，但是，他却随时准备着推进商业发展"。（见托马斯·G.基恩：《阿格诺斯论商业与棒球》，*SFC*，1988 年 （转下页）

113

主义批评者"耐心等待,了解细节再做决定"。 紧锣密鼓协商中的结果很快就会向公众公开,耐心终有回报。"我认为,我们能够给选民一些明智的建议,"他说,"我认为,我们将赢得 75 比 25 的投票结果。"[1]

7 月 27 日,阿格诺斯市长、鲍勃·卢瑞和斯波克塔科副总裁唐·韦伯宣布他们签署了正式协议,在"中国盆地"新建一座可以容纳 45 000 人的棒球体育场。 这项协议要求本市向斯波克塔科提供 12.5 英亩的建筑用地,每年 200 万美元,共计 10 年,用于支付运营成本,每年 100 万美元,共计 10 年,作为贷款,25 年连本带息还清。 本市公共事业委员会拥有的土地将被用来交换港口和州政府共有的建筑用地。 每年需要支付的 300 万美元主要来自本市的酒店税收。 资金来源确定后,旧金山还需要建造一座可以停放 1 500 辆车的多层停车场。 作为回报,旧金山将获得体育场每年 20% 的营业利润,40 年的租赁合约到期后,将获得棒球场的所有权。 斯波克塔科将利用开发商担保的产业收入债券建造造价 9 500 万美元的体育场,同时也要承担一部分运营成本。 作为回报,斯波克塔科将获得一份不对外公开的棒球场收入份额,主要来自 VIP 座席、广告、豪华包厢、租赁以及

(接上页)10 月 4 日。)事实上,阿格诺斯的远东之行都有旧金山商业领袖的陪同。 不少人称,此次旅行加强了市区商业群体在经济发展问题上对阿格诺斯的接纳。 例如,商会执行董事雅各伯斯的继任者杰拉德·纽法默评论说:"商人们(对阿格诺斯的感情)从单一的仇视变成了复杂的感情。 近来有些事务我们能够携手合作。 亚洲之行非常重要。 对参与者来说这是真正缔结感情的经历。"(引自格伦·迪基:《体育场是"好事"》,SFC,1989 年 7 月 17 日。)

[1] 迪基:《体育场是"好事"》。

赞助商冠名所获利润。 对卢瑞来说，他将会放弃一部分由租赁、豪华包厢之类的不对外公开的收入份额，并承担棒球场安保、票务代理、球员薪资以及其他雇员工资的费用。 作为回报，他将获得市区棒球场的使用权，并将获得票务销售和电视转播所得利润的大部分。[1] 同时，卢瑞得以豁免体育场房地产税，也不被要求用他本人的财产安装场馆设施。 他也不需要公开与斯波克塔科的利润分红附加协议。

　　竞标结束了，或者说看起来结束了，旧金山赢了。 圣何塞早在数年前就超过旧金山成为本州的第三大城市，却不得不将就凑合本市的小联盟棒球俱乐部——圣何塞巨人队。 可以在马克·普迪（Mark Purdy）的《圣何塞水星报》头版社论中看到失败的痛楚： 我们"阿特·阿格诺斯骗人的万灵油赢了。 再一次，南湾区被旧金山的装腔作势当面摆了一道"。[2] 普迪写下这些尖酸刻薄的话时，没办法预见市长骗人的万灵油会对进步主

114 义的政治之躯造成毒副作用。 还不到 11 月的投票选举，竞标就没有结束，是旧金山的选民而不是鲍勃·卢瑞才最有发言权。

一次"明智"交易？P 提案运动

　　"中国盆地"体育场交易公开不久，《检察官报》的社论就赞同阿格诺斯，称这是一次"明智"的交易——"北美最明智的

----

[1] 上述交易内容及其他细节见托马斯·G. 基恩：《巨人队与阿格诺斯展示体育场规划》，*SFC*，1989 年 7 月 28 日。

[2] 《圣何塞水星报》，1989 年 7 月 27 日。

交易"。 该计划的细节——不管怎么说，大部分——人人都可以见到。"两年前，（旧金山人）投票否决了一份不规范的市区体育场规划提案。 现在这个*很规范*，满篇细节，没有任何麻烦。"[1]反对体育场的人将会同意"中国盆地"体育场规划相对规范，也会反对没有任何麻烦的说法。 事实上，公开的详细资料暴露了具体的缺陷，将会被批评者牢牢咬住： 交通拥堵加重、侵蚀旅馆税收，以及摧毁"中国盆地"地区发展轻工业和修建经济适用房的长期计划。 或许，对进步主义批评者来说，最令他们不安的根本问题是*谁*规范了这一次"很规范"的交易。阿格诺斯市长与卢瑞和斯波克塔科进行私密、见不得人交易的独断专行风格颇有几分精英分子代替人民的交易，却不是由人民自己做交易的意味。 杰克·莫里森评论说："我们对市长继续推进这一规划深感失望。 这一规划，与市长承诺的社区一致和合理土地利用的目标背道而驰。"[2]

8月9日，阿格诺斯市长要求选民登记处在11月选举中提请一份规章提案（P提案），将正式通过本市与卢瑞和斯波克塔科管理集团之间的协议。 同样出现在此次投票中的还有V提案和S提案，前者是由市民发起、改善烛台公园的宣言，后者是市民发起的针对刚刚通过的家庭伴侣法案的全民公决。 阿格诺斯以及监察委员会大多数委员修订了烛台公园的租约合同，如果选民否决了P提案，则允许巨人队立即撤出旧金山，进一步展示了市政官员竭尽全力满足卢瑞的要求。 这一行为恰如失火的大桥，

[1] *SFE*，1989年7月30日。
[2] *SFC*，1989年7月28日。

阻断了选民的期望： 1994 年原始租约到期以前，卢瑞会改变对烛台公园的想法。 对一些评论家来说，这是敲诈行为，毫无疑问就是敲诈，在忿忿不平的选民中造成了事与愿违的结果。[1]

阿格诺斯市长全身心地投入到 P 提案工作中，支持和反对他的人都注意到了他的满腔热情。《纪事报》发表社论支持体育场提案，称阿格诺斯是"真正的战士"，"就像一年半前他竞选市长一样，为"中国盆地"的体育场活动奔波"。[2] 得益于市长选举决选中的压倒性胜利，阿格诺斯有了更多的政治资本，可以迎合棒球俱乐部大富翁老板，即便此举会有失掉一部分进步主义支持者的风险。 市区商业、公司企业和其他的赞助人采取不同的形式，资助 P 提案运动： 总金额超过 880 000 美元，其中 86 359 美元来自斯波克塔科管理集团。 反对方投入共计 130 000 美元。[3]

阿格诺斯热切呼吁支持他的人和选民"保住咱们的巨人队"，维护旧金山的大联盟城市地位，除此之外，他的 P 提案运

[1] 监察委员会委员比尔·马厄及其他人努力说服委员会撤销租约修订，最终陷入僵局。 见吉姆·卡斯尔伯里：《V 提案让本市恢复原样》，《旧金山独立报》，1989 年 11 月 15 日。"中国盆地"体育场的缓增长反对者们普遍都认为卢瑞和阿格诺斯勒索未遂。 例如，最近对 P 提案选举运动的分析中，旧金山每天的领导者皮特·莫兰写道："人们认为 P 提案是'强迫选民接受的'……包括使巨人队免受烛台公园租约限制的协议也是毫无用处。 这一招，或许会适得其反，留下了'勒索'的影响，如果选民们不同意通过 P 提案，那么巨人队将会立即撤出本市。"参见《"旧金山明天"提议拯救旧金山的巨人队》，未公开发表论文，1991 年 10 月 14 日。
[2] SFC，1989 年 8 月 16 日。
[3] 财富披露数字引自 SFC，1990 年 2 月 1 日。

动的主要议题是经济发展。 如果从 1994 年开始，旧金山失去烛台公园的大租客巨人队，本市每年的财政损失约 700 000 美元。[1] 然而，如果说服巨人队留在新棒球场并进行比赛，本市最终将投入不到 1.01 亿美元，预估收益在 1.7 亿美元到 21 亿美元。[2] 新体育场的建造和运营都会创造新的工作机会，除此之外，预期净收入可以确保本市财政的长期稳定，还可以扩大可利用资源，投入到艾滋病防治、经济适用房建设，以及其他社会需求。 在阿格诺斯市长看来，任何有可能为本市带来经济效益的交易，都是明智的，考虑到当时的财政赤字和联邦援助缩水，更是如此。 经济发展主题不仅可以打动市区商业精英，还可以打动少数族裔群体和工薪阶层选民。 乔·阿里奥托、戴安·范斯坦以及其他市长过去都曾利用促增长的论点，赢得选民对大规模发展项目的支持。 或许，相同的论调也可以为阿格诺斯所用。[3]

　　"对 P 说不"活动的领导者是杰克·莫里森和吉姆·福斯，他们都来自旧金山优先规划（SFPP），这是一个伞状结构组织，其成员大都是环境保护主义者和社区保护主义者，曾在 1986 年

[1] 预估数值来自娱乐和公园局研究，引自《旧金山独立报》，1989 年 11 月 15 日。
[2] 数字取自自由监察委员会预算分析员哈维·罗斯准备的预估数值，引自 SFE，1989 年 11 月 5 日。
[3] 有意思的是，前市长戴安·范斯坦非常克制，在"中国盆地"提出体育场提案问题上并不表态，同样采取如此做法的还有阿格诺斯市长的政敌州参议院议员昆汀·科普。 由于少了两位关键政治人物的支持，或许给"对 P 说是"运动造成了不少的选票损失，尤其是太平洋高地的上层自由派和西山区的保守主义业主。

支持 M 提案，在 1987 年打败 W 提案。 与 SFPP 一道反对提案的还有： 旧金山明天、旧金山社区联盟（代表全市 57 个社区）、各种各样的波特雷罗山市区和商人协会、旧金山纳税人协会、"对 V 说是"（烛台公园修缮规划）运动的组织者、著名市民领袖詹姆斯·哈斯（James Haas）以及监察委员会委员理查德·洪伊斯托。

反棒球场运动早期由熟悉的缓增长和社区保护主题所主导，并受到年长的房屋业主财政保守主义者的影响，他们认为，仅仅为了取悦鲍勃·卢瑞，没有令人信服的理由，就把老旧但是功能完善的烛台公园换成新式的体育场。 反对棒球场的人引述规划委员会的研究，并称即使 20% 的球迷搭乘公共交通工具，也可以预见比赛日体育场地区的交通大堵塞。 规划方案中的多层停车场也难以满足越来越大的停车需求，必然会影响附近的社区居民。[1] 专栏作家沃伦·辛克尔把规划体育场戏称为"堵车场"，表达了人们心中的忧虑。[2] 阿格诺斯市长和规划局局长迪恩·马可里斯回应称，交通拥堵和堵车难题都是基于最坏情况的假想，附近米慎湾的开发规划，可以改善"中国盆地"地区的公共交通状况。[3] 但是，很多批评体育场的人认为这种乐观主义毫无根据，尤其是米慎湾规划不过是阿格诺斯等人的臆想，

116

---

[1] 提案体育场造成的交通和停车影响的相反观点，参见凯西·波多韦茨：《规划将严重依赖公共交通》，*SFC*，1989 年 7 月 29 日。

[2] 沃伦·辛克尔：《阿格诺斯市长的棒球数据》，*SFE*，1989 年 11 月 2 日。

[3] 见格伦·迪基：《阿格诺斯为新的棒球场进行日常竞选运动》，*SFC*，1989 年 8 月 14 日。

规划方案本身尚需选民的通过。

　　棒球场的支持者无法驳斥反对者所持的"中国盆地"棒球场会造成严重通勤和停车难题的观点，只好说他们鼠目寸光、粗俗土气。譬如，迪恩·马可里斯宣称"伟大的城市——巴黎、罗马和旧金山——永远都有停车难题，因为我们最看重的是生机勃勃、高楼林立的城市——可不是什么停车场"。[1] 阿格诺斯同样表现得不屑一顾："如果你想要田园牧歌式的生活，搬到（乡间小城）玻利纳斯（Bolinas）去吧。"[2]正如这些观点所示，迥异的城市观念互相抵牾。一种是满足资本需求，建造高楼大厦平地起的城市；另一种是满足社区需求，保护社区和美好生活。"中国盆地"成为新的战场，围绕土地利用和经济发展问题，促增长和缓增长双方展开旷日持久的论战。

　　阿格诺斯及其他的支持棒球场的人攻击"对P说不"运动是反发展的、反商业的。对此，"对P说不"的领导者多次强调，他们支持"中国盆地"地区的发展——但是，却不是棒球场规划构想的大堵车式开发。过去15年中，"中国盆地"地区一直有一套有序、严格的发展规划方案，但是，支持P提案的人对此无视，或者选择忽视。正如棒球场反对者詹姆斯·哈斯所说："选民面对的问题并不是是否要在'中国盆地'大兴土木，而是要建造什么。"[3]多年以来，社区群体、商业领袖以及本市规划官员在事关本地区发展重点的问题上达成了一致意见。当务之急

―――――

[1] 波多韦茨：《规划将严重依赖公共交通》。

[2] 基恩：《阿格诺斯为什么押宝体育场》。

[3] 詹姆斯·哈斯：《相比棒球场，选民选择住房》，*SFC*，1989 年 8 月 14 日。

是建造价格合适的住房以满足越来越多的市区职工的需求。 为此，南岸地区已经开辟出了重建区，同时，也批准建造有 700 个车位的停车场。 对林孔山（Rincon Hill）重新划区，以提高住房使用比率。 截至 1989 年下半年，森林城市开发商及其他的住宅开发商已经斥资超过 1.5 亿美元，建造超过 1 200 间住房单元。重建安巴卡迪罗铁路，中间为轻轨的规划已经获得批准。 开发商如哈珀集团（销售额超过 3.5 亿美元的运输公司）受到这些工作的吸引，也入驻该地区，购买、改造和修复老建筑，用作价格低廉的办公楼和商业空间。 林孔角-南岸咨询委员会组建成立，为重建局在本地的规划提供咨询意见，如今正在南岸地区推动经济适用房建设。[1]

117　　　总而言之，"中国盆地"并不是一片无人问津、荒无人烟的空地，它等待怀着世界城市愿景的野心勃勃的政客们去建造水泥森林。 它是本市最主要的增长中心之一，是新建住房基地，是吸引企业家的磁石，也是市民参与的合理规划和理性发展的典型。 哈斯指出，在与斯波克塔科达成交易之前，"巨大的'中国盆地'地区一直在按照既定发展计划进行合理有序的开发。 随后，莫名其妙的是，规划局长宣布在'中国盆地'公共所有的土地上建造一座 15 层楼高、跨两个街区棒球场。 这项规划决议既没有咨询顾问委员会的意见，也没有征求南岸地产所有人的同意。 这一决议，把该地区 15 年的住房开发规划抛在一

---

[1] 对范围更大的"中国盆地"地区的上述及其他发展的逻辑严密而又信息丰富的讨论，参见同上。 另见杰克·莫里森：《市区体育场规划并不比原来规划好》，*SFBT*，1989 年 5 月 22 日。

边"。[1]　由此，我们就可以理解，为什么在如此多"对 P 说不"的领导者眼中，体育场提案是破坏而不是促进地区发展、推动商业进步。　似乎有些好笑，阿格诺斯市长打着经济增长和地区发展的旗号，要把蒸蒸日上的社区深埋在水泥体育场下面。乔·布鲁姆是企业主联合会的领导者，联合会的办公地址靠近体育场，是原来的 MJB 咖啡大楼，从他的评论中，可以看到原本支持他的人的困惑、愤怒和遭到背叛的感情，"市政府曾经鼓励这一重要社区的经济发展，却也对毁掉它曾经助力的一切而承担责任，这将是一个不可饶恕的悖论"。[2]

　　社区活动者和环境保护主义者曾经是阿格诺斯市长进步主义联盟的一份子，他在制定 P 提案的运动策略时，一定预见到了他们会强烈反对。　这也可以解释为了强化促增长联盟，他为什么采取互投赞成票策略，寻求男同性恋和女同性恋社群支持。[3]S 提案是一项由市民倡议对刚刚通过的家庭伴侣法案进行全民公投，阿格诺斯承诺将为该提案拼尽全力。　S 提案的通过对男同性恋和女同性恋市民来说至关重要，他们大多数人倾向于把选票投给进步主义提案。　阿格诺斯要求本市男同性恋和女同性恋政治俱乐部的领袖及成员支持 P 提案，作为他积极支持 S 提案的回报。　大多数男同性恋和女同性恋选民都认同进步主义理念，愿

---

[1] 哈斯：《相比棒球场，选民选择住房》。

[2] 致编辑的信，*SFBT*，1989 年 7 月 17 日。

[3] 互投赞成票是一种投票传统形式，即如果 B 同意在（对 A 至关重要的）Y 问题上投票赞成 A 的方式，那么，A 在（对 B 来说至关重要的）X 问题上同意投票赞成 B 方式。　互投赞成票在立法机关被广泛采用，例如，加利福尼亚州议会。

意与环境保护主义者和社区活动家结盟反对这类提案。　但是，
阿格诺斯保证将会为 S 提案全力以赴，诱使至少一部分男同性恋
和女同性恋领导不再反对 P 提案。　阿格诺斯的运动口号是"互
相投票"，在竞选初期经常可以听到。　然而，互帮互助的直接
民主开始崩塌。　例如，男同性恋和女同性恋石墙民主俱乐部一
开始支持 P 提案，但是，后来当阿格诺斯拒绝在偏向保守的黑人
领袖论坛中推介 S 提案，他们也就不再继续支持 P 提案了。[1]
到了投票日，似乎阿格诺斯没能从进步主义联盟中撬动这块松松
垮垮的楔子。[2]

洛马·普雷塔大地震

118　　　10 月 17 日，距离选举日还有三周，大自然改变了政治轨
迹。　洛马·普雷塔大地震（规模 7.1 级）发生，横扫湾区，造
成了大面积建筑物被毁、数十人伤亡，数以千计的家庭流离失
所。　地震发生的时候，成千上万的球迷们正聚集在烛台公园，
观看巨人体育棒球联赛的第三节比赛。　地震撼动了老旧的体育
场，但是，仅仅造成了建筑细微的破损，没有造成重大的人员伤
亡。　可是在旧金山的其他地区，500 栋楼房被毁，其中超过 150

---

[1] 杰弗里·明特：《石墙不再支持棒球场》，《旧金山前哨报》，1989 年
　　10 月 5 日。
[2] 此次策略失败的另一个迹象是在选举投票一周前由泰奇纳公司进行的
　　民意调查。　全市范围内都有男同性恋和女同性恋选民支持 P 提案（比
　　例达 41%），但是，压倒性支持 S 提案（比例达 92%）。　参见《民调
　　发现棒球场是地震的受害者》，SFE，1989 年 11 月 1 日。

栋在市场南地区。　中央和安巴卡迪罗高速公路严重损坏，被迫关闭。　最严重的地震袭击发生在滨海区，该区建在垃圾填埋场上，许多建筑物崩塌或者烧毁。　湾区的总损失在50亿美元至60亿美元，仅旧金山的损失就预计达到20亿美元。[1] 阿格诺斯市长在应对地震危机展现出来的领导才能和应急能力，引起了全国人民的关注。　他叫停一切竞选活动，重新分配人员和物资，投入赈灾，面对危机情势毫不慌乱。　即便是批评他的人，也承认他尽职尽责、名副其实。　这是他身为市长的高光时刻。

　　但是，地震扬起的尘埃终于落定，在11月7日选举日数天之前，政治活动恢复常态，一切清晰可见，"对P说是"运动如今麻烦缠身。[2] 遭受地震袭击的居民还在挖掘碎石、评估损失、清点伤亡人数。　他们心事重重，满心都是安全问题、交通难题，也亟待救援。　城市一片废墟，要想说服选民如今正是机会，用本市财政资金在"中国盆地"新建的棒球场，需要施展不少政治推销技巧。　阿格诺斯市长接受了挑战。

　　距离选举日还剩下一点时间，有记者称"对P说是"运动的领导发出对"躁动不安的选民的低声召唤"。[3] 阿格诺斯与其他人都认为，建造"中国盆地"体育场可以从经济发展和精神风

---

[1] 地震损失和维修费用的详细预算估值出现在《地震余波：　一年之后》，*SFBT*，1990年10月15日。

[2] 菲利普·玛蒂尔：《地震重挫选举势头》，*SFE*，1989年10月29日。另见蒂姆·施莱纳：《地震改变了旧金山的选举投票》，*SFC*，1989年10月27日。

[3] 托马斯·G.基恩：《体育场运动开始了对选民的最后的默默召唤》，*SFC*，1989年11月1日。

貌两个方面，促使本市从地震创伤中尽快恢复过来。[1]《检察官报》社论提出："批准 P 提案能够向国际社会传递信号：旧金山回来了。"[2]反对派领导者吉姆·福斯对这种做法感到困惑不解，为何"将体育场置于本市重建的关键位置，事实上，现在还有很多建筑需要成千上百万的资金投入，才可以重新开发使用"。[3] 阿格诺斯为了回应批评他本末倒置的声音，在格莱德纪念教堂召开新闻发布会，并在会上引荐西塞尔·威廉姆斯牧师、米切尔·奥梅伯格、罗伯特·阿齐腾伯格及其他著名的社会服务领导者，他们都支持 P 提案，并认为它可以为旧金山市政项目提供新的资金，帮助"旧金山无家可归的人、受苦受难的人，还有我们深爱的人"。[4] 为了反驳体育场建在垃圾填埋场上不

119 安全的说法，"对 P 说是"的领导者指出，金融区许多高层建筑也都建在填埋场上面，但是，他们都毫发无损地挺过了地震，原因在于它们的地基都深深地打在基岩上。 同样的工程技术也将用于"中国盆地"棒球场。[5] 尽管接受了这样的说法，对"对 P 说不"运动持怀疑态度的人还是很疑惑：为什么"中国盆地"体育场的预估造价比那些并不需要如此复杂昂贵的工程技术的体

---

[1] 例如，见阿特·阿格诺斯：《拒绝悲观》，*SFE*，1989 年 11 月 6 日。

[2] *SFE*，1989 年 10 月 29 日。

[3] 引自基恩：《体育场运动开始了对选民的最后的默默召唤》。

[4] 上述是威廉姆斯的话，引自凯西·波多韦茨：《社会服务领导者支持旧金山新建棒球场》，*SFC*，1989 年 11 月 3 日。"对 P 说不"的领导者吉姆·福斯反问道："这些（社会服务工作）人怎么会有时间压下手头的事支持棒球场公园却不做好本职工作呢？"（引自同上）

[5]《P 提案：旧金山说是》，*SFE*，1989 年 10 月 29 日。

育场的造价还要低。[1] 《湾区卫报》的社论整理了震后反对体育场的言论，并进而对促增长的经济发展愿景进行范围更广泛的攻击："整个的阿格诺斯/前任市长/时间线——旧金山的未来必然与像市区体育场一样宏大的新建工程联系起来——反映了他们拒绝认清现实……（这次地震）警示我们，本市有些地方并不是那么适合全面开发，金钱手段和政治力量或许可以驱动规划委员会，不过，面对板块构造它们一点用都没有。"[2]

热门骗文操纵事件

距离选举日还有四天，一个叫作"要 V/不要 P"的新委员会组织凭空出现，他们向全市选民派发反对体育场的宣传邮件。邮件写着"现在时机未到"，还附有地震破坏的图片。"要 V/不要 P"委员会的出现对其他竞选活动的组织者来说实在是出乎意料。 邮件提到历史学家凯文·斯塔尔担任新委员会的主席，并负责财务工作，但是，该组织其他信息人们所知不多。 从来没有人填写选民登记处的表格。 该组织的历史、赞助人以及资金来源全都不为人知。 SFPP 领导者杰克·莫里森知道"要 V/不要 P"委员会的存在时表示："我刚刚才知道。"[3]埃德·麦戈文是"对 V 说是"竞选活动的经理人，他认为"事有蹊跷"，进

---

[1] 安德鲁·纳什：《我们不需要》，*SFE*，1989 年 11 月 6 日。

[2] 《P 提案与增长限制》，*SFBG*，1989 年 11 月 1 日。

[3] 引自埃里克·布拉奇：《新邮件激怒棒球场支持者》，*SFE*，1989 年 11 月 5 日。

一步说宣传邮件可能违反了加利福尼亚州公平政治活动要求财务公开的规定。[1]

不久之后，支持棒球场的人得知制造和分派"要 V/不要 P"宣传邮件耗资 25 000 美元，其中一半来自格莱格·卢肯比尔（Gregg Lukenbill），对此他们非常愤怒。卢肯比尔是萨克拉门托的一家开发商，同时也是萨克拉门托国王棒球队的合伙人。卢肯比尔曾经建造了国王队训练场，当时正在萨克拉门托修建一座多用途体育场，吸引大联盟足球队或者棒球队进驻本市。[2]选举日当天，《检察官报》头版社论谴责宣传邮件是"想抢走巨人队的萨克拉门托煽动分子的诡计"，是"卑鄙无耻、蛊惑人心，同时也极不准确的热门骗文"。[3]阿格诺斯市长大发雷霆，痛斥卢肯比尔及其支持者："10 月 17 日之后再也没有趁火打劫的行为——直到现在。我们看到是萨克拉门托开发商格莱格·卢肯比尔及其爪牙妄图抢走旧金山的棒球队。"[4]把邮件赞助人描绘成是外来搅局者的做法，让一些反对棒球场的人惊醒，考虑将总部设在费城的斯波克塔科为"对 P 说是"运动捐款超过 86 000 美元，这种做法非常虚伪。选举日选民投票时，"热门骗文"论战进一步恶化，变成一团糟的愤怒指责和不堪入耳的

120

---

[1] 引自埃里克·布拉奇：《新邮件激怒棒球场支持者》，*SFE*，1989 年 11 月 5 日。

[2] 对上述事件及其恶劣后果的详细介绍，见理查德·拉帕泡特：《强硬一击：政治权力掮客如何拒绝美国最好的小型棒球场》，《旧金山聚焦》，1991 年 6 月，第 68—71、90—108 页。

[3] *SFE*，1989 年 11 月 7 日。

[4] 引自，同上。

谩骂。 紧跟在最后计票之后的混乱场面，可以清楚地看出选民
到底多么怒气冲冲、谩骂多么不堪入耳。

投票选举及其余波

参与投票的选民人数之多令人吃惊，而 P 提案以 49.5% 比
50.5%、不到两千张选票的差距失利。"中国盆地"体育场将不
会兴建。《检察官报》记者埃里克·布拉奇（Eric Brazil）写道：
"如果鲍勃·卢瑞所说的 1991 年赛季一结束，就把国家联盟冠
军巨人队从烛台公园搬走只是虚张声势糊弄人，那么现在全体选
民都开始对他叫板，等他采取行动。"[1]同时，选民还以不足
两千张选票之差宣布 S 提案无效，从而废除了旧金山先锋性的家
庭伴侣关系法案。[2] P 提案和 S 提案双双失利表明： 阿格诺
斯妄图使体育场支持者和同性恋权利倡导者达成战略同盟徒劳无

---

[1] 布拉奇：《卢瑞败北，心生疑惑： 接下来是什么？》，*SFE*，1989 年 11
月 8 日。
[2] 选票投票率为44%，比最近的非市长大选年1985年更加典型的27%投
票率要高很多。 因此，对进步主义失利的耳熟能详的解释——保守派
在低投票率投票选举中的优势——并不适用于该案例。（见布鲁斯·
佩蒂：《责任与S提案》，《旧金山独立报》，1989 年 11 月 15 日。）这
一结果更加重大的影响是事实上，就在地震发生之后，在S提案和P
提案精选投票运动启动之前，大约每六位选民就有一位被计入缺席投
票。 然而，S提案却以超过8 000张缺席投票而失利，P提案以超过6
000 张而失利。 参见凯西·波多韦茨：《缺席投票决定旧金山的关键
措施》，*SFC*，1989 年 11 月 9 日。

功。[1] 选举活动中，V 提案曾遭到阿格诺斯的斥责，"只为击败 P 提案，有害、无益"，[2]却最终赢得了 51.4% 的选票获得通过。 阿格诺斯市长煞费苦心的秘密交易化为泡影。 他惯于成功，却并不是输得起的潇洒人。

　　阿格诺斯不得不承认 P 提案失利，并表达了充满怨气的失望："我不知道接下来会发生什么，对此，我也不想多想。"他不打算再向选民提交这样的提案："你愿意担几次风险？ 我不知道，我们还能不能重新来过。 我们已经尽了最大努力，但是，如今，未来却掌握在别人手中。"鲍勃·卢瑞表示："我们并不是……因为地震而输掉了 P 提案。 大多数投反对票的人并不是棒球球迷，也不会去烛台公园。"似乎是为了强调自己并非虚张声势，他再次重申烛台公园"无法继续作为巨人队长期的训练场"。[3] 在卢瑞看来，V 提案的通过仍旧毫无意义——后来，巨人队副总裁克里·布希再次强调说："即使你们推平了烛台公园，再重新建一座，我们还是无法接受那片场地。"[4]阿格诺斯市长同样对 V 提案的胜利毫不在意："球队不愿意在那里打球，那哪有脑子正常的人会花钱修缮烛台公园？"[5]投票结束后，鲍勃·卢瑞从公众视野中淡出，静待此前被抛弃的南湾区说

---

[1] 本地政治分析师大卫·宾德指出把支持选区动员起来支持 P 提案和 S 提案，事实上并没有强化而是互相弱化，并没有达到阿格诺斯市长想要的效果。（宾德的观点见 *SFE*，1989 年 11 月 8 日。）

[2] *SFE*，1989 年 11 月 8 日。

[3] 布拉奇：《卢瑞败北，心生疑惑： 接下来是什么？》。

[4] 《旧金山独立报》，1989 年 11 月 15 日。

[5] 引自同上。

客的新提议。　而阿格诺斯则非常记仇，着手处理那些胆敢跟强硬政客硬碰硬的人。

格莱格·卢肯比尔及其同伙在最后时刻散发反对体育场的广告邮件，这一行为令市长非常愤怒，因此，地方检察官阿罗·史密斯开展针对卢肯比尔、他的助理莫里斯·里德、萨克拉门托政治顾问大卫·汤森德，以及旧金山政治顾问理查德·斯拉克曼和杰克·戴维斯等人参与竞选的长达 4 个月之久的调查活动。　之后，史密斯及其助理试图起诉他们，即广为人知的"棒球场五人帮"（Ballpark Five）。　大陪审团在听取了 25 位证人的证词之后，裁定棒球场五人帮有违反竞选报告法案的失检行为。　有人称这种控诉行为是小题大做，夹带政治目的，同时也是浪费纳税人的钱，为此，阿格诺斯为自己和阿罗·史密斯辩护称："最重要的是保证投票程序公正。　不管是总统大选还是地方选举，选民都有权知道他们的选票是否公正，还是遭到非法操纵。"[1]

1990 年 6 月 22 日，怒气未平的棒球场支持者高举标语"把卢肯比尔关进监狱"和"旧金山公正选举"，聚集在司法大厅外面，而市法院法官菲利普·莫斯康尼却以"没有证据"表明他们密谋违反竞选报告法案为理由，驳回了对棒球场五人帮的指控。[2] 杰克·戴维斯评论称："这一案件向那些胆敢忤逆市长的人发出了令人胆寒的信号。"[3]阿格诺斯市长和地方检察官史密斯让公众看见了政治选举肮脏丑陋的细节，以及包括媒体上

121

---

[1]　*SFE*，1990 年 4 月 3 日。

[2]　报道见 *SFE*，1990 年 6 月 23 日。

[3]　引自同上。

阿格诺斯和史密斯在内的令人作呕的政客画像。 阿格诺斯的政
治活动非常难堪，数月之久道貌岸然的指控和热情满满的调查变
成了负面宣传，最终毫无建树。[1]

　　旧金山选民否决了市区的"中国盆地"棒球场规划一年之
后，南湾区选民通过了在圣克拉拉新建巨人队体育场的提案。
同时，他们否决了用于资助建设的公共设施税议案，因此，交易
又取消。 就在三度失望的南湾区说客历尽艰辛重新谋划部署的
时候，旧金山说客再次行动起来。 但是，这一次，旧金山选民
否决了由阿格诺斯市长背书的提案，该提案意在使米慎湾项目免
受 M 提案的增长限制，他们还对滨水区开发设置限制（见第八
章）。 这些行动断绝了任何再建市区体育场的念头。 或许更加
重要的是，阿格诺斯和卢瑞两个人对向选民提交任何涉及财政资
金，或者占用市区土地的提案都变得极其谨慎。 面对旧金山的
选民尤其要退避三舍。"如果要在圣马特奥县的土地上建点什么
东西，"阿格诺斯问道，"你是愿意在那里还是这里投票呢？"他
的话说得很清楚，这是一个反问句。"领导制定决策，并付诸行
动，当涉及金钱时，将充分尊重参与决议的公民的权利。 如果
没有的话，我为什么还要进行投票决议呢？"[2]旧金山强硬的

---

[1] 有关棒球场五人帮的详细信息，尤其请参见拉帕泡特：《强硬一击：
　　政治权力掮客如何拒绝美国最好的小型棒球场》。 另见《阿格诺斯称
　　开发商是"骗子"》，*SFC*，1990 年 2 月 5 日；《旧金山棒球场控诉的五
　　位敌人》，*SFE*，1990 年 4 月 3 日；《棒球场控诉背后的阴谋》，*SFC*，
　　1990 年 4 月 6 日；《棒球场之争"乌烟瘴气"》，*SFE*，1990 年 5 月 27
　　日；以及，《法官驳回了棒球场案的所有指控：阿格诺斯和阿隆索·史
　　密斯陷入政治窘境》，*SFC*，1990 年 6 月 23 日。

[2] 引自 *SFE*，1991 年 2 月 6 日。

行政领导和草根基层民众民主相处并不十分融洽。 1991 年夏，阿格诺斯市长带头动员南湾区官员，寻求他们的支持，在旧金山国际机场正对面为市政所属的 180 英亩空地上建一座由私人投资建造的体育场。 或许，最终可以证明资本比选票更容易控制。[1]

阿格诺斯市长一败如水

在旧金山瞬息万变的政治生活中，"中国盆地"体育场之争　122 是非常重要的一章。 作为市长候选人，阿特·阿格诺斯展现了自己是真正的进步主义者，也是乔治·莫斯康尼当之无愧的继承者。 他让人们看到希望： 进步主义政体近在眼前。 然而，鉴于他在"中国盆地"棒球场运动中展现出盛气凌人的行政手段，阿格诺斯市长开始打破人们的幻想，与助他当选的广大选民渐行渐远。[2]

阿格诺斯的行政风格反映了他所持的四种理念，与新近赋权的进步主义选民互相抵牾。 第一，领导者需要领导民众，并根据最终结果而不是产生结果的领导风格来评判领导者。

----

[1] 更近的有关棒球场提案的报道，参见《旧金山希望保住巨人队》，*SFC*，1990 年 9 月 13 日；《阿格诺斯发誓把巨人队留在湾区》，*SFE*，1990 年 11 月 8 日；《棒球场鼓吹者遭遇三连击，仍不放弃》，*SFBT*，1990 年 11 月 9 日；《阿格诺斯"考察"巨人体育场新址》，*SFC*，1991 年 2 月 6 日；《旧金山考虑巨人队棒球场的新规划》，*SFC*，1991 年 4 月 10 日；以及《阿格诺斯推进机场新建巨人队棒球场》，*SFC*，1991 年 7 月 19 日。

[2] 分区投票分析证实了阿格诺斯在土地利用和发展问题上的政治倒退。

第二，在支离破碎、超多元化的政治环境中，唯有市长恰在其位、可堪重任，制定全市战略目标，并为此权衡利弊、采取必要手段。 与社会政策（例如家庭伴侣）仅仅涉及特定利益群体和选民相比，经济发展政策更是如此，因为它可以影响整个城市。 第三，抛却喜恶感情，耗资的社会运动所需的资本资源由商业领袖控制。 一位政绩卓越的市长，既能够为进步主义者带来金蛋，同时也能让商业大鳄开心、健康地下蛋。 最后，民众参政对于选举领导人和批准政策非常重要，但是，却不应破坏专业人士为了促成交易和推行计划所进行的巧妙谈判。

对阿格诺斯来说，遗憾的是他低估了旧金山环境保护主义和社区运动的政治力量，而且他还高估了自己作为一位长于交易的政客的才能和机敏。 同样的领导力，曾经在加利福尼亚立法部门私密衣帽间中助他平地青云，如今在旧金山公开的政治鱼缸里适得其反。 他风风火火地安抚大富翁鲍勃·卢瑞，对市区商业精英溜须拍马，满口促增长的说辞，向选民贩卖新建棒球场规划，对击败他的提案的人大发雷霆、肆意报复，在"中国盆地"社会改革中，抛弃坚守各自小阵地的环境保护主义者、社区保护群体和住房维权人士，种种行为，毁掉了他身为进步主义市长的声誉。 这些行为，让原本支持他的人感到自己遭到了欺骗和背叛。 或许阿格诺斯市长从屡屡失败中吸取教训，然而，从他处理米慎湾规划方式或者滨水区的开发方式来看，并没有什么明显改善。

第八章

城市交易中的政治：
米慎湾规划与
滨水区开发

在很多城市，市长一定要小心行事，避免给人留下总揽大权的印象。在旧金山，市长一定要避免给人留下滥用手中权力的印象。

——芭芭拉·费曼

哈维·莫洛奇（Harvey Molotch）在研究"城市土地成交"时写道："尽管通常以限制发展总量为明确导向，但是，控制增长的主要措施或许在于改变所建项目中的公私收益比例。"[1]旧金山在制定米慎湾开发规划和指导滨水区商业开发中所达成的土地成交可以很好地说明莫洛奇的观点。按照传统标准，在与私营经济交易中所实现的公私收益比例会被认为是非常突出，甚至可能被认为成绩惊人。但是，是增长控制手段把收益变得如此令人欣喜，而且其措施并非来自市政厅。这些成交对本市有利，是因为市民参与交易过程，拒绝开发商和投资人的不合理要求，并且阻止阿格诺斯市长贱卖本市土地。这些案例表明，公共经济在与私营经济的互动中变得越来越公共化。在旧金山的城市交易并非是一次简单的生意；它也在给民主展现的机会。

---

[1] 哈维·莫洛奇：《比较视阈中的城市交易》，《超越城市局限：比较视阈中的城市政治与经济重建》，约翰·R.洛根和托德·斯万斯托罗姆编（宾夕法尼亚州，费城：坦普尔大学出版社，1990年），第184页。

米慎湾开发项目

旧金山与卡特鲁斯开发公司（前身为圣菲太平洋地产，再之前是南太平洋公司）之间的合作理念是：在辽阔的"中国盆地"地区 315 英亩的土地上建造一座"城中城"。 1980 年，规划方案由最初的南太平洋提交，即米慎湾项目，规划新建 3 座 40 层高的塔楼和几栋 20 层至 30 层高的大楼，从而创造出 1 170 万平方英尺的办公空间，足以容纳超过 46 000 职员。 该规划方案仅仅提供了满足 12 000 名员工的住房需求，把数万名新员工急需解决的住房和通勤难题抛给了旧金山和其他的湾区城市。[1]不用提供公共便利设施，这就是开发商天堂中的项目。 至少可以说，相比公众利益，私人利益占比非常高。 然而，当时美国很多城市都陷入经济困局之中，市政官员还是会感恩戴德地接受这一提案。 一方面是废弃铁路和仓库荒地，另一方面是地产业主提议改变现状，增加本市的就业机会和财政税收。 一位尽心尽责的市政官员怎么会保持清醒、予以拒绝呢？ 在旧金山，由于市民迫使他们强硬地讨价还价，他们真的做到了。 反过来，本市也获得了更大的收益。

1984 年，随着南太平洋和圣菲工业合并，开发商宣布了一项米慎湾规划修订方案，同时开始与戴安·范斯坦市长及其规划师协商起草开发协议。 刚刚通过的 K 提案（阴影法案）、市区

---

[1] 早期提案的综述与批评，参见蒂姆·雷蒙德和阿兰·凯伊：《米慎湾：交易能否维持？》，*SFBG*，1984 年 8 月 8 日。

规划以及胜利在望的 1983 年旧金山规划提案，都为范斯坦的谈判增强了气势。 此时，缓增长运动如火如荼，可以预见的反应要求必须对原先的规划进行大幅削减以应对潜在的反对意见。现在最高的米慎湾办公大楼变成了八层。 总办公面积缩减到 410 万平方英尺。 建造更多的住房（7 577 套而不是 7 000 套），此外，开发商和本市提供的补贴减轻了其中三成住房的经济负担。 规划提出在该地将建造更多的公园和公共空间。[1] 尽管本市法律规定，市民应该参与拟定规划协议，但是，此后六年，却是由范斯坦市长（以及继任者阿格诺斯市长）和市检察官办公室、规划局以及 CAO 办公室的官员与圣菲太平洋地产进行洽谈协商。[2] 1987 年，商谈结果公布，即米慎湾规划，紧随其后的是米慎湾环境影响报告草案（EIR），该项报告由开发商资助、规划局编写。

1988 年，规划局公布了三卷、1 700 页 EIR 草案。[3] 概言之，现在的米慎湾规划所申请的是为期 30 年的项目："7 700 个至 7 960 个居住单元；260 万至 410 万平方英尺办公空间；230 万至 260 万平方英尺的服务业、轻工业或者科研开发用地；200 000 平方英尺公共用地；500 间酒店客房；一座棒球场；最多 78 英

---

[1] 早期提案的综述与批评，参见蒂姆·雷蒙德和阿兰·凯伊：《米慎湾：交易能否维持？》，*SFBG*，1984 年 8 月 8 日。

[2]《米慎湾项目：市民而不是开发商推动规划、丰富本市》，《旧金山明天简讯》，1989 年 8 月。

[3] 旧金山市规划局：《米慎湾：环境影响报告草案》第 1 卷，重点与结论，1988 年。 第 2 卷和第 3 卷包含技术分析与附录。 实用概述，参见丹·博斯克：《米慎湾 EIR 展示骇人事实》，《旧金山进步报》，1989 年 8 月。

亩开放空间。"[1]这将是旧金山历史上规模最大的开发工程。

　　规划方案和 EIR 草案通过规划，进入最后由（市/县级）监察委员会和市长最后审核阶段，并专门举办公众听证会。 数十个团体参加了该议程，多个组织共同组建了一个被称为米慎湾交易所的金融财团。 公众对米慎湾规划的批评意见集中在六个重大问题上： 就业/住宅平衡、经济适用房、交通堵塞、露天场所、有害物质清理，以及资金问题。[2]

125

米慎湾开发项目及"中国盆地"地区鸟瞰图。背景显示了旧金山-奥克兰海湾大桥和市中心金融区

　　米慎湾规划可以创造 23 000 个工作岗位，却仅仅提供约

[1]《米慎湾 EIR 草案》第 1 卷，第 2.2 部分。

[2] 市民对米慎湾规划批评意见总概，参见 *SFBG*，整期，1988 年 8 月 31
　　日。 另见《市民备选规划与圣达菲规划之争》，《旧金山明天简讯》，
　　1989 年 8 月。

8 000 个住宅单元。 社区领袖要求更多的住宅、更少的工作岗位，和/或更大比例面向社区居民的工作岗位，以缓解通勤压力。 拉丁裔、非裔美国人以及其他的少数族裔群体的代表迫切需要反歧视运动和工作岗位培训项目。 这项规划提议，8 000 个住宅单元中有 3 000 个作为符合联邦政府标准中等收入者的经济适用房。 租户群体领导者坚持要求半数或者更多的住房作为经济适用房。 这项规划提出了很多不切实际的假想，如可以增加通勤族使用的公共交通工具。 它还假想到 2020 年，在项目完工以前，将会设法修建第二座湾区大桥，或者第二条巴特地铁，或者修建新的高速公路，以及其他措施提升交通能力。 规划提案在米慎湾办公大楼预留 4 800 个停车位，将会加重对汽车的过度依赖，也会加重湾区的交通拥堵。[1] 该地区因为滥用溶剂设施，变成了臭名远扬的"危险地带"，由谁承担有毒水源的清理工作，以及由谁承担相应费用，对这些问题，规划提案没有答案。[2] 规划也没有考虑补贴经济适用房和各种公共便利设施的费用由谁承担。 或许，本市将通过税收债权以支付这笔费用，随后，则由米慎湾规划预期增加的房地产税来支付。 在缺乏信心，或者厌恶赌博的人的眼中，这项规划有太多风险，尤其是当时的财政危机已经非常严重。

126

　　米慎湾规划引起的另一个问题——对与之紧密相关的*政治*至关重要，对岌岌可危的大资本也是如此——是该项目对已经疲软

---

[1] 通过计算，《4 800 辆车在四车道上，五英里车队，大排长龙！》，见《旧金山明天简讯》，1991 年 4 月。

[2] 《潜伏在背景中——毒物》，《旧金山明天简讯》，1989 年 8 月。

的市区房地产市场的影响。 个中故事曲折复杂，但是，却可以
解释为什么本市举足轻重的地产大亨、缓增长运动的对头瓦尔
特·肖伦斯坦后来会与本市同样重要的缓增长运动倡导者、市区
商业精英的对头凯尔文·韦尔奇联合起来，企图对抗开发商想要
让米慎湾办公大楼不受 M 提案每年的增长限额影响。 按照一些
房地产专家的说法，肖伦斯坦"恐慌"的原因在于，他担心米慎
湾办公大楼可预见的低廉租金和超大平层（40 000 平方英尺每
层）将会吸引包括肖伦斯坦的美国银行在内的企业租客搬离市区
办公楼。[1] 规划方案中完全没有开发时间的安排，事实上，完
全由一家公司（1990 年更名为卡特鲁斯开发公司）大权在握，
决定"城中城"如何建，以及什么时候建，这让肖伦斯坦和其他
的市区商业人士非常不满。[2] 阿格诺斯市长妄图打消这些顾
虑，他称在肖伦斯坦眼中米慎湾是"前台办公区、总部大本营，
因此非常有竞争力"，而阿格诺斯市长本人"把它当文职人员的
后端办公空间进行买卖"。[3] 包括商会主席唐纳德·道尔
（Donald Doyle）在内的其他市区商业领袖都反对卡特鲁斯在该
计划中的支配地位，因为"优秀的开发商必须是长线玩家，有充
足的资源和坚定的信念坚持完成规划"。[4] 这些讨论和假设并

---

[1] 见托姆·卡拉德拉：《重任在肩》，SFE，1990 年 10 月 21 日。
[2] 事实上，他们很多人都怀疑米慎湾"开发"根本不是该项目的真正目
    的。 有人认为，米慎湾规划背后的真正动机是卡特鲁斯想要与本市缔
    结获得选民同意的开发协议，借此提升土地价值，之后可以成块转手
    给出价最高的投标商。
[3] 皮尔：《卡特鲁斯认为 I 提案失败不会扼杀米慎湾》。
[4] 唐纳德·道尔：《社区与商业可以在米慎湾达成共识》，SFBT，1990
    年 11 月 2 日。

没有让肖伦斯坦安心，正是他资助激进进步主义者凯尔文·韦尔奇和其他人造成米慎湾规划搁浅。[1]

很难不着重强调 M 提案对米慎湾交易最终结果的重要作用。正如此前所述，仅仅是对增长控制的预期就促使开发商对原始提案进行了重大修订，以获得社区支持。随着 1986 年通过了 M 提案，严格增长控制变成了现实，米慎湾也不例外。整个开发规划和交易的大环境变了天。一个新的重要限制就是高层建筑每年 475 000 平方英尺的限制，全市都没有例外，要想不受其限制只能通过投票决议。卡特鲁斯手上有 480 万平方英尺待开发用地，其领导层必须做出选择。他们可以一点一点、一年一年开展米慎湾工程，每年分别提请一部分进入规划委员会的"选美竞赛"，争夺屈指可数的建筑许可。或者，他们可以寻求选民的同意以免除 M 提案的每年限额，如果获得批准，那么卡特鲁斯避免了与开发商竞争对手年年交锋的开支费用和不确定性。M 提案没有例外：要么煎锅油炸，要么大火猛烧。卡特鲁斯选择寻求豁免；毕竟，长痛不如短痛。1990 年 8 月 8 日，监察委员会委员检察员安吉拉·阿里奥托、哈利·布里特、泰伦斯·哈里南、比尔·马切以及多丽丝·沃德向 11 月 6 日投票选举提请米慎湾规划不受每年办公空间限制的提案，即 I 提案，他们把命运交到了选民手中。

127

---

[1] 详细信息，见卡拉德拉：《重任在肩》。《旧金山纪事报》在支持米慎湾规划的社论中提出肖伦斯坦向"对 I 说不"运动捐助"大约 85 000 美元"，社评："全新、激荡的开发项目在身边出现，市区大亨将不会感到高兴——它将会与他自己的房地产项目展开激烈竞争。"参见《刺耳音符》，*SFC*，1990 年 10 月 26 日。

　　I 提案以 49% 比 51% 遭到否决。 选民们拒绝了这一交易，理由之一是他们不清楚交易的具体内容。[1] 即便是监察委员会也没能通读开发协议提案文本。"对 I 说不"的领导者抓住了这一事实，警告选民不要给予卡特鲁斯"空白支票"。 凯尔文·韦尔奇在一篇写给商务人士的高明的社论文章中写道："只要臃肿的开发协议还在歌唱，乐谱还没有完成，就没有结束。"[2]韦尔奇利用市区商业领袖的恐惧和疑虑，他写道，如果 I 提案通过了，那么卡特鲁斯将获得"政府许可的对旧金山 315 英亩的单块土地长达 40 年的垄断开发权"。 他质问道，"此时此刻，是否对商业有利？ 整个事情如何运作？"[3]尽管他承认很多商业人士仍旧反对 M 提案，但是，他指出至少它"为旧金山瞬息万变的开发商业办公市场增加了一些稳定"。[4] 如果 I 提案通过了，稳定的局面将化为泡影。 旧金山明天向其成员提议："如果未经投票选举、没有签署协议，那么，选民们就应该否决 I 提案。 否定 I 提案并不意味着米慎湾化为乌有。 它仅仅意味着，当我们清楚签署开发协议的具体内容之后，就可以对 M

---

[1] 另外也于事无补的是，投票选举一周前，监察委员会拒绝了阿格诺斯市长增加房屋买卖交易税的提议。 提议增加的税收计划部分用于资助在米慎湾建造经济适用房所需的资金。 如果此次提税得以通过，那么，该项目关键的财务不确定问题就不存在了。 这些却并没有发生。
[2] 凯尔文·韦尔奇：《米慎湾将会造成办公室市场的不确定》，SFBT，1990 年 9 月 17 日。
[3] 同上。
[4] 同上。

提案豁免权投票。"[1]"对 I 说不"运动的宣传信件中印着明亮的黄色柠檬图案。 如果没有可供阅读的合同文本，很多选民都会怀疑他们能否从米慎湾规划中得到什么东西。

对于习惯了与市政精英口头交易和深信市民会感恩戴德、热情相拥的开发商来说，此情此景一定十分令他们震惊：旧金山的选民要看合同细则——否则，没戏。 规划委员会主席詹姆斯·莫拉莱斯对 I 提案投票一事评论说："我们还是很挑剔的，甚至对我们支持的东西也小题大做。 我认为我们所处的位置仍然可以改善一些项目，甚至拒绝它们。"[2]旧金山仔细审慎行事的独特风格也展示了只要有方向就会很快有结果。

11 月 6 日投票决议之后不久，卡特鲁斯为了回应所提的一些（并非全部）问题重新修订原始提案。 现在米慎湾规划包括 250 个附加的经济适用房。 一半补贴将由开发商承担，另一半则由本市通过销售收入债券支付。 卡特鲁斯仍旧计划寻求不受 M 提案的限制，不过，这次仅仅是 480 万平方英尺土地总量的一半。 卡特鲁斯承诺，开发规划方案通过两年之后一定动工。[3]　128
卡特鲁斯还同意在该地区展开有害物质的彻底清理工作，同时，将聘请第三方顾问监督清理过程，并承担相应费用，在旧金山明

---

[1] 《米慎湾规划——还有很长一段路要走》，《旧金山明天简讯》，1990 年 10 月。

[2] 引自 SFC, 1990 年 11 月 11 日。

[3] 对修订与妥协的综述，见唐娜·穆迪：《开发商对米慎湾规划进行诱人修订》，《旧金山独立报》，1990 年 12 月 8 日，以及 L. A. 钟：《旧金山监察委员会委员赞成新的米慎湾交易》，SFC, 1991 年 2 月 20 日。

天组织看来这一让步是"旧金山人民的重大胜利"。[1] 1991
年 2 月 19 日，监察委员会以 10∶1 的投票批准了最新交易。 旧
金山市民和市政官员都打了一手好牌。

滨水区：创意否决权

在阿格诺斯市长眼中，滨水区是本市的"最后待开发的边
疆"。[2] 开发滨水区，尤其是由本市港口委员会控制的 7 英里
海岸线，困难程度超乎想象，其原因如下：（1）港口基础设施
差。 很多码头都已经被侵蚀。 游轮站点年久失修，沦为二流。
货物装卸机械和设施在集装箱航运时代糟糕透顶，废弃无用。
45 号码头的鱼类加工设备堪称古董。 洛马·普雷塔大地震更是
雪上加霜，给港口造成 200 万美元损失。[3]（2）本市的港口
原来是太平洋航运业的枢纽，如今在西海岸货物航运中占比不足
四成。 奥克兰港凭借先进的集装箱货运设备，多年以前就已经
吞并了最大的业务份额。 即使是小型的里士满港也已经在总吨
位数值上超过旧金山。[4] 然而，相比局部竞争，更加重要的
是，实际上在蓬勃发展的西海岸航运市场中，整个湾区所占份额
很快被西雅图、塔科马、波特兰、长岛和洛杉矶夺走；其份额从

---

[1]《米慎湾》，《旧金山明天简讯》，1991 年 4 月。
[2] 吉姆·道尔：《授权港务局长筹建滨水区》，*SFC*，1990 年 2 月 17 日。
[3] *SFC*，1991 年 3 月 11 日。
[4] 杰夫·波林：《船运与购物之争》，*SFC*，1988 年 12 月 19 日。

1980 年的 27% 跌落至 1990 年的 17%。[1]（3）按照州法律规定，港口委员会财政上自负盈亏，其收入半数以上来自零售业租金，即大多位于渔人码头和 39 号码头或者附近的滨水区的商铺、饭店和停车场。游客很享受这些娱乐设施，但是当地居民，尤其是那些守旧的老年人都觉得丢人。正如商业专栏作家托姆·卡拉德拉所说："为了维持收支平衡，整个港口变成了路易斯虾市场，主营蛋奶饼而不是货运。"[2]（4）正如 1987 年的民事大陪审团报告中所指责的，港口管理者领导力不足、规划一塌糊涂，还批准造成本市财产损失的"私下"交易。[3]（5）最后，或许也是决定性的，港口委员会控制下的滨水区的开发规划不受 M 提案的限制。开发商如今为了进入旧金山包括米慎湾在内的大多数区域，必须通过 M 提案的层层考验，达到市民的要求——但是，滨水区并未如此。"最后待开发的边疆"辽阔开放、静待开发；竞争压力、经济理性以及市民自豪感都迫使它前行。一帆风顺是有可能的——阿格诺斯市长曾这么想过。

129

　　1989 年初，阿格诺斯任命迈克尔·P. 休尔塔（Michael P. Huerta）担任新的港务局长。休尔塔曾经在纽约港务、国际贸易和商业局任职三年。任职期间，他解决了很多如今旧金山港面临的同样的问题，他借此为自己赢得了金融奇才和竞争斗士的声誉。在阿格诺斯任命的港口委员会的支持下，休尔塔很快着

---

[1] 托姆·卡拉德拉：《滨水区》，《影像》，1996 年 2 月 18 日，第 6 页。
[2] 同上。
[3] 同上。

手制定滨水区开发战略方案，对办事人员进行人事调整，仔细审阅租赁协议，促成合约，熟悉旧金山政治运作方式。 他的最初发现之一，即旧金山不是纽约。"我认为，相比纽约，这里的流程有时候更加容易引起争议。 在这里，你真的是在透明的玻璃鱼缸里。 你要花大把的时间向民众解释你到底在干什么。"[1] 他还发现，在这种情况下，他很难达成协议，尤其是涉及高层建筑和酒店时更是如此。

高层办公大楼是缓增长运动的眼中钉，但是，在社区威胁排行榜上，酒店紧随其后。 建造酒店会造成社区破坏和人口迁移。[2] 在滨水区建造酒店的提案则组合了几种因素： 破坏湾区、阻挡视线、交通拥堵，以及阻碍民众进入滨水区。 从 1900 年代中期开始，还不曾有一座酒店修建在本市的码头上，如果缓增长领导者上台，这一传统将延续下去。 对他们来说可惜的是，港口委员会是州-特许的半自治机构，其土地利用决议不受 M 提案限制。 阿格诺斯和休尔塔开始邀请开发商提交滨水区规划提案时，时刻保持警惕的缓增长支持者擦亮了他们忠诚的武器： 抗议、诉讼和创议。

范斯坦市长执政的最后一年，义愤填膺的市民进行的抗议活

---

[1] 道尔：《重建旧金山滨水区》。

[2] 例如，在 1980 年，三家国内连锁酒店打算在田德隆区新建豪华酒店，当时在很多市民领袖眼中该社区领域是犯罪活动和毒品滥用"乌烟瘴气"的粪坑，只配被彻底推平，"为留有也或者更高更好的土地开发利用让路，进行中产阶级化、公寓新建和建筑高层化"。 酒店建起来了，不过田德隆区的居民们与开发商持续斗争，赢得数百万美元用于公共服务和住房修复。 参见罗伯·沃特斯：《田德隆区转型》，《影像》，1987 年 11 月 1 日，第 12 页。

动一开始就遏制了一项滨水区规划。 规划将在 45 号码头新建酒店，把鱼类加工厂和在此工作的渔民迁走。 四位重要的市长候选人全都谴责该项提案，提案很快就被撤销了。 然而，不管是抗议还是诉讼都没能阻止 1990 年 9 月最终通过的 2 200 万美元提案，该提案由新西兰昆斯坦、39 号码头有限责任公司和风险纪事联合提出。 该规划的核心，即广为人知的海底世界，是在 39 号码头入口处的一座 40 英尺高的水族馆和展厅。 尽管海底世界没有建造酒店，但它在缓增长黑名单上却非常靠前，因为它在湾区挖了个大洞，抢走了本市斯坦哈特水族馆（Steinhart Aquarium）的顾客，造成了交通拥堵，并增加了 39 号码头的狂欢节氛围。 支持者在该项目上的失利尤其令人恼火，因为促成规划产生的谈判充斥了影响兜售和利益冲突。[1] 即使是海底世界的支持者也可能承认决策的鱼缸里充满了阴谋。 但是，他们辩解说，除此之外，滨水区其他地方亟须私营经济投入开发。 同样的观点，在经济低迷和财政赤字的时代非常诱人。 1989 年下半年，阿格诺斯、休尔塔及其盟友也加以利用，借此支持本市长期以来不受重视的 24—26 号码头和 30—32 号码头的开发计划。

　　在阿格诺斯重压下，港口委员会对 24—26 号码头的开发规

130

---

[1] 州众议院议长威利·布朗是来自旧金山的民主党人，担任该项目的有偿说客。 他促成州立法机构对斯坦哈特水族馆的保管单位加利福尼亚科学院捐赠 100 万美元，用于学院的翻新和改建。 布朗还说服海底世界提议连续八年每年支付斯坦哈特水族馆 20 万美元，用于补偿其损失。 科学院随之改变了其对 39 号码头水族馆的反对立场，转而大力支持。 参见斯蒂夫·梅西：《39 号码头水族馆规划获得关键许可》，*SFC*，1990 年 9 月 7 日；唐娜·穆迪：《港口委员会同意 39 号码头水族馆规划》，《旧金山独立报》，1990 年 9 月 18 日。

划进行投标竞争，尽管实际上由罗伯特·D. 斯科特（Robert D. Scott）的太平洋门户提出的早期提案（无酒店）已经获得了非正式许可。 1989 年 11 月 11 日，太平洋门户的游艇和会议中心提案被拒，人们更倾向于科尔公司 5 800 万美元的滨水区酒店和帆船中心提案。 委员会主席詹姆斯·赫曼（Jimmy Herman）投出了科尔提案唯一的反对票。 赫曼还是国际码头工人和仓库工人联合会的主席以及阿特·阿格诺斯的至交，他警告说，委员会对科尔公司提案的青睐将会鼓励开发商把滨水区建成"酒店围墙"。[1] 委员亚瑟·克尔曼早期也表达过类似的顾虑，他改变立场，投票赞成规划。 直击港口资金痛点的基本讨论明显动摇了他的想法。 显然，他并没有被罗伯特·斯科特对委员会的质问所动摇："我们是否要向世人传递信息……即'咱们去整点快钱'呢？"[2]答案，似乎会是肯定的，这让很多缓增长领导者非常吃惊、非常失望，他们原本指望克尔曼会叫停规划方案。

委员会以 3∶1 的投票通过了科尔公司的 24—26 号码头规划，随后，旧金山明天（SFT）率先拟定新的公民倡议方案，以阻止委员会（被《检察官报》专栏作家罗伯·莫斯戏称为"猪肉委员会"）在滨水区重走促增长联盟在市区的老路。 八个月后，创议提案的最后定稿提交到选民登记处，附有超过 14 000 个有效签名。 它作为 H 提案，即滨水区土地利用规划创议，在 11 月 6 日进行了投票决议。 H 提案呼吁禁止对滨水区土地进行不可接受的非海事用途开发和建造酒店。 它还要求本市筹备滨水

<hr/>

[1] 卡拉德拉：《滨水区》，第 16 页。
[2] 同上。

区土地利用规划，在该规划完善并且公布（预计需要 18 个月）之前，不得通过任何开发规划提案。 最后一项条款尤其反映出之前支持阿格诺斯的人对市长倾向于达成交易和刚愎自用风格的日渐不满。[1] 撇开他的平民主义说辞，市长似乎有意把市民的词汇限定为两个词，即"同意"和"否定"，在规划程序的终点，在对他的交易进行抉择时，被动地说出来。 阿格诺斯作为市长候选人在 1987 年时承诺，"未来规划方针完善以前停止（滨水区）所有新建项目"。[2] 然而，很多缓增长领导现在都看得一清二楚，指导方针尚未完善，休尔塔及其工作人员所宣称筹备

131

---

[1] 一些批评者所认为的阿格诺斯市长隐身幕后在与巨人队老板鲍勃·卢瑞制定 1989 年"中国盆地"棒球体育场提案，还有他与卡特鲁斯的管理人员暗中操作敲定米慎湾项目开发协议时就明显透露出"遮遮掩掩"的交易风格。 另一个可以表明阿格诺斯及其规划人员脚踩两只船的例子是港区与圣达菲太平洋地产公司达成了土地清理协议。 港区同意把一些靠近"中国盆地"的土地出让给圣达菲，用于建造米慎湾公寓和滨海公园。 作为交易条件，圣达菲也出让给港区一些土地，允许 80 号码头扩大集装箱装卸区。 尽管阿格诺斯和休尔塔辩解称清理工作对本市有利，因为它将给港区带来每年大约 200 万美元的额外收入。但是，SFT 的杰克·莫里森还是称它是"一出悲剧，他们交易的是（'中国盆地'的）土地"，这些土地原本可以用来留作露天场所并用来建造新的湿地。 上述问题不仅仅是实际的经济利益与环境保护权衡利弊的问题，更加重要的是，它们事关程序正当和公众意见。 显然，不管交易过程如何，阿格诺斯和休尔塔都对"好的交易"深信不疑，认为它们必然会赢得市民的支持。 然而，在旧金山，交易如何达成和是谁促成的交易都至关重要。（有关土地清理的详细信息，参见道尔：《重建旧金山滨水区》。）

[2] 阿格诺斯：《把事情做好：旧金山愿景与目标》，竞选手册，1987 年 10 月，第 69 页。

的战略规划缺乏市民参与，阿格诺斯市长却急不可耐地推动滨水区开发。 市长一定会被阻止，他的单方政策也一定会被选民创议否决。

　　杰克·莫里森担任运动委员会主席，旧金山合理发展、旧金山社区联盟、保护湾区委员会、塞拉俱乐部、旧金山保守派选民联盟，以及其他组织和市民领袖（包括住宅建筑商协会主席乔·奥多诺霍，他也是之前反对缓增长措施的老熟人），与 SFT 一道支持 H 提案。 与之相对的是吉米·赫曼和 39 号码头联合会主席弗利茨·阿克领导的组织。 尽管并不看好科尔，赫曼也不把 H 提案当作是问题的答案。 "对 H 说不"的主要势力包括阿格诺斯市长、旧金山商会、科尔公司、旧金山工会、酒店和餐厅员工与酒吧侍者工会第二分会、加利福尼亚大都会装卸公司以及黑人领袖和西班牙商会领导。 赫曼还说服县民主党中央委员会不再支持 H 提案，转而加入到反对阵营中。[1] 这份名单表明，进步主义联盟在这一问题上已经分崩离析。 环境保护主义者和社区平民主义者更倾向于支持 H 提案，然而，与企业和劳工结盟的自由派人士则其持反对意见。 意料之中的是，本地民主团体在两个选举联盟之间举棋不定。

　　关于 H 提案的大讨论在许多方面不过是之前缓增长创议运动的再现： 担忧发展对环境和审美的影响与担忧停止开发对商业、就业以及财政收入的影响。 譬如旧金山社区联主席玛格丽特·韦其斯（Margaret Verges）称："我们知道香港和里约热内卢

---

[1] 唐娜·穆迪：《港区称禁令对商业不利》，《旧金山独立报》，1990 年 10 月 23 日。

看起来一样——我们不需要那样。"[1]另一方面，海港租期时间最长的租客，加利福尼亚装卸公司副总裁弗格斯·莫兰（Fergus Moran）称 H 提案"风险极大"，因为它试图让港口现代化，并与其他城市竞争，这将会"给港口带上镣铐"。[2]《湾区卫报》支持 H 提案并鼓励选民向当今的强盗大亨传达毫不含糊的信息："如果要在我们的城里大兴土木，你们就要按照我们的标准，而不是由你们胡来。"[3]具有讽刺意味的是，吉米·赫曼为了警示世人，用所谓的"酒店围墙"言论（被 H 提案的领导者反复使用），以争取对提案的支持。对此，赫曼回应说："如果反对 H 提案的人仅仅是想阻止在滨水区建造酒店，那么，为什么他们不提交一份传达这种要求的提案呢？"[4]他认为，H 提案是全方位阻遏滨水区开发的"死板呆滞、无所不包的极端手段"。[5]但是，赫曼和其他的反对者没有注意到，或者忽视的是，H 提案所传达的是对规划过程的批判。对此，《旧金山独立报》的社论说得很清楚："H 提案尤其吸引眼球的是要求港口行政部门制定每一片港口土地的详细规划。规划方案应该对公众开放，公众参与设计拟定规划，民众近来对此还没有完全适应。"[6]涉及公众土地和产权的商业交易是重中之重，不能

132

---

[1] 斯蒂夫·梅西：《旧金山港区租客抨击反酒店创议》，*SFC*，1990 年 8 月 15 日。

[2] 同上。

[3] *SFBG*，1990 年 10 月 24 日。

[4] 选民登记处，选民信息手册，1990 年 11 月 6 日选举，第 116 页。

[5] 同上。

[6] 《旧金山独立报》，1990 年 10 月 23 日。

任由商业领袖和规划师自行决定。 应该留出让公众积极参与制定规划的空间；传统的交易方法必须抛弃。

在此之际，斯堪的纳维亚中心公司也提交了初步提案草案，提出把 30—32 号码头建成带有一座酒店的国际邮轮客运中心。当时的开发商认为，酒店是经济发展和实际生活的必需品。[1]瑞典裔、丹麦裔和挪威裔美国人商会的领导宣称，H 提案"杀死了规划，因为酒店是客运中心密不可分、必不可少的一部分，少了酒店，客运中心和公众通道也没法修建了"。[2] 过去，这种"要么接受，要么拉倒"的争论是典型的私营经济开发提案。很多旧金山人都非常想要一座客运中心，但是，他们似乎不得不接受开发商不容讨价还价的条件——同时，否决 H 提案——才能得到客运中心。

11 月 6 日投票计票，H 提案以赢得了 51% 的选民选票而获得胜利。 科尔公司撤销 24—26 号码头的提案。 尽管开发商抗议说 H 提案并不适用于他们的项目（本书写作时，法庭上仍在继续争论），海底世界还是停工了。 与此同时，斯堪的纳维亚中心公司呈递了一份修订提案，提出在 30—32 号码头修建一座 2亿美元的航运中心，初版规划方案中无法割舍的滨水区酒店不见了。 由于该项目完全由私营经济投资建造，将酒店纳入规划中是为了吸引投资商。 但是，酒店建在了街对面，距离航运中心175 英尺的地方——这一设计变化用意很明显，旨在打消环境保

---

[1] 丹尼·皮尔：《港区不顾 H 提案，寻求酒店规划》，*SFBT*，1990 年 10月 26 日。

[2] 选民登记处，选民信息手册，1990 年 11 月 6 日选举，第 125 页。

护主义者的顾虑、争取社区的支持。　即使是早期创造"酒店围墙"幽灵意象的吉米·赫曼也称该提案是"蔚为大观"。[1]"对 H 说是"运动的领导者埃德·爱默生听说修订提案的消息后宣布："既然现在没有酒店，我们要带着铁锤和钉子去帮助他们。"[2]旧金山的市民似乎比市长更加固执，更加善于讨价还价、达成有利可图的交易。　成功的秘诀在于学会拒绝的时候不要眨眼。

结语

　　案例研究表明，旧金山的反政体力量以不同的方式，保护社区免受资本之害；不管资本的形式是开发商寻求建造摩天大楼的许可，是连锁商店在社区内谋求使用许可，是土生土长的百万富翁想要在本市土地上建一座棒球场，是房地产商联合起来打算建一座城中城，或是外国投资者想通过建造滨水酒店牟利。　上述所有案例，资本所寻求的东西都有可能侵犯社区。　资本造成伤害的潜力是反政体的首要关注点。　反政体通过提高标准、设置限制和建立监管，设置了一条崎岖坎坷、劳心费神的小路，商业活动必须经由此路才能到达社区。　能够来到旧金山大门前并被允许进入的都是最优秀、最安全的资本企业。　在一个城市备受资本剥削和蹂躏的时代，旧金山的反政体却取得了引人注目的

133

---

[1]　埃里克·尼尔森：《航运中心甚至赢得了酒店反对者的赞许》，*SFBT*，1991 年 2 月 1 日。
[2]　*SFE*，1990 年 11 月 8 日。

成就。

　　但是，与反政体优点相对的则是其弱点。 旧金山的反政体可以保护社区却无法为社区创造些什么。 它可以过滤秕糠，在此过程中，却也会滤掉很多麦粒。 它有阻止和转移资本作恶的能力，却无法生成和掌控资本为善的力量。 反政体可以通过惩罚其过失，规范管理阶层，却不能生成供新领导者效仿的进步主义行政模范。 它可以在势均力敌的规划中进行抉择，却不能制定规划和提交议案。 它是一种应激式政体，对权力保持警惕，孤立封闭，注定要被它忍受并维护现状的准则所毁灭。 反政体想要变成进步主义政体必须具有： 强硬有力的政治中心，树立并推行进步主义的优先政策；充足的经济资源以实现其规划目标。

第九章

创造城市政体：
复杂的建筑结构

尽管很多地方都一派繁荣，但旧金山却似乎把公共认同感弄丢了。我们有争斗不断的邻里、种族群体，各种各样的愤愤不平者和/或受压迫者；但是，我们是否还有旧金山人呢？

——凯文·斯塔尔（Kevin Starr）

（巴黎）公社运动期间，很多人宁愿保卫他们的街道而不愿意守卫城墙，因此，使得反动势力几乎轻而易举、令人惊奇、畅行无阻地进入了城市。

——大卫·哈维（David Harvey）

赫伯特·西蒙（Herbert Simon）在探究复杂性和演化之间的关系时，讲述了霍拉（Hora）和泰普斯（Tempus）两个钟表匠的寓言故事。两个人都可以制作由一千个零件组成的精良钟表，而且，他们工作的时候都时不时地遭到打扰。但是，从钟表产量和金钱收益来看，霍拉更加成功。霍拉用 10 个部件组装手表，每个部件又由 10 个组件构成，每个组件又由 10 个零件构成。当他的工作被打断时，他的作品就会变成一堆零件，需要重新组装。但是，他需要面临的任务是重新组合由 10 个零件组成的部件或者组件。与之相对，泰普斯没有采用局部组装的方式，而是一个零件一个零件地制造钟表，直到最后完成。当他的工作被打断时，他的作品也变成了一堆零件，他需要做的才是最糟糕的，即一切从零开始，重新组装剩下的 999 个零件。[1]
西蒙把寓言故事建成数学模型，并总结称：组装一只手表，泰普
斯花费的平均时间是霍拉的 4 000 倍。 他后来归纳说："如果过程
是稳定的，从简单系统演化到复杂系统将更加快迅速。 前述的第
一个例子就说明了演化为复杂系统是可循序渐进的。"[2]

135　　　面对旧金山由一千块零件组成的政治形式，进步主义者的想
法与泰普斯的比较像。 真正民主拒绝从局部组装开始；民主进
程的每一部分本身都是珍宝。 由于等级会造成权力集中并使真
正的民主无效，缓慢的演化似乎需付出微小的代价，但可以避免
这种局面。 然而，阻挡演化的脚步逼近，时间也在流逝。

政体转型与超多元主义难题

　　在过去 20 年中，旧金山在社会上和种族上越来越多样化。
劳动力与行业已经进一步分化成更小的选民要素。 政府权力结
构依旧是疏松与去中心化的。 此外，由政治和经济构成的强有
力的局部组装促增长政体早已分崩离析。 反政体正是分化的政
治世界中的保护伞。 从中可以找到一组组权力集团，但是，从
整体上看反政体还是初级的、原始的。 由它的杂乱部件能演化
出许多全新的政治秩序，进步主义城市政体就是其中之一。
　　一直以来，研究城市政体的文献主要关注城市政治和商业精

---

[1] 赫伯特·A.西蒙：《错综复杂的建筑》，《人工科学》第 2 版（剑桥：
　　 MIT 出版社，1981 年），第 200 页。
[2] 同上书，第 209 页。

英之间的非正式协议——在经济发展方面改进管理、促进社会生产。 根据这些文献资料，H.V.萨维奇和约翰·克莱顿·托马斯最近提出了政体的四种"理想类型"，划分依据在于其政治领导的行政力量和商业精英的凝聚力。[1] "社团"政体有强势的政治领导和团结协作的商业精英。"精英"政体有软弱无力的领导和团结协作的商业精英。"多元"政体有强势的政治领导和一盘散沙的商业精英。"超多元"政体有软弱无力的政治领袖和一盘散沙的商业精英。[2] 通过观察过去30年中越来越分化的城市政治环境，萨维奇和托马斯提出： 许多社团和精英政体本质上已经变成了多元主义和超多元主义政体，而此前的多元政体，例如洛杉矶，也加入到旧金山的超多元主义政体阵营中。 因此，美国很多城市的政体整体上越来越失序。 政治碎片化和"离心力"，萨维奇和托马斯认为，"（在一些城市）是建立高效的行政权威的阻力"，会拉低"执政能力"。 旧金山和洛杉矶的政治体制，他们警告说："在崩溃的边缘摇摇欲坠。"[3]尽管我们并不清楚两位作者所谓的"崩溃"是什么意思，但是，我们可以看到阿格诺斯市长政府的政治联盟的确摇摇欲坠，尤其是在经济发展领域，阿格诺斯屡屡被缓增长竞争对手击败。

　　在萨维奇和托马斯的分析框架中，政治失序问题潜在的解决方案是： 寻找一种可以强化某一政体的中央集权，从而把撕裂

136

---

[1] H.V.萨维奇和约翰·克莱顿·托马斯：《结语： 千禧年大城市政治的终结》，《转型中的大城市政治》，H.V.萨维奇和约翰·克莱顿·托马斯编（加利福尼亚州，比弗利山： 萨奇，1991年）。

[2] 同上书，第249页。

[3] 同上书，第249—250页。

政体的离心力量收拢回来。 这种办法古已有之。 它以各种各样
的方式出现，有些却遭人反感。 肯特·西姆斯（Kent Sims）是
旧金山经济发展公司的前主管，该公司现在已经解散了，他遵从
规定提出了一条温和的议案。 西姆斯敦促旧金山民主党和共和
党的领导者筹建"综合性项目，以增强本市的竞争地位"，同时
也要关注"大局，关注旧金山的长远利益"。 他认为，为了克
服单一问题政治的"熵"，需要进行党派合作。[1] 另一项议案
则没那么温和，在历史学家凯文·斯塔尔对旧金山失去"公共认
同感"（public identity）的悲痛中也有所体现，西姆斯认为，最能
完美展现旧金山身份的是宏大的开发工程、高耸的办公大楼和帝
国盛宴。[2] 斯塔尔明白，大人国的宏愿要在小人国的政治土
地上实现，会处处遭到本市恼人的环境保护主义者、自然资源保
护主义者、租户联盟、族裔群体和社区活动家的阻挠。 尽管斯
塔尔承认"盼望像造船厂老板和酒店建筑师威廉姆·查普曼·罗
尔斯顿这样的人驰骋白马、拯救水火，尽管这有些天真幼稚，甚
至有些原初法西斯倾向"，但是，他还是希望"至少罗尔斯顿式
的公共意识和公共意志可以在本市重整旗鼓"。[3] 这种失望沮
丧让人们想到了《圣经》中的示拿地人，他们宏大的巴别塔工程
因各自不同的语言毁于一旦。 对那些一心想要建造高塔的人来
说，他们几乎无法抗拒通过中央集权强力手段实现统一的诱惑。

———————

［1］肯特·西姆斯：《瞬息万变世界中的竞争：旧金山经济白皮书》（旧金
　　　山：旧金山经济发展公司，1989 年），V - 2，V - 6。

［2］凯文·斯塔尔：《旧金山正在丢失其世界级城市身份》，《影像》，
　　　1988 年 5 月 1 日，第 19—31 页。

［3］同上书，第 22 页。

　　尽管非常具有可行性，但是解决政治无序问题的两个关键的假定条件，在旧金山均已不再成立——城市政体的主要功能是提升系统管理能力，促进经济和社会发展；政治秩序必然意味着精英意志强加于民众之上，鞭策或者诱使它们成型。[1] 旧金山的进步主义者的确面临着亟待解决的政治失序问题，但是，进步主义者的困境仅仅存在于进步主义自身的目标和人类发展目标之间。 第一个难题是： 在新的进步主义政体中确立公民身份的空间界限。 对一些旧金山人来说，边界缩小到了他们社区，然而，对另外一些人来说，边界则扩大至整个湾区甚至更大的地区。 第二个难题是： 促使斗争不断的唯物主义和后唯物主义和谐共存于该政体的进步主义意识形态中。 两个难题密不可分，你中有我，我中有你，正如后文波特雷罗山案例所展示的那样。旧金山进步主义者面对的第三个和第四个问题是如何在新的政体中创造支持社区而不是威胁社区的经济基础；如何建立市民参与和尽职尽责的公共权威的组织结构，两者可以协调合作而不是像现在所讨论的案例中那样彼此冲突。

邻避主义、地方主义和市民吹捧

狭隘思维的危险：邻避主义与飞地意识

　　社区运动既是旧金山进步主义运动的灵感之源，也是它致　137

---

[1] 从缓增长的角度看，政治失序的主要问题在于它会破坏共同努力，阻碍组织有序的资本精英建造高塔。

命的阿喀琉斯之踵。 1985 年，也即 M 提案通过的前一年，斯蒂芬·巴顿（Stephen Barton）对社区运动独有的特点和长处进行总结：（1） 它具有"主动包容性而不是排他性"；（2） 它"旨在保障所有公民居住环境安全与稳定，而不是把房产所有权作为公民身份的基本条件"；（3） 它"将社区关注问题与整个城市的经济发展关联起来，并主张对整个过程进行民主控制，而不是局限于社区保护，或者任由商业控制社区开发"。[1] 如果曾经有过社区狭隘主义的图景，它也不是这样的。 随着 M 提案通过，社区运动的目标被纳入本市严格的发展规划中——如果没有奉为圭臬的话。 尤其是阿特·阿格诺斯被选为市长之后，社区获得了很大的权力。 恰恰在这个时候，借用卡斯特尔斯的话，一些社区居民开始，"认定他们的社区即是世界"。[2] 旧金山的波特雷罗山社区就是一个例证。[3]

　　一位开发商想要在波特雷罗山陡峭的山坡上建造 91 个住房单元，其中 29 个是低收入者住房或者艺术家的工作空间。 波特雷罗山地区的一些居民为了让这片地区维持原来"印第安人逭游"的样子，使项目耽搁了数月之久。[4] 他们多次援引规划法

────────

[1] 斯蒂芬·E. 巴顿：《旧金山的社区运动》,《伯克利规划杂志》第 1 期（1985 年春/秋季刊），第 100—101 页。

[2] 曼努尔·卡斯特尔斯：《城市与草根民众》(伯克利和洛杉矶： 加利福尼亚大学出版社，1983 年），第 331 页。

[3] 下面的讨论基于几篇报道，SFBT，1990 年 3 月 28 日；SFC，1990 年 12 月 17 日；SFC，1991 年 4 月 12 日。

[4] SFBG，1990 年 3 月 28 日。

案中的自主裁决权规定： 即使规划工程符合法案规定，居民有权在审核过程中的任何时候以任何理由对任何项目提出异议。当这一策略不再奏效时，他们又使项目拖延了三个月，给出的理由是本地可能是受联邦和州法律保护的珍稀物种收割蛛（harvestman spider）的栖息地。 昆虫学家经过调查否定了这种说法，之后，这项工程终于批准通过。 由于项目耽搁，开发商不得不承担六万美元的账面成本。 开发商知道居民主要在这片深谷遛狗后，沮丧而愤怒地质问道："你们还有什么招数，赖说是危害狗狗便便环境?"[1]几乎在美国任何一座城市，这句话都会被认为是明知故问。

波特雷罗山案例像教科书一样展示了邻避主义（NIMBYism，即别在我后院）[2]，该说法可能源于西德尼·普洛金（Sidney Plotkin）所谓的"飞地意识"[3]。 这个案例之所以尤为有趣，是因为鉴于过去十年的分区选举趋势，波特雷罗山是本市最进步的社区之一。 然而，当一个原本可以满足低收入居民经济适用

---

[1] *SFC*, 1990 年 12 月 17 日。

[2] 在政治语境中，NIMBY 仅仅被用于表达贬义。 但是，卡夫和克莱尔最近公开了一项非常有趣的对 NIMBY "综合征"的实证研究，以更加富有同情心的眼光考察这一现象。 在分析社区居民反对放射废物处理在本地选址的证词过程中，他们发现反对者对技术问题比较了解，他们进行回应时并没有过于情绪化，并表达了对本地以外区域的环境和经济影响的关切。 见迈克尔·E. 卡夫和布鲁斯·B. 克莱尔：《市民参与和 NIMBY 综合征： 民众对放射废物处理的回应》，《西方政治季刊》第 44 期（1991 年 6 月）， 第 299—328 页。

[3] 西德尼·普洛金：《飞地意识与邻里激进主义》，《激进主义的两难处境： 阶级、社区和地方动员政治》，约瑟夫·M. 克林和普鲁登斯·S. 波斯纳编（宾夕法尼亚州，费城： 坦普尔大学出版社，1990 年）。

138   房需求并保护其利益的规划工程威胁进步主义者的地盘时，进步
主义者就变成了保护主义者。 这一群波特雷罗山居民在进步主
义的框架内滥用市民权力破坏进步主义工程。 他们的行为表
明，障碍原则能够顺利分配稀有资源，但是，被分配的资源常常
是富者富有，贫者贫乏。[1] 在当下的反政体中，"行动权"的
阻碍常常会否定"行动权"的创造——即便是在空旷的山谷中创
造几套经济适用房的行动权也是如此。

   波特雷罗山事件并不是孤立事件。[2] 贝纳尔高地社区是
"旧金山最后一块可以大规模开发建楼的地区"，[3]在此，两
个由居民掌控的设计审查委员会获得本市规划局的非正式授权，

---

[1] 本市许多重要的进步主义者，尤其是那些对进步主义事业视野更为开
   阔的人，更加痛苦地意识到这些利弊权衡和抉择的必要。 例如，在对
   波特雷罗山事件的事后分析中，《湾区卫报》的蒂姆·雷蒙德支持规划
   委员会通过该项目的决议，但是，他这么做也是不情不愿，其背景是
   "厄运循环"。 他写道："如果旧金山将会有任何重要的新建经济适用
   房并留住艺术家、作家、音乐家、离经叛道的人和流浪汉——一直以
   来，是他们造就了一座美妙的城市，那么，我们就要舍弃一些东西。
   我们将不得不接纳更大密度（即更加拥挤）的社区和更加丑陋的建
   筑，以及更少的开发空间。"（见《厄运循环》，SFBG，1991 年 4 月 17
   日。）旧金山明天的负责人也愿意"在旧金山互相冲突的主要工作中做
   出选择——住房还是开发空间"，他们以 11 比 5 的投票结果给予波特
   雷罗山项目 "有条件的"支持。 见《旧金山明天简讯》，1990 年
   9 月。

[2] 有关旧金山最近的邻避主义例证概要，参见英飞·陈：《社区站起来阻
   止新建住房》，SFC，1991 年 3 月 14 日。

[3] 迈克尔·罗伯特森和伊芙琳·怀特：《激进主义攻击住房》，SFC，
   1987 年 4 月 8 日。

阻止任何无法满足他们对分区法规的解读的住宅开发项目。[1]
贝纳尔高地居民惯于随心所欲、为所欲为。 1991年初，社区活
动家组建保护市场特别工作组，其目的是为了阻挠贝纳尔高地社
区基金会的规划，规划提出在与旧金山著名的农贸市场紧密相连
的地区，为本地低收入和极低收入家庭建造120个单元经济适用
房。 贝纳尔高地基金会是非营利的多样化服务机构，致力于提
高经济适用房存量。 在监察委员会委员比尔·马赫（Bill
Maher）的支持下，特别工作组积极分子采取了被称之为"打入
敌人内部"的行动，即全员加入基金会，旨在使与他们同心同德
的基金会董事会成员占大多数。[2] 夺权行动失败了，不过工
作组还是使住房规划发起人作出让步——建造房屋数总数不超过
120套，住房综合区距离市场摊位60英尺，而不是原初提案中
的25英尺，农民会因车流增加和建筑施工造成的零售损失而获
得开发商的赔偿。 此外，监察委员会要求基金会通过基于社区
冲突解决方案的社区委员会调解服务，开启"与批评方的和解
程序"。[3]

市长领导的住房办公室工作人员预计，社区群体为了阻挠任
何他们认为该地区有害的所有类型的规划项目，将越来越频繁地

[1] 对社区委员会所运用的非正式的规划力量的精彩研究，参见卡尔·F.
海斯勒：《贝纳尔高地的市区规划》，《城市行动》（旧金山州立大学城
市研究课程学报）（1989年），第72—79页。

[2] 苏珊·赫伯特：《贝纳尔领袖遭遇住房规划挑战》，《旧金山独立
报》，1991年2月5日。

[3] 苏珊·赫伯特：《农贸市场住房获得批准》，《旧金山独立报》，1991
年4月2日。

利用 M 提案和本市规划申诉程序。　由于在一些社区，这样的项目包含为低收入家庭建造经济适用住房单元，未来将会有更多像波特雷罗山和贝纳尔高地的事件。[1]　如果进步主义领导者想要建立进步主义城市政体，在进步主义联盟内部，必须解决建造经济适用房市政"行动权"和阻遏这些规划工程的社区"行动权"之间的矛盾。[2]　如果他们的应对措施是向社区授权，让它们自行其是，其后果有可能是低收入家庭和个体被迫离开，不得不去其他地方寻找廉租房。　考虑到旧金山炒得火热的住房市场

139 和高昂的生活成本，如此一条善意但忽略其隐含之义的政策可能会把本市穷人抛入住房市场，而他们毫无抵抗市场之力。　与此同时，中产居民却在半独立的社区中岁月静好，继续保持"独享"的管理特权。[3]

　　通过限制邻里自治权从而摆脱这一困境，将会从根源上毁掉真正的地方民主。　强制措施解决方案还会引起领导者篡夺进步主义运动的集体控制权。　旨在提高社区进步主义意识和促成"结构联盟"的培训学习很有可能会成功。[4]　然而，即使是纯

---

[1] 英飞·陈：《社区站起来阻止新建住房》。

[2] 1990 年，旧金山的建筑商完成建造 2 065 个住房单元。　建造住房总数中，超过一半的住房单元由重建局修建。　非营利性住房赞助商建造了 278 个单元，全部面向低收入居民，占当年此类住房单元的 61%。　资料来源：规划局数据，*SFC*，1991 年 6 月 7 日。

[3] 见蒂姆·施莱纳和马克·Z.巴拉巴克：《旧金山如何能变成没有任何穷人的城市》，*SFC*，1985 年 9 月 18 日。

[4] 见迈克尔·皮特·史密斯和丹尼斯·贾德：《美国城市：意识形态的生产》，《转型中的城市：阶级、资本和国家》，迈克尔·皮特·史密斯编（加利福尼亚州，比弗利山：萨奇，1984 年），第 190 页。

意识形态的解答也必须利用，而不是用来压制社区积极分子的活力。　究其本质，飞地意识是一种对有可能把地方变成空间、把社区分解个体居民集合的外力的本能反抗防御。　譬如普洛金，他呼吁"飞地意识"和阶层与社区之间紧密联系，赞扬飞地心态所形成的"功能任性"及其对资本主义国家运行的破坏性影响。[1]　谢尔顿·沃林是一位反对国家主义的民主理论家，更易接受飞地意识和街头战斗邻避主义。　他为这一说法，在反联邦主义者以及孟德斯鸠的《论法的精神》中找到了被忽视却又坚定的理论基础。《论法的精神》一书称分权的好处是它可以作为抵御集权国家入侵的屏障。　在沃林对孟德斯鸠的解读中，地方机构、地方法规和习俗"不仅抵御或者调和国家与民间社会，而且使权力复杂化。　在他（孟德斯鸠）的笔下，封建主义变成一个可以替代集权国家的名词。　它意味着边缘与中心对抗，地方机制、习俗的多样性与行政统治准则的一致性趋向的对抗，简而言之，是政治多神论与政治一神论的对抗"。[2]

　　在旧金山反政体的大环境中，人们可以把旧金山社区运动中相对更加排他性的因素称为某种现代城市封建主义，通过使集中权力复杂化，从而维持本地多样性。　进步主义领导者所面对的挑战：

---

[1] 普洛金：《飞地意识》，第231—232页。

[2] 谢尔顿·S.沃林：《过去的此在：国家和宪法论文集》（马里兰州，巴尔的摩：约翰斯·霍普金斯大学出版社，1989年），第131页。　旧金山的反孟德斯鸠式批评或许可以称为新联邦主义者，参见丹尼斯·J.科伊尔：《湾区的巴尔干》，《公共利益》第11期（1983年春），第67—78页。　科伊尔的文章的最后一句话是："反联邦主义正在旧金山的社区中疯狂乱窜。"

寻找一种方法把旧金山社区运动中的反国家主义纳入进步主义的意识形态中，同时不削弱进步主义*地方*政体的合法性。在某种意义上，这必然意味着扩大"飞地意识"的疆域边界，以便把整个城市都囊括起来。

思考过度的风险：地方促增长政体联盟

地方主义也向旧金山的进步主义领导者发出了挑战。湾区地方政府内部曾经也有利益之争。[1] 1980 年代在增长控制之争期间，许多党派都被牵涉到抱团混战之中。城市问题的地方视角是进步主义精神内涵的重要组成部分，尤其是此时交通拥堵、城市扩张、住房短缺和人口增长问题影响了湾区的 9 个县、98 个市以及 721 个特别区。1987 年，阿特·阿格诺斯竞选市长时公布了一份"互助宣言"，呼吁在处理地方问题时各地政府要通力合作。（包括绿带大会和塞拉俱乐部在内）曾经加入缓增长运动的环境保护主义者和自然资源保护主义者组织积极呼吁支持 2020 年湾区愿景委员会的地方政府提案，该组织是刚刚成立不久的一流的市民组织，为湾区增长问题提供地区性解决方案。[2]

2020 年湾区愿景委员会在最后的报告中提议：（1）高效的州增长控制政策（尤其是能够"减轻土地利用'赋税化'的税收压力"，同时提供"金融方案，以满足方便越来越多的人的基础

---

[1] 弗兰克·维维亚诺：《湾区涌现新的地区主义精神》，*SFC*，1989 年 2 月 8 日，以及湾区委员会：《理解地区发展》（旧金山湾区委员会，1988 年）。

[2] 见 2020 年湾区愿景委员会：《委员会报告》，1991 年 5 月。

设施需求"）；（2） 可以整合现有地方政府体制，并且制定具体
增长控制规划的*地区*机构；以及（3）"*强势*"*地方政府*"始终
依据批准通过的地方规划行事".[1] 委员会还提议设立监管提
案中地方机构的管理委员会，委员任期三年，"任职期间有权力
通过或者否定地区重要开发事宜".[2] 委员会提议没能获得湾
区重要的政治支持，最重要的原因是为它对地方控制权的威胁，
及其非民主的政府结构。 2020 年湾区愿景委员会的项目经理约
瑟夫·波德维茨坦言支持率之低："联盟就像一个倾向于支持湾
区委员会的大企业，一些政府官员看到了墙上预示不祥的字迹，
还有绿带大会中的环境保护主义者，则更关心保护开放空间。
作为一个联盟，它仍旧屹立不倒——但是，现在，它的根基还不
牢。"[3]瑞文·特兰特（Revan Tranter）是湾区地区政府的支持
者，也是湾区政府协会（ABAG）的执行董事，称反对意见是
"NIMEY 综合征"——"不要在我"的选举年综合征。[4] 大
多数地方政府官员只不过是不愿意冒政治风险，把地方自治拱手
让给一个奉命组建并用来推行州政府增长控制政策的地区机构。

　　赫然出现在地方权力面前的威胁，是促使顽固的地方官员考虑
主导建立地区政府的重要因素。 一些地方政府批评者了解了 2020
年湾区愿景报告字里行间的信息，并对此深恶痛绝。 加州大学政
治研究所的兰迪·汉密尔顿（Randy Hamilton）说："简言之，委员

[1] 见 2020 年湾区愿景委员会：《委员会报告》，1991 年 5 月，第 38 页。
[2] 同上书，第 44 页。
[3] *SFC*，1990 年 10 月 23 日。
[4] 弗兰克·维维亚诺：《湾区"地盘之战"阻碍区域规划》，*SFC*，1989
　　年 2 月 9 日。

会告诉我们他们要去萨克拉门托，强塞给我们一个地区政府。"[1]

对州政府介入拍手称赞的人当中有一些是本州大型企业的管理者、房地产投资人、商业和住房开发商，以及像湾区委员会一样面向企业的智囊团。如火如荼的地方增长控制创议令加利福尼亚的许多商业领袖非常受挫，他们想要限制地方政府增长控制措施的自治权力，采取的措施是向级别更高的不同（并且可能更尽心尽责）的政府官员赋予新的权力和权威。其中有些官员曾经敦促州政府以推行增长控制为由"惩治"地方政府。[2] 南加州建筑业协会的领导人之一迪克·沃斯（Dick Wirth）更是毫不留情，他声称"假如哪个地方的人打算停滞不前、不再发展，那么，他们就别妄想拿到州政府税收的一分钱，因为，他们就是一群贪得无厌的小丑"。[3] 人们可以无休无止地讨论哪种"小丑"更让人恼火：是想要彻底停止发展的小丑，还是作弄每一条限制增长的小丑。然而，毫无疑问，整个州很多地方政府都曾经把地方增长控制政策作为逃避地方责任的借口、作为阶层和种族排斥异己的方法。[4] 滥用地方法规给予了商业支持者及其在州政府的政治盟友反诘的机会，推进州政府干预地方土地利用和开发政策制定。例如，1989 年有超过 50 个增长控制法案呈递州立法机构，而且其数量还在稳定增加。专家对这些法案

---

[1] 弗兰克·维维亚诺：《区域讨论中关键问题渐渐成型》，*SFC*，1991 年 3 月 4 日。

[2] 丹·史密斯、琼·拉多维奇和雷蒙德·史密斯：《反对发展的斗争》，《金州报告》第 4 期（1988 年 1 月），第 31 页。

[3] 引自同上。

[4] 例如，见迈克·戴维斯：《石英之城：挖掘洛杉矶的未来》（纽约：维索，1990 年），第三章。

进行分析，揭示了它们的共同主题："所有法案都是为了打击地方官员的发展决策控制权。"[1]

从整体上看，这些动态表明地方和整个州都在行动，在地方和州政府创造一个更加广泛的促增长联盟。 商业精英及其环境保护主义者和州政府盟友将有可能在更高的层次上主导制定发展政策。正如迈克尔·皮特·史密斯在其书中所写的："一直以来，商业精英、银行、大众媒体、公共事业公司以及企业管理层都是各种创造地方规划方案和大都会政府规划的主要支持者。 这一点也不意外。 这些利益集团都有能力从那个层面影响政府的决策。"[2]尽管湾区某种地方增长控制形式似乎是必须和不可避免的，然而，州政府授权建立的地方政府未来将是旧金山进步主义联盟，尤其是环境保护主义者和社区平民主义者之间争议不断的话题。[3] 在不

────────

[1] 布拉德利·因曼：《布朗提议重新调整发展规则》，*SFE*，1990 年 7 月 8 日。

[2] 迈克尔·皮特·史密斯：《城市与社会理论》（纽约： 圣马丁出版社，1979 年），第 273 页。 另见 K. R. 考克斯斯和 A. 梅尔：《城市增长机器与地方经济发展政治》，《国际城市与区域研究杂志》第 13 期（1989年），第 137—146 页。

[3] 本市少数族裔和移民社区的领袖们也曾表示在地区政府提议问题上应该谨慎而行。 例如，亚裔美国人和西班牙裔社区组织者曾经表达他们的关切之情，他们认为 2020 年湾区愿景提议中的"提到的人口限制目标直指他们选区中成千上万的新到移民"（维维亚诺：《区域讨论中关键问题渐渐成型》）。 湾区黑人领袖也表达忧虑之情，指出黑人政治力量"源于他们在中心城市的庞大的人口数量，采取地区方法，其力量将会遭到削弱稀释"（引自迈克尔·泰勒：《地区规划中少数群体的主张诉求》，*SFC*，1990 年 7 月 24 日）。 湾区城市联盟的执行董事杰斯·佩恩评论称，"我们的民众对这一概念有些疑虑。 从历史上看，地区发展曾与非裔美国人的利益相悖"（引自弗兰克·维维亚诺：《湾区少数族裔不信任地区主义》，*SFC*，1991 年 4 月 16 日）。

同的政治图景中，地方政府既有可能促进进步主义，也有可能破坏其进程。

进步主义市民身份的空间边界

邻避主义和地方主义令人头疼之处是，在进步主义政体中，它们使划定主要边界和地方市民身份任务复杂化。 正如进步主义运动中的社区平民主义一派倾向于收限公民身份的界限，以融入社区。 而环境保护主义者一派倾向于不把公民身份限制得那么死，以收编整个地区。 公民身份如太妃糖般被拉扯可能会破坏创造全新的城市政体所做的努力。 罗伯特·达尔和爱德华·塔夫特在深入分析中提出："我们并不是在开放的、独立的体系中构建民主，我们必须学会在一系列毫不相关、蔓延开去，有些时候并非总是像匣子一样大小嵌套的体系中构建民主。"[1]然而，匣子式的市民身份观念有可能把进步主义运动分割成各自不同的政治活动空间单元。 譬如，大卫·哈维在对1871年巴黎公社的相近研究中指出，分歧使公社四分五裂，包括"街头、城市和国家之间，集权派和分权派之间的分歧，（它们）造成了公社不和谐的气氛，并造成了政治实践矛盾冲突不断"。[2] 旧金山不是，也不可能是巴黎公社。 但是，在引导旧金山从反政体到

[1] 罗伯托·达尔和爱德华·塔夫特：《规模与民主》（加利福尼亚州，斯坦福：斯坦福大学出版社，1973年），第135页。

[2] 大卫·哈维：《意识与城市经验：资本城市化的历史与理论研究》（马里兰州，巴尔的摩：约翰斯·霍普金斯大学出版社，1985年），第218页。

进步主义政体的转变时，旧金山更有远见卓识的领导者或许应该在新政治秩序中的市民成为"我们"时，确定本市的边界。

红-绿的聚变与裂变

旧金山进步主义领导者取得的重大政治成就，即在准备发动对促增长政体总攻的过程中，与三个左翼阵营结盟。 中产阶层环境保护主义者、社区平民主义者和工薪阶层自由主义者进行战略合作，寻求共同的政治目标。 使这一结盟成为可能有三个历史条件。 第一，联邦政府削减城市援助项目，把全国性社会问题丢到地方城市的篮子里，让它们自行解决。 原本可以向上和向外分流并寻找解决方案的地方政治压力，如今都合流涌向了市政厅。 第二，在旧金山内部，市民的压力迫使地方促增长政体增生。 正如很多进步主义者所见，促增长政体为投机者建造了摩天大楼、成功为通勤职工创造了工作岗位、为中上阶层建造了住房，同时也带来了一团混乱。 旨在满足低收入居民的住房、工作和服务真的称得上是涓涓细流。 不满越来越严重，三个左翼阵营的领导者越来越不指望促增长政体，而是寻求彼此帮助。 第三，本市进步主义领导者——凯尔文·韦尔奇、苏珊·海斯特、南希·沃克、蒂姆·雷德蒙以及其他很多人——抓住这一历史时机，并在政治上加以利用，把三个左翼阵营兼容并包至缓增长联盟中，并最终改变公共政策，夺取市政厅。 唯物主义者和后唯物主义者的目标一致；发展的目的是再分配；环境保护主义者和社区所关注的问题紧密相连；工薪阶层和社区的需求息息相关。 全新的剧变仅仅是局部的，主要是战略的，而且有可能是暂时的。

143　但是，政治实践却让理论家有所思考：至少在这一个城市，进步
主义联盟是可能的。

构建进步主义选举联盟进程中，最重要也最困难的是把工薪
阶层和少数族裔自由主义者的利益与中产阶层环境保护主义
者——唯物主义左翼以及后唯物主义左翼，即"红党"和"绿
党"——的利益联结起来。[1] 之所以如此重要，是因为它表明
了融合在政治上是可能的，还因为，如果最终证明它可以长期存
在，那么就有可能在其他城市乃至全国进行推广。不过，要跨
越两个群体之间巨大的鸿沟，必然是一项非常艰巨的任务。自由
派作为一个群体，主要是非白人工薪阶层，他们教育落后，认知
动力不足，由精英主导，同时受到事关安全、就业和住房的物质
利益的驱动。环境保护主义者作为一个整体，主要是白人中产阶
层，教育良好、认知动力充足，由精英指导，同时受到对环境问
题、城市美学和生活质量关注的后唯物主义利益的驱动。[2]
1986 年，范斯坦市长曾经试图利用这些差异组织反对 M 提案运

---

[1] 有关唯物主义者和后唯物主义者意识形态的讨论，参见罗纳德·英格尔
哈特：《发达工业社会的文化变迁》（新泽西州，普林斯顿：普林斯顿大
学出版社，1990 年）。另见詹姆斯·萨维奇：《左翼与右翼后唯物主
义：后工业社会中的政治冲突》，《比较政治研究》第 17 期（1985 年 1
月），第 431—451 页。有关社会运动中"红-绿"聚变可能性的讨论，
参见卡尔·博格斯：《社会运动与政治力量：西方激进主义的新兴形
态》（宾夕法尼亚州，费城：坦普尔大学出版社，1986 年），尤其是第
247—249 页。另见费伦茨·费赫和艾格尼丝·海勒：《从红到绿》，
《泰勒斯》第 59 期（1984 年春季刊），第 35—44 页。

[2] 对这些类型比较的简单讨论，参见第三章，其中大部分摘自英格尔哈
特：《发达工业社会的文化变迁》。

动。 尽管此次谋略最终失败，但是，运动中塞西尔·威廉姆斯
牧师和白人中产进步主义者的正面交锋揭示了两个生活迥异的世
界之间的截然不同。 进步主义者能够打通两个世界之间的政治
联系，其前提和承诺是新的政体都可以提高两者的生活质量。
然而，反政体中已经出现了红-绿联盟裂变、崩溃的征兆。

非裔美国人与重建：全新的规则，同一个游戏

本市非裔美国人群体中最早出现对反政体的失望和不满的迹
象。 由于促增长政体无法兑现为非裔美国人市民提供体面工作
和经济适用房的承诺，许多非裔美国人领导者加入到缓增长运动
中。 随着 M 提案的通过和阿特·阿格诺斯当选市长，非裔美国
人的未来看似会有所改善。 巴克·巴格特接受阿格诺斯的任命
进入重建委员会，他的话非常鼓舞人心："早期的项目场地清理
工作在很大程度上就是'驱赶黑鬼'，这种状况将不会再发
生。"[1]然而，在本市的一些非裔美国人领导者眼中，阿格诺
斯领导的重建工作与从前没有什么不一样。 例如，1990 年，重
建局菲尔莫尔中心（Fillmore Center）的盛大开幕，没有什么值得
非裔美国人可欢呼雀跃的。 菲尔莫尔中心选址在原本是非裔美
国人社区的商业枢纽之上，该项目建造了一个巨大的符合市场行
情的商住综合体，与之配套的街区精品店和娱乐设施，正如一位
批评者所说："将会令绝大多数专属私人俱乐部的人心生羡

---

[1] *SFC*, 1990 年 2 月 12 日。

慕。"[1]汉尼拔·威廉姆斯牧师、住房管理局官员玛丽·罗杰

144 斯以及其他非裔美国人领袖都反对他们所认为赞助城市绅士化的
延续。 尽管事实上，规划项目在范斯坦市长执政期间就已经开
始了，但是，阿格诺斯市长承担了大多的指责。"它就不是给我
们社区用的"，罗杰斯说。[2]

　　一年之后，规划局宣布南海湾规划，即对人口主要是非裔美
国人的海景-猎人角社区的部分土地进行重新划分和重新开发。
规划提出建造符合市场需求的公寓楼，取缔了许多酒水商店，并
清理旧金山的主要毒品交易中心第三街"难看的街区和低级经济
活动"。[3] 很多社区领导者和居民在规划局作证时都表示抗
议，有人称"很明显，你们打算一点一点蚕食我们的社区"，还
有人宣称这项规划将会"把所有的非裔美国人赶出旧金
山"。[4] 艾迪·韦尔伯恩牧师警告说："在西增区，我们曾经
坐视不管，但是，在猎人角社区，我们绝不会任由他们胡
来。"[5]新海景委员会和海景-山区居民协会联起手来阻挠推进
规划，后来规划局局长迪恩·马可里斯撤销规划，进行进一步
研究。

　　为了回应旧金山非裔美国人社区的种种顾虑，阿格诺斯市长委
任并向非裔美国人特别工作组进行授权，为重建局出谋划策。 重

[1] *SFC*，1990 年 9 月 13 日。
[2] 同上。
[3] *SFC*，1991 年 7 月 12 日。
[4] 同上。
[5] 同上。

建局拨款 500 万美元支持非裔美国人发展。[1] 然而，包括新海景
委员会主席山姆·莫里（Sam Murray）在内，非裔美国人领导者对
此并不满意，山姆称重建局斥资 777 500 美元在猎人角建造一座属
于白人老板的超市，用 500 万美元向我们示好，不过是一个"骗局"。[2]

"里士满特制"之争

　　红-绿联盟瓦解的另一个标志：社区保护主义者、经济适用
房群体，以及住房开发商在限制或者禁止拆毁独户住房的分区规
定问题上的纠缠不清。冲突的根源在于本市长期的住房短缺，
促使产权所有人和房地产开发商夷平独户住房，在原址上新建像
盒子一样的多户型建筑（当地人称之为"里士满特制"），从而
既符合市政法令，又使楼板面积最大化。尽管里士满特制表面
看上去平淡无奇，但是，租赁群体的领导者非常喜欢它们，因为

---

[1]　见《黑人领袖在重建中争取一席之地》，*SFBG*，1991 年 7 月 3 日。
[2]　同上。这些决议背后的假设似乎是从净利润来看，相比资助黑人企业家
　　　开始风险更大的小型商业企业，投资扩大现有（主要是白人控制持有的）
　　　商业似乎对黑人社区更加有利。蒂姆·雷蒙德引述了重建局局长巴克·
　　　巴戈给该局执行董事埃德·赫尔菲尔德的一段备忘录："我不认为我们兴
　　　办全新的非白人商业能获得多少成功"（引自蒂姆·雷蒙德：《他们就是不
　　　懂》，*SFBG*，1991 年 5 月 22 日）。另见丹·利维：《滥用重建局基金，
　　　黑人非常愤怒》，*SFC*，1991 年 5 月 15 日。相关早期，甚至相反的观点即
　　　在大多数海景-猎人角居民眼中，对他们的社区进行士绅化，他们"毫不
　　　掩饰自己的希冀，翘首以待"，见马克·Z. 巴拉巴克和蒂姆·施莱纳：
　　　《第三大街居民欢迎士绅化》，*SFC*，1985 年 9 月 19 日。

它们可以增加住房存量。 紧抓市场动态的开发商喜欢它们，因为它们可以提高房地产交易总量。 很多亚裔人对它们尤为偏爱，因为它们可为大家庭提供充足的生活空间。 很多产权所有人称他们有权利以这种方式开发其房产，并在符合合理规定的前提下从中获利。

旧金山大多数社区和历史保护群体都反对里士满特制，视其145如瘟疫，以至于组织社区警戒巡逻，寻找建筑违规行为，审核建筑许可申请，并且实际参与监视活动。 以旧金山明天为首，这些团体的领导者奔走运动，宣称建造里士满特制是违法行为，阻止为它们让出空间的拆迁活动。 他们辩解称，丑陋的建筑会毁掉本市社区的魅力和特点，并且会永久性减少弥足珍贵的独栋住宅保有量，代之以并非所有都是经济适用房的住宅。[1] 人们屡屡指责他们对本市亚裔群体的种族歧视，对此他们拒不承认。1987 年，里士满特制的反对者成功迫使规划局暂停拆迁规划，一年之后推行三级结构的临时分区规定，使得一些社区的业主很难获得拆迁许可，而在另一些社区则相对容易获得。 1990 年底，当规划局为处理这一问题，提出一套全新的永久性规则时，几乎所有相关党派均持反对意见。[2] 规划局坚持不懈，并在 1991 年提出了另一套规定（包括用相应价格和面积的建筑物代替被拆除建筑的要求），但是，即便是"折中"规则也遭到了全

---

[1] 对冲突和相关问题的恰到好处的概述，见 L. A. 钟：《旧金山社区建筑之战背后的故事》，*SFC*，1987 年 7 月 21 日；罗伯特·莱茵赫尔德：《旧金山全面突破经济增长限制》，《纽约时报》，1987 年 12 月 8 日；以及丹尼·皮尔：《新建块状建筑扰乱社区》，*SFBT*，1990 年 9 月 24 日。

[2] 皮尔：《新建块状建筑扰乱社区》。

这是典型的里士满特制——四四方方的多单元住宅,遭到了旧金山社区和建筑保护主义者的反对

面批评。[1]

　　在反政体中，拆迁问题似乎无法解决，相关政策纷繁复杂，展示了"街头斗争多元主义"的字面意义上的模型。 然而，所有纷争的焦点在房地产这一概念本身，旧金山从根上提出了异议。[2] 社区保护主义者房地产观点的核心内容可以从里士满住户委员会主席和拆迁活动反对者路易斯·米亚什罗的说法中找到蛛丝马迹："社区像一个人一样拥有权利。"此处所谓的社区权利与 C.B. 麦克弗森的房地产延伸概念相一致，即"一套社会

146

[1]《本市规划引起所有参与方的不满》，SFBG，1991 年 5 月 22 日。
[2] 有关"基本含义有争议概念"的讨论，参见威廉姆·康诺利：《政治话语术语》，第二版（新泽西州，普林斯顿：普林斯顿大学出版社，1983 年），第一章。

关系的权利，某种社会的权利"，意味着"生活质量中的新的财产"。[1] 按照这一观点，为了保护社区权利有必要施行障碍管制，不仅是半自主的城市中，而且在越来越半自主化的社区中也是如此。 正如一位保护主义者所说，繁文缛节"保证旧金山还是旧金山"。[2] 那些坚持洛克式观点的人，个人自由与财产紧密相关，而产权所有权"可以理解为个人对资产的处置不受干扰"，他们在旧金山很可能会感到不自在，会觉得他们的财产遭到日益增长的禁锢的限制。[3] 那些没有房产，以基本的居住需求和住房机会衡量"生活质量"的人在一个崇尚繁文缛节的城市中可能感到更加不自由。

这些案例更主要的意义在于反政体中存在一种偏见，即仅仅维护本市三个左翼其中两个集团的利益：环境保护主义者和社区活动分子。 分区限制、繁文缛节、冗长的自由裁量权审查程序、社区财产权原则——所有这些不仅仅是为了保护社区特色和维多利亚式的住宅，而且也是为了维持现状。 在此意义上，反政体可以被认为是保守的和排他的。 促增长政体长于突破繁文缛节，完成任务；反政体长于创造繁文缛节，并阻止完成任务。简单来说，反政体突出的优势是有说不的权力。 但是，这并不是少数族裔群体和工薪阶层自由派想要听到的消息。 反政体潜

[1] C.B.麦克弗森：《房地产政治理论》，《房地产、利益与经济正义》，弗吉尼亚·赫尔德编（加利福尼亚州，贝尔蒙特：沃兹沃斯出版公司，1980年），第218、220页。

[2] 英飞·陈：《为维多利亚式住房而战》，*SFC*，1991年4月23日。

[3] 阿兰·瑞安：《房地产》（明尼阿波利斯：明尼苏达大学出版社，1987年），第36页。

在的危险是第三个左翼阵营遭到忽视。

　　红-绿（自由主义者-环境保护主义者，唯物主义者-后唯物主义者）联盟瓦解影响了选举的结果。 例如，围绕土地利用和开发议题（米慎湾、滨水区）的市级争斗仍在进行，工薪阶层和少数族裔自由派都倾向于支持促增长，而反对环境保护主义者和社区保护主义者所支持的禁令和限制。 例如，非裔美国人选民和低收入选区的选民都强烈反对 H 提案（滨水区酒店禁令），同时大多都支持 I 提案（米慎湾不受 M 提案所限制）。[1] 图 9.1 展示了唯物主义和后唯物主义意愿不断扩大的差距，绘制出了"同意"H 提案与"同意"J 提案的选区对比——1990 年失败的创议，要求监察委员每年向本市的住房能力基金拨款 1 500 万美

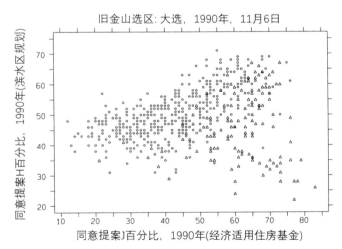

图9.1　根据经济适用住房倡议(提案 J，1990)的赞成票，对滨水酒店禁令倡议(提案 H，1991)投赞成票的选区分布图。突出显示非裔美国人比例较高的选图(三角形)

---

[1] 对 I 提案分区投票进行多元回归分析得出的结论，我表示支持。

147　元。　图 9.1 突出显示的是非裔美国人占比较高的选区。　模式非常清晰。　很多（可定义为"进步主义"）选区既支持唯物主义者所支持的 J 提案，也支持后唯物主义所支持的 H 提案。　然而，"自由派"非裔美国人选区的选民则倾向于支持 J 而反对 H。

　　很有可能，缓增长斗争期间形成的红-绿联盟实际上不过是转瞬即逝的战术结盟，当时两个迥异的政治群体结成的松散联合，如今已经开始瓦解。　就像油和水上下翻腾，会让人产生两种成分可以混合的印象一样，政治斗争中的团结一致会欺骗旁观者，使他们误以为联盟是永久的。　但是，风平浪静之后，无法融合的终会分开。　如果红和绿（以及黑和白）在政治上不可融合，如果为了使它们融合需要在集体行动中不停地上下翻腾，那么，旧金山的进步主义运动就变得无趣了。　总之，我的看法是：　一个更加长久稳定的进步主义联盟是可能的，尤其是在旧金山。　如果穷人、职员、少数族裔都不再支持进步主义运动，进步主义领导者还是要怪自己主要没有关注工薪阶层，没能注意

148　到在全国范围内进步主义的大局。　后唯物主义政治自然会诞生于旧金山这样的后工业城市。　但是，绝不能忽视后唯物主义价值观的唯物主义基础。　亚伯拉罕·马斯洛的动机理论启发了罗纳德·英格尔哈特对后唯物主义政治的研究，他写道："抱怨玫瑰花园的长势，意味着你的肚子不饿；你头上有遮风挡雨的屋顶，你的炉膛中火光通明，意味着你不担心鼠疫；你不害怕刺杀，意味着警察和消防一切正常；政府运行合理、学校系统完善适当、地方政治公正清明，意味着许多其他的需求都已经得到了

满足。"[1]为了阻止旧金山的政治背离玫瑰花园小径，本市进步主义领导必须满足工薪阶层的需求，不能仅仅把少数族裔当作社会多样性来装饰。英格尔哈特本人警示世人的话与此紧密相关。他称赞后唯物主义帮助"纠正了毁掉生活质量以换取单一经济发展的趋势"。但是，他继续说道，"后唯物主义也可能会同样地弄巧成拙。一些运动思想家的反工业的世界观可能会造成忽视后唯物主义赖以存在的经济基础"。[2]

总之，1980年代旧金山进步主义运动中形成的新颖的政治融合如今开始进入瓦解阶段。社区活动家和环境保护主义者从空间上拆分运动，而唯物主义左派和后唯物主义左派则在意识形态上进行撕扯。用弹簧和齿轮一点一点、小心翼翼构建起来的进步主义选举联盟，似乎一下子弹出来，弄得遍地都是零件。相比通过M提案和选举阿特·阿格诺斯上台的兼容并包的选举联盟，进步主义运动执政联盟的承载能力非常有限。[3]

再分配的必要性

本市的一些进步主义领导者认为，承载力的局限性并非是由于意识形态矛盾而造成的，而是由于缺少共同的政治目标。在

---

[1] 亚伯拉罕·马斯洛：《人性能达到的境界》（纽约：企鹅图书，1977年），第232—233页。

[2] 英格尔哈特：《发达工业社会的文化变迁》，第334页。

[3] 对这一区分的讨论，参见芭芭拉·菲尔曼：《治理难以治理的城市：政治技巧、领导力和现代市长》（宾夕法尼亚州，费城：坦普尔大学出版社，1985年），第13页。

他们看来，指责社区居民保留和保护他们努力奋斗建造的生活的做法是不对的。 指责环境保护主义者过分关心本市的生态和谐和界定使旧金山成为旧金山的美学特征的做法说不过去。 但为了满足本市贫苦人的需求，就要舍弃这些观念和忧虑的想法也是说不过去的。 但现在看来舍弃在所难免，其原因是本市长期以来的财政危机造成零和局面（zero-sum），使进步主义内部不可避免地会引起冲突，没有足够的钱使大家都满意。

造成资金亏空的原因是本市官员无法强势地从本市大企业和商业中获取更多税收。 如果大企业按照他们所享受的市政服务全额支付本市税收，那么，所需资金资源就可以随时待命，向重大的社会项目提供资金。 因此，再分配非常必要。 遗憾的是，尽管从私营经济部分向公共经济部分进行再分配在经济上是可行的，但要想在政治上实现却是极其困难。 正如《湾区卫报》社论所说："有一些方法可以在不给穷人和中产过分施压的情况下也能给社会项目提供资金，但是，政治家实在不愿意向受到进步主义累进税影响、在政治上有权有势的个人和企业征收赋税。"[1]的确如此，当选官员可以通过开展"造价不菲"的发展项目，例如，棒球场和滨水区酒店，避免承担再分配的政治代价。 尽管这些项目产生了新的财政税收，但是，为了达到目标，它们强加给本市环境保护主义者、社区群体和低收入人群难以接受的社会代价。 更糟糕的是，这些项目增加而不是降低了对大企业和外部资本的依赖，破坏了本市进步主义者长期艰苦斗

149

---

[1]《阿格诺斯为什么不对富人征税？》，*SFBG*，1991 年 5 月 22 日。

争换来的地方权威和自给自足经济。[1]

在城市政体理论中，讨论再分配引出了以下问题：旧金山的商业群体能否改变，为进步主义政体提供经济基础，① 维持高水准的社会生产，实现人的发展目标，② 在调配就业、住房和就业机会时确保分配公正，但是，做到这些③ 且不会有损旧金山的社会多样性，或者，④ 有违高质量生活的环境和社区标准呢？

旧金山政治环境中不同往昔的商业

紧随 M 提案和进步主义者入主市政厅之后，旧金山商业群体一直以来也是矛盾不断，其变革的方式最终将促成进步主义政体的形成。几个趋势非常明朗。第一，市区商业精英四分五裂，不再就发展战略或者公共事宜统一发声。第二，撤资威胁没能逆转缓长政策，没能胁迫公职人员，也没能建立由商业精英规定的更加适宜的"商业环境"。最后，小型商业群体突出地获得了更高的地位和更大的影响，原因在于它在经过重组的公共-私人合作关系中份额越来越大，作用也越来越大。

---

[1] 最后两段是对蒂姆·雷蒙德多年以前在《旧金山湾区卫报》上发表的文章中所提出的观点的高度浓缩重组。我不敢妄言自己的解释能够抓住雷蒙德论述之深广、高超，文笔之生动活泼。雷蒙德对相关话题所进行的思考，参见《论上帝和亚当·史密斯》，*SFBG*，1990 年 7 月 18 日；《预算紧缩：速成理论》，*SFBG*，1991 年 4 月 24 日；以及《预算紧缩：胆量比试》，*SFBG*，1991 年 5 月 8 日。

城市厄运：市区规划与 M 提案

旧金山的市区商业群体的混乱是政治失序的缩影。 而这种失序正是反政体的特点。 如果说亚特兰大所展示的是统一的市区商业精英的典范，那么，旧金山就是与之相对的典型。 从促增长转向缓增长政治环境将一如既往地在本市重大建造项目中产生失序和混乱。 简单来说，它们的反应大致是： 撤离、抗争和适应。[1]

撤离： 城市政治私有化使得许多城市面对私营经济撤资的威胁时不堪一击。 无法维持良好的"经济环境"会促使当地企业迁到其他地方，一并带走本市亟须的工作岗位和财政税收。但是，在旧金山，私有化造成的真空状态并没有减弱而是进一步强化了地方自治。 整体来看，旧金山四分五裂的商业群体更加依赖地方政府（获得许可、核准通过和清理空间），反过来则不成立。 此外，旧金山的建筑环境和人力资源累计的固定资产投资实在是太大。 商业分析师迈克尔·皮特尔指出，湾区的服务业经济和"多种多样同时受过良好教育的人力资源"是留住企业的原因，他还说："（旧金山）在建筑、交通和通信等方面的资本投资为企业提供了优质后勤服务，其他地方想要复制并非易事。"[2]得益于其"地理优势"、专业高端企业服务、与环太

---

[1] 参见 A. O. 赫斯曼：《出口、声音和忠诚》（剑桥： 哈佛大学出版社，1970 年）。

[2] 迈克尔·皮特：《旧金山地区专业化公司昙花一现》，*SFBT*，1991 年 6 月 28 日。

平洋地区的距离和次级发展目标，在与私营经济进行交易和组建同盟时，旧金山"相比其他的城市是更有战略优势以讨价还价"的城市之一。[1]

很难确定究竟有多少家公司真的撤出了本市，或者即使没有 M 提案的限制，其中有多少家还是会离开。 1988 年，针对旧金山市区企业的调研显示，（大约 1 100 家公司中）有九成公司计划在之后的两年中搬出本市。 高昂的租金、使用成本，以及"市政府的反商业态度"是提到最多的原因。[2] 由于大平层楼房越来越稀缺，想要增加办公设施或者扩大办公空间的企业，或许不得不搬到别的地方。 商会的一项研究试图评估由于 M 提案禁令给本市造成的（财政税收和企业租金）经济损失，最终结果令人非常惊讶，仅仅 900 万美元。 即便如此，这一数据还是遭到了缓增长积极分子的驳斥。[3]

没有系统的证据可以证明企业抛弃旧金山是为了躲避本市不友好的商业环境。 然而，即便发生了重大撤资情况，这对大多数城市来说是丧门星，却可能对旧金山有益。 实际上，资本主动离开本市，提供了一种自然选择机制，本市可以有所取舍，把

————

[1] 大卫·S.戴金：《社区权力的局限： 圣莫尼卡的进步政治与地方控制》，《商业精英与城市发展》S.卡明斯编（奥尔巴尼： 纽约州立大学出版社，1988 年），第 383 页。 另见哈维·莫洛奇：《比较视阈中的城市交易》，《超越城市局限： 比较视阈中的城市政治与经济重建》，约翰·R.洛根和托德·斯万斯托罗姆编（宾夕法尼亚州，费城： 坦普尔大学出版社，1990 年）。

[2] 蒂姆·特纳：《调查显示本市很多企业有意撤离》，*SFBT*，1988 年 3 月 21 日。

[3] *SFC*，1989 年 3 月 24 日。

心怀不满和潜在敌对的商业领导换成更加认同缓增长政策、更加依赖同时也更加忠于地方经济的人。[1] 长远来看，真的到了企业撤离的地步，它还是能够在经济上和政治上维护而不是破坏进步主义城市政体。

抗争：1986 年以来，旧金山市区商业群体极少涉入市政厅
151和进步主义的争斗中。在一定程度上，这是一种战略防御姿态，把油箱埋进沙子里，静待最剧烈的进步主义狂风过境。M 提案获胜之后，很多商业领袖建议准备废除运动时要有耐心，他们预计 1991 年以后时机将会成熟，空置率下降，房租上涨，经济发展的市场压力复苏。总之，直到最近，市区商业群体既缺少集中领导，也没有政治影响力，还没有做好战斗准备。商会依旧是本市最重要的商业联盟，不过，已经不再行使广义上的公共领导权。一位商业专栏作家最近评论说："商会现在最深入人心的形象是……一个无法完全掌握自身命运的组织"；商会形象"接连遭到抨击，忽视小型商业的需求、错失在旧金山的政治影响力——在重要的政治斗争中屡屡失利"。[2]

商会的核心集团，即本市所谓的"七人组"——太平洋电气公司、列维·施特劳斯、太平洋电信、美国银行、贝克特尔、雪佛龙和泛美人寿——战斗精神昂扬，它们组建成商业联盟，在 1988 年 6 月投票选举中击败阿格诺斯支持的商业税提案。但

---

[1] 见赫斯曼：《出口、声音和忠诚》；以及 T. 布莱索：《留下来：1954—1990 年底特律的出口、声音和忠诚》（1990 年 8 月 30 日至 9 月 2 日，在旧金山举办的美国政治学协会年会会议提交论文）。

[2] C. 罗贝尔：《商会发现其公众形象因组法默慌乱而黯然失色》，*SFBT*，1990 年 1 月 22 日。

是，胜利的喜悦并不长久。投票选举后不久，阿格诺斯市长"就打出了强硬一击，采取强硬政治手段"，威胁七人组领导层支持增加本市工薪税的提案，否则他将会推动另一项市民创议运动。[1] 他们屈服了，任凭他吩咐差遣——这让其他的市区商业领导者非常失望，他们感到自己被出卖了。一位亲眼见证此次屈服投降的内部人士称："他们饱受折磨，万分恐惧阿格诺斯会领导人民圣战，而他们会被说成是恶棍，这并不值得冒险。"[2]

在批评指责的刺激下，商会最近聘请了一家公关公司重建自身形象。[3] 它开始修缮与小型商业群体之间关系，走出安全堡垒，与市政厅里的新进步主义作战。1991 年 2 月，商会发布面向全国的广告运动，攻击旧金山的庇护政策和反战的立场。

---

[1] 引自 *SFBT*，1988 年 7 月 18 日。

[2] 引自托马斯·G.金恩：《商会同意提升交易税》，*SFC*，1988 年 7 月 12 日。

[3] 筹备此次重建形象工作，太平洋电信主席萨姆·基恩召集了商会和雇主最大的 13 家公司（美国电话电报公司、美国银行、贝克特尔集团、查尔斯·斯瓦布、雪佛龙、列维·施特劳斯、麦克森、太平洋电气公司、波特拉齐、沙克利、肖伦斯坦公司、泛美以及富国银行）。该组织被称为"十三巨头"，与本地知名的公关公司索勒姆公司签订合约，由它们组织活动加强大型企业与小型商业之间的联系，与社区紧密相连并就经济发展问题组建联盟，并寻找途径，改善本市日渐恶化的商业氛围。《旧金山商业时报》注意到此次提议"早该如此"，它们警告称"本地的商业惯于自说自话、自言自语"，新的活动"需要快速吸纳商业群体中的所有成员。与社区开诚布公进行对话提高旧金山的商业氛围已经够困难了"。见《激活经济需要扩大根基》，*SFBT*，1991 年 3 月 15 日。

这一做法引起旧金山重要的进步主义者的憎恶，但也是一个好兆头：商会再一次得到重视。[1] 商会重获政治影响力的更重要的标志是：最近它成功说服了本市小型商业领导者不再支持造成分歧的增加商业税提案。（详见下文）。

适应：一些企业领导几乎完全放弃了促增长理念，开始从缓增长的角度思考经济发展。原因之一是经济末日的预言并没有实现——尤其是许多企业领导层曾经预言：如果 M 提案得以通过，本市将遭受经济浩劫。[2] 1991 年年中，即 M 提案通过五年后，金融区的商业办公空置率依旧相对较高，达到 13%，而租金低廉（A 级空间每平方英尺 18—40 美元）；旅游和观光花费增加；失业率低于本州和全国的平均数值。[3] 旧金山经济向好的强劲趋势令人怀疑曾经奉为圭臬的箴言。例如，甚至一些高层建筑开发商都不再相信传统的促增长论观念，即所谓的高层建筑是一座城市经济活力的关键的说法。尽管大多数市区商业领导者依旧认为，增长管理对本市商业氛围和经济健康有害，但是，也有人认为它们不可避免，甚至有些令人期待而去主动接受。这种增长控制的"次代"[4]自治式思考在开发商马修·韦

---

[1] 卡罗尔·米登：《旧金山商会推广错误形象》，*SFC*，1991 年 4 月 30 日。

[2] 理查德·德莱昂和桑德拉·鲍威尔：《增长控制与选举政治：旧金山城市平民主义的胜利》，《西方政治季刊》第 42 期（1989 年 6 月），第 315 页。

[3] 《1991 年湾区商业报告》，《旧金山商业报》，1990 年 12 月，第 A2—A25 页。

[4] 皮特·纳瓦罗和理查德·卡森：《增长控制：次代政治分析》，《政治学》第 24 期（1991 年），第 127—152 页。

迪（Matthew Witte）的评论中显露无遗："尽管新的、更高的城市发展标准的趋势可以说源于旧金山独特的地理限制，但我认为，各地的开发商很快就会不得不遵循同一类的规则……随着市民开始越来越积极参与开发活动，开发商将不得不把地方政府政策和社区事务当作是需要达到的目标而不是需要克服的困难。"[1]

"中国桥"的总经理诺曼·T. 基尔罗伊（Norman T. Gilory）在缓增长环境下将他所推崇的有社会责任、政治敏锐并对环境有利的企业行为称之为企业规划。在最近一场有关旧金山房地产问题的商业研讨会上，他提出：

> 在传统武术中，如果你能够利用为你而设的障碍物的动力……如果其动力可以为你而用，通常能够更快获得许可……或许，还有更好的方法。或许，可以从一开始就从战略上进行规划，投入其中、切入社区事务，关注社区的跨文化特点——就可以避开法庭和投票箱……而且，也可以更省时、省钱，同时我认为也可以做得更好，或许也更持久；它将不仅仅是社区中的一部分。[2]

旧金山建筑师杰夫瑞·海勒（Jeffrey Heller）也在研讨会上

---

[1] 威廉姆·威特：《旧金山缓增长启迪开发者》，*SFBT*，1990年1月2日。

[2] 1990年2月7日，在旧金山召开的1990年环太平洋房地产研讨会，"环太平洋直面NIMBY（不发展）"小组讨论会，诺曼·基尔罗伊的发言（我对讲话录音的转录）。

发言。 或许，旧金山还没有商业领袖能像海勒一样与新政体结构如此相得益彰。 据一些评论家所说，他用更细小、更精致的建筑"海勒化"了旧金山的天际线，有一些是在 M 提案的新规定下建造的。 他在会上说：

> 对所在的区域投资的项目他们越来越小心谨慎。 我认为这对公众来说，终究是好事。 当然，它的风险以及 M 提案和其他事情的风险都在于它们会驱逐市场。 坦白说，我认为不会这样。 我想告诉大家，去年旧金山所萌生的活力与能量比我过去所见的要多得多……人们终究希望能驱车顺利从 A 到 B，不要受堵车的气。 对这些问题不那么上心的地方就会有重重麻烦，这会把人们逼入窘境。[1]

153

旧金山出现了新型企业规划的公司，指引其他公司（尤其是开发商）以避开本市越来越扑朔迷离的规划审查程序。 一个很好的例证即最近刚刚成立的 GCA 集团，它把鲍勃·麦卡锡（Bob McCarthy）（本市重要的土地使用代理人和民主党派要员之一）、黛布拉·斯坦伯格（Debra Stein）（社区关系和环境保护专家），还有威尔·常（Will Chang）（本地开发商）联合起来，帮助企业应对麦卡锡所谓的 "美国最微妙、最复杂的建筑许可程序"。[2] 大量新成立的法律事务所和环境保护法律专家怀着同

---

[1] 1990 年 2 月 7 日，在旧金山召开的 1990 年环太平洋房地产研讨会，"环太平洋直面 NIMBY（不发展）"小组讨论会，杰弗里·海勒的发言（我对讲话录音的转录）。

[2] 引自劳埃德·沃特森：《突破监管迷宫》，*SFC*，1991 年 4 月 4 日。

样的目标，被吸引到旧金山，他们很多人代替了由于房地产商品市场崩盘倒闭关门的企业法律事务所。[1]

唐纳德·吉奥（Donald Keough）是《旧金山商业时报》的出版商，他曾坦言"急剧变革、文化多样的社区终将主导着瞬息万变的旧金山，而商业，太过追求一致性，已经与社区失去联结"。[2] 他认为，"拙于市民与政治事务"让商业领导者在市区中孤立无援，他敦促商界"抛弃最终由它们说了算的念头"，努力将自己扮演成市民的朋友而不是敌人。如果做不到，他写道，将会有政治后果："世界上的南希·沃克、凯尔文·韦尔奇和苏·海斯特之流将会赢得巷战的胜利以及'选民的选票'。"[3]

商业理念和实践的重建，与进步主义的社会目标相呼应的趋势，预示着埃尔金所谓的"商业共和"在旧金山具有实现的基础；商业共和，即一种城市政体，市民及社区掌握权力，而商业势力各司其职（或者待在自己该待的地方）为社会目标服务。[4] 事实上，这些所提到的都在成功地与体制磨合，因此，它们可能并不适用于那些尝试过而又失败了的人。但是，大多数都没有尝试，还有另外一部分却退缩了，或者低下身子，进行

[1] 见雷诺德斯·霍尔丁：《律师发现新专长》，SFC，1991年4月8日。另见约翰·凯斯和伊丽莎白·康林：《对发展的再思考》，《公司》，1991年3月，第46—57页。

[2] 唐纳德·吉奥：《商业必须重新考虑其策略》，SFBT，1988年5月9日。

[3] 同上。

[4] 斯蒂夫·埃尔金：《美利坚合众国的城市与政权》（芝加哥：芝加哥大学出版社，1987年），第124—125页。

战略撤退以压制新的政体。　接下来需要关注的是自然选择过程是不是可以把诋毁者从商业群体中筛选出来，吸引并维持增加市民权利的新的规划机构。　如果有一天"商业共和"不再仅仅是一种理想类型，那么，对商业内部结构改革与商业引起的结构改革进行实证研究，恰恰是必须理解的改革类型。

　　尽管商会近来调整了其对社区的立场，也出现了令人欣喜的关于发展问题的第二套商业方案，但是，旧金山的市区商业精英依旧在意识形态上不统一、政治上无组织，尚不具备在公共事务上行使统一的领导权的能力。　与亚特兰大的商业主导城市政体之间的差异非常明显。　亚特兰大需要市区商业领导者联合起来，帮助地方政府实现大规模的发展目标。　政体为集体目标服务；经济手段主动适应政治目标。　与之相反，在旧金山的反政体中，进步主义领导者相信他们有充分的理由害怕市区商业精英的团结。　这就是为什么 M 提案以及其他的缓增长措施被特意抛出来作为阻遏经济力量并将其分割的政治阻碍。　旧金山需要商业——但是，并不需要商业巨擘。

反政体中的小资产阶级激进主义

　　对很多进步主义者来说，小型商业是在旧金山建立进步主义城市政体的解决方案。　本市需要健康的经济基础，能够满足居民就业、建造亟需的经济适用房，同时维持地方商业经济，而不会破坏生态环境、扰乱社区，或者破坏本市的建筑遗产。　很多进步主义领导相信只有小型商业经济才能够不违反缓增长限制并帮助实现新的社会目标。　例如，《湾区卫报》多年以来一直支持小型商业经济发展战略。《卫报》编辑蒂姆·雷德蒙认为："由小型的、地方所拥有的商业构成的多样化基础能够为社区提供就业、鼓励地方再投资，同时也可以避免对本市生活质量、环境有害的经济发展。"[1]

简·雅各布斯（Jane Jacobs）的《城市经济》（*The Economy of Cities*）[2]一书也采取了同样的经济逻辑，尤其关注多样性地方经济的重要性。[3] 在政治逻辑上，罗伯托·昂格（Roberto Unger）的"小资产阶级激进主义"概念抓住了小型商业策略的本质及其与进步主义改革的联系。[4] 昂格认为，历史上，对政治和经济统治形式的激进挑战大多"来自熟练工人和工匠、技术工人和专业人员、店主甚至还有小个体户，而不是在传统左翼历史中占据重要地位的无产者或者流氓无产者"。[5] 一般来说，小资产阶级激进主义者也遭到了温和派和马克思主义者的排斥，其理由是它违背规模经济，经济和政治立场不坚定，"在无情的达尔文生存竞争中，它一直遭受打压却没有被打败"。[6] 小资产阶级激进主义在工业化时代被剥夺了成功的机会，它采取新的形式，或许现在能够在后工业化的旧金山承受考验。

---

[1] 蒂姆·雷蒙德：《商会反商业就业研究》，*SFBG*，1988年3月16日。

[2] 简·雅各布斯：《城市经济》（纽约：兰登书屋，1969年）。

[3] 当下经济研究可以为雅各布斯的一些理论提供实证支持，对其简要概述，参见伊丽莎白·柯克兰和保罗·沃利齐：《城市的兴起与衰落》，《科学美国人》，1991年8月，第103页。

[4] 罗伯托·M.昂格：《虚假必然：对激进民主派有利的反-必然主义者社会理论》（剑桥：剑桥大学出版社，1987年），第28—31页。

[5] 同上书，第28页。

[6] 同上书，第182页。

155　　　旧金山是全国公认的小型商业圣地。 一位经济分析师写道，旧金山"引领了在美国很多大城市发生的迅猛、急剧的变革——这是从企业时代向由新兴的白领工匠主导的商业时代的转变"。[1] 考格尼迪克斯公司的研究员苏珊·麦克拉肯称旧金山是"一个创业型的城市。 在大学、硅谷和高质量的生活中，它还有很多事情可以做"。[2] 1988 年，本市 30 500 家企业中 97% 的企业雇员少于 100 人，88% 的企业少于 20 人，而 64% 的企业少于 5 人。 在雇员少于 20 名的 26 800 家企业中，46% 的企业从事商业服务和专业服务——也是两个发展最迅猛的领域。[3] 创造就业专家大卫·博奇的研究表明，1981 年到 1985 年之间，小型商业几乎创造了本市所有的就业岗位，其中 75% 的就业岗位都在雇员少于 20 人的公司中。[4] 像雪佛兰、美国银行和南太平洋等大公司已经撤出了市区办公大楼，而本市新兴的小型商业则占据空巢。 房地产分析师马克·布埃尔估计，在市区办公大楼办公的企业中有 78% 的企业雇员只有 10 个人或者更少。[5] 正如样本数据所示，旧金山的小型商业数量巨大。

本市的许多新兴小型商业是开启社会认知的高科技服务公司，满足信息社会瞬息万变的需求。 阿巴克斯公司（Abacus

---

[1] J. 克特金：《正面》，《影像》，1989 年 4 月 12 日，第 19 页。

[2] 引自斯蒂芬·麦塔：《小型商业大作为》，*SFC*，1986 年 5 月 12 日。

[3] C. 卢卡斯：《城市依赖小型商业》，*SFE*，1990 年 7 月 29 日。

[4] 报道见克特金，《正面》，第 20 页。 另见大卫·L. 博奇：《创造就业过程》（剑桥： MIT 社区与区域改革项目，1979 年）。

[5] 布埃尔的统计数据引自麦塔：《小型商业大作为》。

Inc.）就是一个很好的例子，该公司为微型计算机和小型计算机系统提供多样化服务，是北加利福尼亚最先进的计算机高级图形算法供应商之一。 阿巴克斯是全国发展最快的重要公司之一，1990 年全年交易额达到 1 400 万美元。[1] 韦·柯尼茨伯格（Way Konigsberg）是该公司的创始人和执行副总裁，在她眼中阿巴克斯是一家"由女权主义者创建的公司，致力于促进经济发展和增加就业，最终实现进步主义社会变革"。 在她眼中，阿巴克斯是"商业导向的和平卫队"，是"推动解决全球和社会问题的力量"。[2] 旧金山服装业非常发达，珍妮-马克服装制造公司是堪称小型商业标杆，它不仅取得了经济成就，而且把经济成就与环境保护和进步主义社会理念结合起来。 珍妮-马克的工程规模巨大，同时也"环境友好"，工人使用的是节能型缝纫机，保护水资源，并且对所有材料进行回收利用。 珍妮·艾伦和马克·格兰特是公司的老板，他们帮助建立了旧金山小型商业咨询委员会的绿丝带研讨小组。 研讨小组的目的是"在小型商业中推广环境友好措施和宣传环境友好的小型商业"。[3]

　　旧金山的移民企业也是小型商业的重要部分，尤其是在进入壁垒较低、资本-劳动比例较低，以及产品和服务满足少数族裔

［1］克里福德·卡尔森：《商业愿景：阿巴克斯与科技智能融为一体》，*SFBT*，1991 年 7 月 19 日。 阿巴克斯公司在《公司》杂志 1991 年全国发展最快的公司中名列第 43 位。 另外三家旧金山企业进入前两百名录。 进入前五百名录的总共有七家企业——相比之下，洛杉矶有四家企业，圣何塞只有两家企业。（调查数据报道见唐·克拉克：《旧金山的小型商业态势良好》，*SFC*，1991 年 11 月 23 日。）

［2］卡尔森：《商业愿景》。

［3］蒂姆·克拉克：《小微公司采用绿色缝纫》，*SFBT*，1991 年 7 月。

156   消费者需求的经济部分。[1] 华裔商会和拉丁裔商会一直致力
于在他们的种族群体中推进小型商业发展。 在哈罗德·伊的领
导下，亚洲公司在亚裔美国人群体中发挥重要作用，培育企业人
才，资助刚刚起步的小型商业。 本市田德隆区的一小块地区有
超过一百家越南裔美国人的公司，主要服务该区域的 10 000 名
越南裔人。 居民和商人都希望把该地区变成"小西贡"，能够
与唐人街、日本城，以及北滩相媲美，以吸引游客和资本投
资。[2] 本市零星分布着大约 520 家阿拉伯食品杂货店（主要由
巴勒斯坦人开设），他们组建起自己的商业组织，即独立杂货店
协会。[3]

　　这些案例展现了旧金山小型商业的多样性和生命力。 随着
小型商业经济越来越壮大、越来越复杂，形成了全新层次的组织
以配合其经济和政治活动。 其中最重要的是旧金山小型商业网
络，如今已经覆盖 11 000 家公司。 现任主席斯科特·豪格
（Scott Hauge）以及其他的领导者都关注全市的小型商业事
务，并与地区商人委员会、社区商人联合会以及跨文化商业群

---

[1] 有关美国移民企业以及维持它们的条件的整体讨论，参见罗杰·瓦尔
丁格：《美国的移民企业》，《资本结构：经济社会组织》，莎伦·佐
京和保罗·迪马里奥编（剑桥：剑桥大学出版社，1990 年），第 395—
424 页。 另见艾伦·奥斯特和霍华德·奥尔德里奇：《小型商业的脆
弱，族裔飞地和族裔企业》，《商业族裔社群：生存策略》，罗宾·沃
德和理查德·詹金斯（剑桥：剑桥大学出版社，1984 年）。

[2] 雷切尔·戈登：《希望在田德隆区建造一座"小西贡"》，《旧金山独
立报》，1991 年 3 月 12 日。

[3] 伯纳德·奥哈尼安：《被误解的少数族裔》，《旧金山聚焦》，1986 年
6 月，第 40—50 页。

体联起手来，反抗提议提高营业税、法定医疗福利和官僚红头文件。

　　显然可以预见，小型商业业主将在旧金山政治中扮演更加重要的领导角色，其原因在于，第一，民意所向；第二，各个方面——进步主义、市区商业以及市政厅——的现有领导群体都想与他们结成联盟。 1989 年选民调查显示，本市 79% 的受访者称："在本市政策决策过程中，小型商业应该被赋予比现在更多的权力、应该获得更大的影响力。"只有 14% 的人对大型公司企业持同样观点。 三分之二（67%）的选民认为只有小型商业应该获得更多的话语权。[1] 支持小型商业和支持缓增长政策两者紧密相连。 反对"改变本市总规划，允许建造更多市区高楼"的声音越强烈，就越应该支持小型商业权力。 在强烈反对新建高楼大厦的人中，有超过 73% 的人支持小型商业获得更大权力。 最后一条调查结果表明，实际上，旧金山的缓增长运动支持者并非像很多市区商业领导者攻讦的那样是"反商业"，而是有选择的反对-大企业、支持-小型商业。

　　近年来，小型商业群体的政治声誉越来越好；本市几乎所有的政治领导者都对小型商业企业赞不绝口，寻求与它们结成盟友。 市区商业精英面对小型商业，采取允许小型商业代表进入领导集团外围而非其核心的策略。 进步主义领导联合起来保护社区商业以免被连锁经济取代，抗议提高小型商业营业税（并要求提高大型企业营业税），同时把详细的保护小型商业的确切内

157

---

[1] 公共研究所：《城市状况调查：1989 年》（旧金山：旧金山州立大学，1989 年）。

容写入 M 提案的八项重点政策。 阿格诺斯市长本人创建小型商业咨询委员会，并承诺削减涉及新建小型商业的红头文件和成本。[1]。

　　对进步主义者来说，相比仅仅实现战略目标的意愿，与小型商业结盟的动力更加强烈。 小型商业必然为新的进步主义政体提供经济基础。 然而，小型商业在与缓增长进步主义的联盟中是否是可以信赖合作伙伴，还有待观察。 小型商业意识形态中的个人主义与前工业主义倾向可以与反政体和谐相处，但是，在更加集权化进步主义政体中，它们或许会起到破坏作用[2]劳工诉求、照顾无家可归的人、强制医疗福利以及营业税等少数几个

---

[1] 1991 年夏，监察委员会通过、阿格诺斯市长签署了由监察委员会委员哈里南提出的法令，禁止拆除或者改建任何社区加油站，该措施在过去两年的生意中产生了"良好效益"——9%或者更多。 在刚刚过去的 20 年中，重要的石油公司关闭了 300 家社区服务站点，大多数情况下，它们把场地卖出，或者进行改建，从事更有利可图的活动。 到了 1991 年，仅仅剩下 150 个站点服务社区居民需求。 阻止拆除或者改建（但是不包括出售）社区加油站的努力始于 1980 年，海特-阿希波利区居民组织起来阻止雪佛龙把汤姆·希加调离他在本社区中的职位。 此次不同寻常的战斗（希加及其支持者获得胜利）与更加深广的进步主义运动融合到一起，保护服务于社区的商业经济，不久之后，社区加油站问题获得了不容小觑的重要的象征意义。 7 月 22 日，在汤姆·希加所在的红红火火的雪佛龙加油站里，阿格诺斯市长签署了该法令，这是极其罕见的时刻： 他没有逆流而上，而是随波逐流，畅游在进步主义的波浪中。 详细信息，参见梅特兰·赞恩：《保卫加油站的新法令》，*SFC*，1991 年 7 月 23 日。

[2] 约翰·邦泽尔：《美国的小型商业》（纽约： 阿诺出版社，1959 年），第 113 页。

产生分歧的问题在联盟合作时会发生。[1] 小型商业群体是进步主义者不可靠的政治同盟，其重要展示是地区商人委员会及其他小型商业组织最近的决议：他们决定与商会和市区经济组织联手反对监察委员会委员哈利·布里特（Harry Britt）于 1991 年提高中型和大型企业工资税的提案。令进步主义者恼火的是，布里特的规划也将会减免 150 美元的营业执照税，小型商业业主也曾经反对并反抗过这一税款。显然，布里特的提案意在破坏商业群体，但是，他的计划并未奏效。实际上，这番计谋甚至有可能驱使小型商业领导者与本市大型企业和市区商业结成更加紧密的联盟。[2] 对阿格诺斯市长处理经济问题的不满进一步

---

[1] 在其对地方经济发展实践进行跨国比较中，普雷泰尔评论称小型和中型企业"似乎都不着急与左翼地方权威产生任何关联"。埃德蒙·普雷泰尔：《城市重组中的政治悖论：经济全球化与政治地方化？》，《超越城市局限：比较视阈中的城市政治与经济重建》，约翰·R. 洛根和托德·斯万斯托罗姆编（宾夕法尼亚州，费城：坦普尔大学出版社，1990 年），第 44 页。

[2] 对布里特提案及其引起的反响的论述，见 SFC, 1991 年 7 月 1 日和 SFC, 1991 年 7 月 22 日。想要与市区商业精英建立更加良好关系的更加重要的小型商业领导者有斯科特·豪格（小型商业网络）、斯蒂夫·康奈尔（区域商人委员会）、罗伯特·王（亚裔商业联盟）以及艾略特·霍夫曼（甜点的老板，小型商业咨询委员会成员，同时也是本市小型商业群体中的重要一员）。见《大型和小型商业领袖互相关联》，SFBT, 1991 年 7 月 19 日。1987 年艾略特·霍夫曼传略中提到了他对旧金山新兴的小型商业群体的认知，认为它们是一股政治力量。见保罗·法希：《糖果老爹》，《影像》，1987 年 6 月 28 日，第 23—26、34 页。

强化了小型商业领导者的反进步主义倾向。[1] 例如，小型商业网络的斯科特·豪格抱怨称，"时至今日（阿格诺斯）都没有与小型商业群体进行任何交流。 在我看来，市长一直在故意分裂小型商业和大企业群体"。[2] 考虑到进步主义者为了拉拢小型商业所做的意识形态和政治上的努力，这些发展情况令人担忧。

完全依赖小型商业的另一个问题是这样会淡化大型企业的经济重要性，而它们恰好是小型商业服务的对象。 此外，最近的地方调查表明，很多小型商业提供的是毫无前途的工作、支付的是低于平均水平的工资，以及只有很少或者根本没有员工工资福利和退休计划。[3] 另一份调查发现，小型企业比大型企业更缺少移民法律知识，更容易在雇工和用工中侵犯移民和本地工人

---

[1] 此处小型商业群体的反进步主义转向并不意味着它们整体上对进步主义事业的敌视反对。 例如，小型商业网络的成员最近全体一致支持通过议会 101 法案，该法案禁止给予性取向的就业歧视，同时他们也反对皮特·威尔森对该法案的反对票，反对他所谓的法案会对本州小型商业施加不公平的负担的论断。 见罗伯特·J. 卡塞塔：《小型商业支持同性恋权利》，*SFBT*，1991 年 10 月 11 日。

[2] 克里斯·劳勃：《小型商业要求输入》，*SFBT*，1990 年 5 月 14 日。

[3] 卢卡斯：《城市依赖小型商业》。 旧金山的服装业在本市整个制造业经济中大约占到 20%，这是对该案例有说服力（或者至少有所保留）的批判。 本州工会组织时常对本市约 350 家服装业血汗工厂进行突袭检查。 最近一次突袭检查发生在 1991 年 3 月，60 家工厂被指违反规定。 见 *SFC*，1991 年 3 月 30 日。 对当地服装工厂和血汗工厂深入详尽的研究，参见普雷泰尔：《城市重组中的政治悖论》，尤其是第 43—44 页。

的权利。[1] 这些发现整体上表明，进步主义尝试仅仅依赖小 　158
型商业解决唯物主义和后唯物主义之间的冲突，风险重重，根本
行不通。[2]

阿特・阿格诺斯与右翼进步主义的失败

阿特・阿格诺斯上任不久，期待阿格诺斯成为新的进步主义
政体的政治缔造者的希望就破灭了。 阿格诺斯市长发表就职演
说之后不久，就被要求经济适用房和社区保护的社群活动家堵在
市政厅："他们习以为常，与市政厅为敌，"阿格诺斯回忆说，
"我认为他们忘记了是在跟谁对话。 我告诉他们，'嘿，你们不
需要说服我，这里现在是咱们的。'"[3]然而，政治集体拥有

---

[1] 丽娜・阿维丹：《1986 年移民改革与控制法规定下的雇佣与招聘实
　　践：旧金山商业调查》(旧金山： 公共研究所与移民和难民权利与服
　　务联盟，1989 年)。 旧金山人权委员会也对本市反歧视法令规定下商
　　业服从有相似的发现。 工作人员拉里・布林金称："我们发现，相比
　　大型商业，我们面对小型商业问题更多，因为不知道本市法令存在的
　　人数量之多令人咋舌。"引自大卫・图勒：《旧金山人权委员会报道歧
　　视案例》，*SFC*，1991 年 6 月 20 日。

[2] 为了对这些矛盾做进一步说明，多数进步主义者（按照本书定义）将
　　会支持提高工作人员的医疗福利、家庭发生紧急情况不扣薪水休假以
　　及新进员工工伤赔偿中的压力索赔。 然而，1991 年加利福尼亚立法机
　　关开会期间上述创议及其他创议均遭到小型商业组织的反对。 全国独
　　立企业联合会加利福尼亚州分会的负责人马丁・霍伯大肆宣扬其组织
　　反对这些措施的游说努力，作为对小型商业有利的重要的政治成就。
　　见霍伯：《小型商业坚持立场》，*SFBT*，1991 年 11 月 6 日。

[3] *SFC*，1988 年 7 月 11 日。

权的景象很快就消失不见，他在四年任期快结束的时候发现自己
与进步主义选民矛盾不断。 选民对阿格诺斯非常失望，以至于
进步主义不同派系都纠集市长候选人，在 1911 年 11 月选举中挑
战阿格诺斯寻求连任的尝试。

　　在进步主义批评者眼中，阿格诺斯是"上钩-掉包"的政治
骗子，他以缓增长进步主义者的身份当选，后来却以促增长自由
派市长身份治理本市。 在他们眼中，他与商业精英来往交易，
遮遮掩掩；面对进步主义选民，他难以接近、刚愎自用；他兑现
自己的竞选承诺，勉强算得上合格。 阿格诺斯为建造"中国盆
地"棒球场奔走游说、支持滨水区新建酒店和与卡特鲁斯公司秘
密协商开发米慎湾，种种行为令很多进步主义者非常恼火。 他
们需要在投票选举中通过直接民主方式阻止阿格诺斯的发展提
案，对此他们越来越不耐烦。《湾区卫报》对阿格诺斯担任市长
期间的政绩成绩报告单（整体评价： C-）的评论，表达了人们
对阿格诺斯的愤怒和对他的政策的失望："旧金山的政治有一条
基本的经验，而阿格诺斯似乎不愿意吸取经验。 在本市占多数
的进步主义选民从来没有对乔·阿里奥托和戴安·范斯坦抱有任
何希望，因此，这些市长哪怕有一点工作做得正当体面，他们就
感到很欣慰。 阿格诺斯承诺进行改革——假如不能兑现承诺，
那么，除了市民的怒火，他将一无所得。"[1]人们怨声载道背
后更深的意味在于阿特·阿格诺斯拉低了市民的预期、抛弃了草
根民众，从而背叛了进步主义事业。

　　阿格诺斯担任市长期间，一点都没有表现出想要把选举联盟
中众多、细微的部分整合成一个稳定的政府结构。 该任务的复

---

[1] *SFBG*，1990 年 2 月 21 日。

杂程度令人气馁。阿格诺斯是一位政客，而不是造梦的人。他的经验是利用政权，而不是缔造政体。一旦当选，他立即被本市碎片化的政体中残存的更大的权力集团吸引。任职期间屡次遭受财政危机，但阿格诺斯与大型企业、本地富翁和外来投资者缔结协约，为本市注入新鲜资本。或许，他在华盛顿特区请求拨款和政府援助的时间，比在选他上台的选民社区中的时间还要长。总之，阿格诺斯市长更愿意利用已经组织起来的力量，调动已经在手的资源。他既没有兴趣，也没有耐心，与草根支持者联手在铺垫了 12 年之久的地基上，搭建新的权力结构。他为了实现进步主义目标，采取借助现有权力中心和精英的策略，我将其称为右翼进步主义。这一策略在旧金山反政体中必然会失败。

作为右翼进步主义者，阿格诺斯心中有一条完成任务阻力最小的路径，他坚持走这条路。例如，对阿格诺斯来说，相比扶持小型商业以保护社区和实现缓增长目标，推动宏大的发展项目从而创造就业和增加税收要容易得多。斯通、奥尔和伊姆布罗里奥抓住了这一策略的政治逻辑，并认为，"相比致力于并且有能力实现人力资本发展的政体，或许建立致力于并且有能力实现重建的政体要容易得多。很有可能，如果其他条件一致，更容易建造的有可能会挤掉难以构造的，民选政治家执政运作的时间之紧迫，更是如此"。[1]

[1] 克拉伦斯·斯通、M. 奥尔和 D. 伊布罗斯西奥：《美国城市重塑城市领导力：政体分析》，《转型中的城市生活》，M. 戈特迪纳和克里斯·G. 皮克万斯编（加利福尼亚州，比弗利山：萨奇，1991 年），第 224 页。另见弗里德里克·威尔特：《城市权力：旧金山的决策》（伯克利和洛杉矶：加利福尼亚大学出版社，1974 年），第 213 页；以及托德·斯万斯托罗姆：《半自治市：城市发展中的政治》，《政体》第 21 期（1988 年秋季刊），第 100 页。

159

然而，在旧金山的反政体中，这种逻辑引导着阿格诺斯不知不觉地走上了一条阻力最大的道路。 他的发展项目提案，每一次都会遭到愤怒的进步主义选民的否决，而他们无法被体育场或者酒店规划排挤掉。 阿格诺斯低估了助他当选的缓增长联盟的阻碍力量。

阿格诺斯对自己曾经的竞选言辞置若罔闻，他明白得太晚了。 民主进程和市民授权是进步主义进程中不可分割的组成部分。 通过非进步主义途径达成进步主义目标，从字面上看就是矛盾的。 乔治·莫斯康尼曾经经历过；阿格诺斯还没有。 借助批评他的人常用的说法，阿格诺斯还不"明白"。 他不"明白"的是，在创建进步主义的政体的进程中，他不再是解决问题的方法的一部分，而是变成了问题本身的一部分。 直到任期临近结束，阿格诺斯才幡然醒悟为什么很多曾经在 1987 年投票支持他的人，在 1991 年的市长选举中竭尽全力要打败他： 他们抛弃他是为了清理门户，准备迎接新的、更好的领导者。 但是，如此行事也引起了派系斗争，导致分裂。 当选市长弗兰克·乔丹是一位支持商业发展的温和派，根本不关心增长控制、社会变革和左翼进步主义，他们选举乔丹又给自己制造难题。

第十章

后记： 1991 年市长选举及其他

同样的，T. E. 劳伦斯（T. E. Lawrence）所组织的阿拉伯人反抗土耳其人的行动也受到他的最大的稳固构成要素——独立而又多疑的沙漠部落——的限制。

——赫伯特·A. 西蒙

弗兰克·乔丹是旧金山前警察局长和促增长温和派，1991 160年，在紧张的决胜投票中险胜时任市长的阿特·阿格诺斯，成为旧金山的新任市长。为什么在一座被称为"进步主义之都"的城市中会发生这样一幕呢？此次权力交接对旧金山进步主义政治的未来有什么长久的意义呢？本章接下来主要关注选举中的进步主义一方，同时对上述问题的答案作出简要回应。

背景

1991年8月，阿特·阿格诺斯为谋求连任，面临着一场艰难而漫长的战斗。长期以来的经济衰退持续打击地方经济，新的财政危机——阿格诺斯上任以来的第四次财政赤字——束缚了他的手脚。阿格诺斯在维持和引入商业资本和促进就业方面的无所作为，令很多市区商业领导者深感失望。很多小型商业领导者感到自己被阿格诺斯抛弃了，他们抱怨税收和红头文件。本市更加保守的居民一如既往，觉得与入主市政厅近四年的自由/进步主义政府渐行渐远。很多人认为，在阿格诺斯执政时

期，旧金山的生活质量每况愈下。 在一些土生土长的旧金山人
眼中，阿格诺斯仍旧不尊重本市历史或者传统，他只是来自萨克
拉门托的外人。 他咄咄逼人的行事策略，生硬粗暴的个人性
格，以及独断专横的领导风格都激怒了选民，挫败了他们的平民
主义信念。 很多曾经支持过阿格诺斯的进步主义者非常失望，
现在开始对他发难。 对大多数选民来说，阿格诺斯市长的政绩
是隐而不显的： 为了获得城市援助基金，他在萨克拉门托和华
盛顿首府做了强硬而有效的游说；他在全国奔波，身赴远东，促
进旧金山成为旅游和会展中心，以及贸易中心；他为无家可归者
提供了长期的多种服务庇护计划；为了维持财政收支平衡，他在
幕后年复一年的工作。 1991 年夏末，大多数选民都想要一位亲
切友善、土生土长的市长，解决街头巷尾问题，取得清晰可见、
立竿见影的结果。 而在很多人眼中，阿格诺斯市长不够友好、
难以亲近，而且无所作为，因此，他已经达不到要求了。 民意
调查显示，本市现有注册选民中只有35%的人认为他是一位好市
长，或者优秀市长；28%的人给出了差评。[1] 阿格诺斯有麻
烦了。[2]

　　阿格诺斯误入歧途，面临的形势非常严峻，并不是朝夕之间
发生的事了。 他用近四年的时间使自己不被大多数选民接
受、被许多选民唾弃，同时再也无力抵御来自左派和右派的攻

161

---

[1] 紧跟在洛马·普雷塔大地震之后的一段时间里，50%的人认为阿格诺
斯是一位好市长，或者优秀市长，11%的人给出了差评。 *SFC*，1991
年8月29日。

[2] 菲利普·玛蒂尔：《阿格诺斯能不能被打败？ 或许可以》，*SFE*，1991
年2月17日。

击。 阿格诺斯要在短短几周时间里修正自己的过失，如果不是完全不可能的话，也是难如登天。 阿格诺斯在评价自己的竞选策略时，对眼前形势看得很对："我把自己当作主要竞争对手。"[1]

初选

汤姆·谢（Tom Hsieh）是监察委员会委员，也是批评阿格诺斯最多的保守派，他在 1990 年末宣布将在 1991 年 11 月的选举中挑战现任市长。 他因此成为本市历史上第一位竞选市长的华裔美国人。 1991 年 1 月初，阿格诺斯的前任警察局长弗兰克·乔丹宣布参选。 乔丹的竞选经理是杰克·戴维斯，他曾 1987 年指导莫利纳瑞与阿格诺斯竞选市长一职，3 月，前监察委员会委员理查德·洪伊斯托宣布竞选市长。 由于五个月前，洪伊斯托刚刚当选本市的审核员，履新不足三个月，而且他还曾公开宣誓绝不会与阿格诺斯竞选，因此，这一举动令很多政治观察员大跌眼镜。 洪伊斯托深知阿格诺斯毫无还手之力，加上受到《湾区卫报》编辑和其他仇视阿格诺斯的进步主义者"竞选，迪克，竞选"的鼓动，他显然相信自己真的有一大批支持者，自己真的有机会获胜。[2] 然而，包括《检察官报》专栏作家比尔·曼德尔在内，其他人则都心存疑虑："很难相信反对阿格诺斯的左翼群体真的如此绝望，沦落到选择立场之坚定犹如流动之水银

---

[1] *SFC*, 1991 年 8 月 12 日。

[2]《竞选，迪克，竞选》, *SFBG*, 1991 年 1 月 16 日。

的洪伊斯托作为他们的英雄。"[1]7 月，阿格诺斯正式宣布谋求连任。 一个月以后，前市长约瑟夫·阿里奥托之女、监察委员会委员安吉拉·阿里奥托（Angela Alioto）宣布下一场参选。在监察委员会中，安吉拉·阿里奥托一直以来都是阿格诺斯市长最坚定的政治盟友。 作为强有力竞选者中唯一的女性候选人，

162 阿里奥托可能觉得她和洪伊斯托一样有机会，甚至更有机会把不堪一击的现任市长赶下台。[2]尽管洪伊斯托宣称"一个选区的选民对我不离不弃"，不过，当阿里奥托宣布参选的时候，很多支持者都放弃支持她必然失败的竞选。[3] 夏末，整个政界都已经准备好迎接 1991 年的市长竞选。《卫报》记者凯瑟琳·巴卡和克雷格·麦克劳克林言简意赅地总结说："阿格诺斯以进步主义者身份参选，因此，保守派不信任他。 但是，他从来都没有施行自己的进步主义章程，因此，进步主义者非常恼火。这就意味着，如今他已是腹背受敌： 两位左派竞选对手和两位右派竞选对手。"[4]

　　从旧金山的偏左思想来看，五位主要的市长候选人有不少相似之处。 例如，他们都是注册登记的民主党人，都支持妇女权利，都支持本市的家庭伴侣法案，都表示关心 AIDS 人士，都重

---

[1] 见比尔·曼达洛：《阿格诺斯关键就是对自由主义一无所知》，*SFC*，1991 年 2 月 3 日。

[2] 杰瑞·罗伯特：《安吉拉·阿里奥托意欲竞选旧金山市长》，*SFC*，1991 年 7 月 23 日。

[3] 引自 *SFC*，1991 年 8 月。

[4] 凯瑟琳·巴卡和克雷格·麦克劳克林：《常规竞选活动开始》，*SFBG*，1991 年 9 月 4 日。

视经济适用房的迫切需求。[1]　弗兰克·乔丹在一些批评者眼中是极端保守主义者，他非常明智地通过比较的方法构建自己的候选人身份："我被描绘成极端保守主义者，是右翼警察局长。在其他任何城市，他们都会称我是自由派。"[2]为了使自己脱颖而出，一些候选人开始标新立异，怪招迭出，在评论家眼中堪称怪诞。　例如，汤姆·谢就怒斥法院强制规定的旧金山校区校车项目。　他的立场可以取悦支持社区学校的选民，但是，对问题的讨论却没有任何意义，因为学校问题根本不在市长办公室的职权范围之内。　洪伊斯托提议限制本市常住人口数量，宣称他自己是"阻止旧金山曼哈顿化的市长候选人"。[3]旧金山市区早已高楼大厦林立，想到这些，即使进步主义《旧金山周报》的编辑也要抓耳挠腮了："洪伊斯托似乎更醉心于玩弄反增长支持者老掉牙的观点，而不是应对本市最迫切需要照顾的全体市民，实在是莫名其妙。"[4]阿里奥托则特别易获女性、少数族裔和男同性恋和女同性恋选民的支持。　尽管她的参选为竞选注入了活力和刺激，当她承诺："我将会任命少数派人士。　但是，跟现任市长不一样，我将会任命真正的少数派人士——真正的非裔美国人，真正的拉丁裔。"[5]这一捍卫少数群体利益的行为还是有可能被认为是施恩惠、求回报。

---

[1] 见马克·桑德洛：《市长候选人通常都承认差异的存在》，*SFC*，1991
年 11 月 1 日。

[2] *SFC*，1991 年 9 月 19 日。

[3] *SFE*，1991 年 9 月 14 日。

[4] 《旧金山周刊》，1991 年 10 月 23 日。

[5] 引自同上。

在所有挑战者当中，弗兰克·乔丹找到并关注了旧金山骚动不满、牢骚满腹的选民的"真正需求"。 竞选一开始乔丹就亮出自己关注的重点： 混乱不堪的街区。 正如他所见，在阿格诺斯执政时期，旧金山的街区已经变得像霍布斯地狱一样： 肮脏、危险，无家可归的人挤满街头，市民饱受死缠烂打的乞讨者之害。 有一次，他指着排水沟里的死老鼠给记者看并说："我想你们都知道旧金山可以制定外交政策，但是却无法保持街区干净。"[1]这一信息在众多选民中间引起了强烈共鸣，它也成了他的整个竞选的重点和主题。 如果旧金山街区混乱不堪、无人打理，乔丹指出，或许是因为阿格诺斯市长本人也混乱不堪、无心理政。 街区清扫工作主要由公共事务部负责，不在市长职权直接掌控之内，即便事实如此，那也无关紧要。 它背后的信息

163 是市长似乎并不关心城市治理的琐碎小事，任由本市年久失修、名声扫地。[2] 《检察官报》专栏作家罗伯·莫斯写道："阿格诺斯从来就没有完全抓住旧金山的象征意义。 人们深知我们有更加严重的问题，但是，还是对肮脏的街区满腹牢骚。 旧金山的街区肮脏不堪，就像（电影明星）茱莉亚·罗伯茨（Julia Roberts）款款走来，脸上挂着车轴润滑油。 全都是错的。 政客应该知道象征性问题才是所有问题中最本质的。"[3]

乔丹还抓住阿格诺斯处理无家可归者问题的要害。 民意调

[1] *SFC*，1991 年 10 月 16 日。

[2] 有关这一阵清理街道的多元主义风波的详细背景介绍，参见埃里克·布拉奇：《有关肮脏街道辩论中候选人互相抹黑》，*SFE*，1991 年 12 月 8 日。

[3] 罗伯·莫斯：《蒙太古与凯普莱特》，*SFE*，1991 年 12 月 8 日。

查报告显示，近 40% 的注册选民认为无家可归的人是本市需要应对的首要问题。[1] 自由派和保守派在问题的成因上存在分歧；在一些人眼中，无家可归的是需要救助的经济出现状况的受害者，然而，还有人把他们当作与垃圾和污垢一样的美学问题。尽管阿格诺斯早期吹嘘他将会使旧金山成为美国第一个解决无家可归者问题的城市，但是几乎每个人都同意，他的一番努力可谓一败涂地。 商业领导和保守主义者批评阿格诺斯一方面允许无家可归的人在市民中心广场驻扎露营长达一年之久，另一方面构建多服务庇护计划，推行他的"超越庇护"规划。 然而，等到最后他命令警察清理露天广场，引导无家可归的人进入等待庇护所时，支持无家可归者的人和很多无家可归的人却都因为设施和服务不足而满腹抱怨——阿格诺斯对此难以接受，从一开始就矢口否认。[2] 只有 2% 的选民认为，阿格诺斯应对无家可归者的人的需求取得了卓越成效；49% 的人认为他做得非常糟糕。[3] 弗兰克·乔丹对此抓住机会加以利用，却没有对无家可归者的问题提出切实可行的解决方案。（竞选前期，他提议把一些无家可归的人转移到圣布鲁诺市立监狱附近的劳改营，后来抛弃了残酷无情、德古拉式的提案。[4]）不过，他的确向选民提供了阿格诺斯问题的解决方案： 他本人。

时事艰难，阿格诺斯发现现任市长身份在竞选中更像是累赘而不是资本。 专栏作家比尔·曼德尔（Bill Mandel）称他是"魔

---

[1] 600 位注册选民的投票结果报告，见 *SFC*，1991 年 8 月 29 日。

[2] *SFC*，1991 年 9 月 16 日。

[3] 报道见 *SFC*，1991 年 8 月 29 日。

[4] *SFC*，1991 年 9 月 26 日。

术贴市长"，因为"一切都粘到他身上。 人们认为今年夏天糟
糕的天气也是他的错"。[1] 阿格诺斯抱怨说自己是吸引竞争对
手和批评家"热导导弹"的靶子。 满腹牢骚的选民找不到总统
或者州长，他说："但是，他们肯定能找到我。"尽管他为自己
的政策和规划辩护，他也承认自己担任市长的行事风格仍有很多
令人不满的地方："我需要提高我的临床态度。 我的药方和疗效
都还不错，但是，我的临床态度需要进一步提高。"[2]他对自
己与支持者疏于联络表示歉意，与此同时，他还想为自己辩护：
"在美国的大城市中，没有人能做出重大的、重要的决定，同时
让所有人都满意。 市长每天 24 小时都在做决定，那总会引起了
一些人的不满。"[3]

　　阿格诺斯一定会进入决胜投票轮次，并且自己一定名列其
中，因此，他并没有全力以赴投入初选宣传活动。 他又写了另
164　一本竞选宣传册送给选民，它是一本名叫《值得骄傲的事》的小
册子，共计 24 页。 新的宣传册只有他 1987 年的许诺之书《把
事情做好》三分之一的容量，在选民中间几乎没有引起什么波
浪。 他的现场指导是拉里·特拉姆特拉，拉里重新发动了阿格
诺斯弃用多时的选区行动机器，他召集了 250 名选区队长参加 9
月中旬的集会。 阿格诺斯向他们承诺自己将"保持定时交流，

[1] 比尔·曼达尔：《本市的政客女神》，*SFE*，1991 年 9 月 15 日。
[2] 引自杰瑞·罗伯特：《阿格诺斯称他必须提高自己的临床态度》，
　　 SFC，1991 年 11 月 2 日。
[3] *SFC*，1991 年 9 月 16 日。

至少每两个月一次，未来四年都将如此"。[1] 参加公开辩论和竞选活动露面时，他一直保持低调姿态，说话也变得轻声细语。然而，除了修缮关系的举措和谦逊的姿态之外，阿格诺斯还因为遭到不守信义的盟友挑战，表达了自己的愤怒之情。例如，在一次候选人辩论中，当阿格诺斯被问及第一次任期期间应该做出什么改变时，他回答说："我最需要改变的是确定在监察委员会或者审查员办公室，又或者是在警察局长办公室里，谁才是我能信任的人。"[2]在格莱德纪念教堂的演讲中，他高度赞扬西塞尔·威廉姆斯牧师是忠诚的支持者的典范："因为他是我的朋友，当我深陷困境，他会帮助我，而不是与我为敌。"[3]

阿格诺斯发现自己是自掘坟墓，吃力不讨好。一方面，商会领导吉姆·拉扎勒斯指责阿格诺斯和监察委员会讨好本市"大腹便便的左翼群体"，市区商业群体孤立无援、无人问津。[4]另一方面，"大腹便便的左翼群体"（曾经破坏阿格诺斯安抚商业群体的努力）觉得他们才是孤立无援、无人问津的一方。比如，监察委员会委员哈利·布里特攻击阿格诺斯是"外来人，根本不听我们的话。男同性恋群体本就对霸凌非常敏感，而阿

[1] 杰瑞·罗伯特：《阿格诺斯变得谦逊，乔丹获得帮助》，*SFC*，1991 年 9 月 14 日。
[2] *SFC*，1991 年 11 月 6 日。
[3] *SFC*，1991 年 11 月 4 日。
[4] 蒂莫西·威廉姆斯：《阿特·阿格诺斯言论开放》，《加利福尼亚杂志》第 22 期（1991 年 9 月），第 405—409 页。另见托姆·卡拉德拉：《阿格诺斯备受批评》，*SFE*，1991 年 11 月 27 日。

特·阿格诺斯就是典型的政治恶霸"。[1] 苏珊·海斯特回忆阿
格诺斯要在"中国盆地"、米慎湾，以及滨水区与大企业私下交
易的失败尝试，苏珊评论说，阿格诺斯还没有学到"旧金山市民
生活的一条基本教训：不要私下交易又妄想获得选民支
持"。[2] 阿格诺斯在宣传会上宣称自己是"本市——或许除了
乔治·莫斯康尼之外——最进步的市长"，《湾区卫报》编辑认
为这种说法非常可笑，他们谴责阿格诺斯，因为他"没能兑现他
向本市承诺的领导力"。[3] 他们对阿格诺斯最严厉的指责集中
在他与太平洋天然气的关联上以及他没能推动公共事务公有化。
他们认为，公共权力之争是"试金石"。如果候选人在测验中
失败了，那么，他们不得不被告知，"他们以进步主义者身份参
选，仅仅是为了一旦当选就转向右翼，他们难辞其咎"。[4] 阿
格诺斯陷入了政治的两难之地。商业领导放弃他是因为他屡屡
失败；进步主义放弃他是因为他的屡次尝试。而且，没有人喜
欢他的行事风格。

由于保守派转移到了乔丹的花车*上，进步主义者分裂成不
同阵营，分别支持阿格诺斯、洪伊斯托和阿里奥托。支持阿格
165 诺斯的人指责是洪伊斯托和阿里奥托造成了分裂；支持洪伊斯托

---

[1] 引自 *SFC*，1991 年 9 月 16 日。

[2] 苏珊·海斯特：《阿格诺斯达成了太多的秘密交易》，*SFE*，1991 年 10
月 4 日。

[3] *SFBG*，1991 年 10 月 23 日。

[4] 《PG&E：还是试金石问题》，*SFBG*，1991 年 10 月 2 日。

 * 源自美国的政治宣传游行，常有乐队彩车随行。政治领袖参与游行希
望赢得民众的广泛支持。

和阿里奥托的人则指责是阿格诺斯。《卫报》的蒂姆·雷蒙德则因为摆在进步主义选民面前的"难堪局面"差不多指责所有人："你是遵从内心投票，还是捏着鼻子务实投票？"或许是玩笑之言，他抱怨说："或许，只要有人像阿特·阿格诺斯、弗兰克·乔丹和安吉拉·阿里奥托这么想要当市长，就应该立即取消其资格。或许，根本不想做市长的人才会成为最好的市长。"[1] 目睹自掘坟墓的混乱局面，进步主义《旧金山周报》的编辑建议读者对阿特·阿格诺斯降低期望："一旦阿格诺斯当选市长，他就会背叛他的进步主义思想意识的想法纯属无稽之谈。阿特·阿格诺斯从原来的社会工作者变成了强硬的政客。他从一开始就没有支持进步主义思想。"他们指出，弗兰克·乔丹才是更加危险的威胁，在他们眼中他很像曾经在费城做过市长的右翼前警察弗兰克·瑞佐。他们呼吁进步主义者在战略规划和实践中联结起来，支持阿特·阿格诺斯。"阿特·阿格诺斯并不完美，"他们也承认，"但是，他还是要比戴安·范斯坦强不少。"[2] 这一建议非常慎重、工于心计，而且切实可行：阿格诺斯是半块面包，聊胜于无，乔丹什么都算不上，就是无。对这些推论置之不理的人中有很多人笃定阿格诺斯能撑到决胜投票轮次。那时候就是进行妥协的第二次机会。至少要好好吓唬一下阿格诺斯；他的不轨行为应该受到惩罚，他需要将功补过。

距离 11 月的选举日越来越近，进步主义者互相攻击，弗兰克·乔丹已为深入双峰社区附近的工作做了铺垫，同时也促

---

[1] 蒂姆·雷蒙德：《失败不与成功同》，*SFBG*，1991 年 11 月 6 日。
[2]《旧金山周报》，1991 年 10 月 23 日。

使冗杂的机制运转了起来。 按照杰克·戴维斯的规划，乔丹整个竞选资金的三分之二注入其中，由范斯坦原来的助理吉姆·伍德曼全权负责，基础行动动员 10 000 人参与志愿者网络，针对 410 个选区，明确了 6 000 个有可能支持乔丹的人，同时向 1 500 名走出家门、进行投票的志愿者传达选举日游行的指令。 正如杰克·戴维斯所说："四年以前，阿格诺斯令世人震惊的选票就源于这里，它们也是支持弗兰克的选票的来源。"[1]乔丹还拥有其他的政治资本： 市区财团、遍布全国的房地产资金、《纪事报》的背书、各式各样的俱乐部的支持，以及州参议员昆汀·科普的支持，等等。 不过，最主要还是有为他效力的工作人员和选民，而且他工作动员的选民最有可能去投票。

11 月 5 日，紧跟在本市有史以来最昂贵的一次市长竞选（总花费 350 万美元）之后，弗兰克·乔丹以 31.5%的选民支持取得排名第一，紧随其后的是获得 27.7%支持率的阿格诺斯、获得 18.7%支持率的阿里奥托、获得 9.5%支持率的洪伊斯托。[2] 乔丹和阿格诺斯选票最高，他们两人如今将在 12 月 10 日的决胜选举中一决胜负。 总投票率为 46%，达到了非大选年选举投票的平均水平。 然而，社区投票率的差距却非常大，从低收入的海景-猎人角和菲尔莫尔地区的极低投票率到高收入的太平洋高地和码头区极高的投票率。 乔丹以多出一倍的投票优势击败阿格诺斯，赢得了缺席投票的最大份额。 投票率和缺席记录是阿格

166

[1] *SFE*，1991 年 11 月 3 日。

[2] 选举结果取自旧金山选民登记处，报道见 *SFE*，1991 年 11 月 6 日。

诺斯阵营需要担心的事情。[1]

尽管大多数政治观察家都同意乔丹引起了巨大的不安，但是，这些结果是否预示了选民转向保守，还有待讨论。 亚瑟·布鲁佐内支持乔丹，同时他也是旧金山共和党中央委员会的副主席，他的评论丝毫不容置疑："有人称之为平民的背叛，或者反对现任市长的冲动。 它既不是冲动，也不仅仅是反对现任。 它深入人心，有时候甚至显得有些狂热，否定了 15 年来自由派政体和政治正确。 与此同时，还有享誉全国的旧金山民主党的失败。"[2]基于第一次参加投票的亚裔美国人选民的数量和汤姆·谢在该选区的强劲表现，布鲁佐内为本市的保守派绘制了美好的未来："如果另一半沉默的少数群体，即本市的亚裔美国人，在政治上变得活跃起来，1995 年监察委员会委员竞选中，乔丹-谢就能够占多数。"[3]然而，短期来看，即便人数众多的亚裔美国人把选票投给了谢并纳入保守派组合中，随后计入乔丹的选票中，保守派仍旧达不到多数党票数。

选区提案投票使得对市长选举结果的意识形态解读更加复杂化。 大多数选民都反对宗教保守派再次试图废除本市的家庭伴侣法案。 他们批准法案，重新建立起本市工人的集体谈判权，此外还有削减公务员开支改革。 他们否决了经济适用房支持者

---

[1] *SFE*，1991 年 11 月 6 日。

[2] 亚瑟·布鲁佐内：《乔丹-谢展现右翼转向》，*SFE*，1991 年 11 月 18 日。

[3] 同上。 谢解释称，由于他的候选人身份，旧金山的"政治将不同以往"。"过去，通常有 16 000 亚裔美国人参与投票。 这一次，25 000 人——这就是我的看法。"引自埃里克·布拉奇：《欢天喜地的乔丹党在失败者中绽放光芒》，*SFE*，1991 年 11 月 6 日。

发起的旨在放宽公寓变更的限制创议。 与此同时，他们还批准
了一项自由派支持的提案，市政经费专门拨款用于儿童救助计
划。 另一方面，或许主要是因为房地产集团在竞选活动中的巨
额投入，选民驳回了本市刚刚通过的、租赁群体多年以来所谋求
的租赁管制法案。 他们还通过了由谢、科普、乔丹及其他人支
持的裁撤副市长的提案。 正如民意调查员大卫·宾德所评论
的："自由主义者和进步主义者赢得了人们的关注，但是，保守
主义选民中有很大一部分人真的去投票。 我不认为（选举结
果）意味着旧金山已经转向了右翼，因为本市并不像人们认为的
那样偏左翼。 它是一座存在分歧的城市。"[1]

　　距离决胜投票还有 6 周，或许，11 月选举结果传达出来的最重
要的信号是阿格诺斯赢得的支持非常弱——比任何人想象的都弱。
本市的一位说客评论说："最后只得了第二名，阿特已经丢掉了战
无不胜的伪装。 人们如今能察觉到水里的鲜血。"[2]阿里奥托的
竞选经理迪克·帕比奇直白地说出了传递给阿格诺斯的隐含意义：
"阿特必须赢回左派的支持。 如果做不到，他就会失败……问题
是，他已经把可以与这些人沟通的桥梁全都烧毁了。"[3]

决胜选举

167　　乔丹在开展决胜选举运动时，继续采取早期对阿特·阿格诺

---

[1] *SFC*，1991 年 11 月 6 日。

[2] 杰瑞·罗伯特：《"善良"问题或称为旧金山市长竞选的主题》，
　　SFC，1991 年 11 月 9 日。

[3] *SFE*，1991 年 11 月 6 日。

斯的攻势，只不过他如今更加信心十足、更加一针见血："过去的四年里，我们历经蓄意报复、傲慢自大和保守狭隘。 我们经历了'万事皆可'的哲学，把我们的街道弄得更脏，让我们的社区更加危险，使我们的城市变得不再宜居。 我们摊上了一个行政管理一塌糊涂的市长，他把责任推给所有人，除了他自己。"[1]有了第一次成功的体验，再加上顾问迪·迪·迈尔斯的精心指点，外行政治家弗兰克·乔丹开始看起来和听起来越来越像赢家。 乔丹团队变成了吸金磁铁——尤其是吸引房地产资金。 旧金山建筑业主和经理人联合会捐款 20 000 美元，加利福尼亚住房委员会为乔丹进行全州募捐。 旧金山房产经纪人政治行动委员会主席普雷斯顿·库克宣称："这是我为政治竞选筹款募捐最轻松的一次。"[2]支持租赁管制的阿特·阿格诺斯败北，库克分析称，将"向全州乃至全国传达出一个（关于租赁管制的）负面的政治信息"。[3] 像田德隆住房诊所的常务董事兰迪·肖在内的住房活动家，非常重视这一威胁，肖警告说，乔丹的胜利可能会给旧金山的租客造成灾难。 阿格诺斯市长领导下的租赁委员会对租金涨幅设置了上限，允许业主提高租金平衡设施改造资金投入，因此，租金相对稳定。 然而，随着阿格诺斯出局，新的租赁委员会成立，房地产投机有可能达到范斯坦执政时期的水平。[4] 如果房地产集团可以从乔丹的胜利中攫取如此大的利益，

---

[1] *SFC*，1991 年 11 月 7 日。

[2] *SFE*，1991 年 11 月 25 日。

[3] 同上。

[4] 文斯·贝尔斯基和乔治·科特兰：《乔丹获胜，旧金山的租户要付出什么样的代价？》，《旧金山周报》，1991 年 11 月 27 日。

那么，进步主义者将会因阿格诺斯的失败遭受同样大的损失。

　　阿格诺斯很期待此次决胜选举。　如今阿格诺斯将与乔丹一决雌雄，现任市长预计结果会不错："现在不再是四位候选人勾结起来与一位候选人厮杀的时候了。"[1]他全力以赴，改变了说话风格。　他在早期演说中称，"弗兰克·乔丹是个帅小伙，但是，这可不是挑选如意郎君。　它是事关本市未来的对抗"。[2]他不再为自己强硬的态度道歉，而是开始重新将这种特质定义为美国城市政治世界中一种高要求的领导力。　例如，他在与乔丹的辩论中提出，"我们需要领导者足够强势、足够强硬——就是这个说法——足够强硬，强硬地到华盛顿去。　我们需要对华盛顿轻车熟路的人。　他要对萨克拉门托了如指掌……而不是一个新手"。[3]人们指责他是外来者，在本市外面花费的时间太多，阿格诺斯对此说，"越多越好，本市的财政命数与州财政和联邦财政错综复杂地联系在一起。　你最好是如此环境中的行家老手，否则，你就会被其他市的人排挤出去……旧金山人口只占全州人口总数的 2.3%，却获得了本州 20% 的财政拨款。　这可不是无站始胎，也不是因为共和党政府偏爱旧金山。　是因为我们足智多谋，我们是游戏中的行家老手"。[4]作为优秀说客的证据和申请有门技巧（及其政治时机嗅觉）的明证，阿格诺斯市长和国会女议员南希·佩罗西在选举前五天宣布，旧金山将获得额外的 1.88 亿美元联邦政府和州政府拨款，这几乎是本市上一年

168

---

[1] *SFC*，1991 年 11 月 7 日。

[2] 同上。

[3] *SFC*，1991 年 11 月 13 日。

[4] *SFE*，1991 年 11 月 27 日。

所获财政拨款的两倍，其中 3 500 万美元用于完成安巴卡迪罗高速公路替换项目，400 万美元在"超越庇护所"无家可归者规划中新建一座戒毒中心，2 100 万美元用于 AIDS 医疗救助。[1] 毋庸置疑，这些数据令一些讨厌阿格诺斯的人也对他刮目相看，但是，或许不是那些把地理宇宙局限在本市 46.4 平方英里的人，以及那些把他们的半岛当作孤岛的人。

随着决胜选举造势达到高潮，乔丹及其顾问采取了精明的措施。其中之一就是宣布如果乔丹当选市长，哈德利·洛夫将出任办公室主任。洛夫曾担任过范斯坦市长的办公室主任，也曾在阿格诺斯政府有过短暂的任职。洛夫是旧金山学识渊博、受人尊敬的退伍老兵政治家，他对市政厅和官僚体系轻车熟路。乔丹承诺当选之后由洛夫出任副职，从而可以安抚很多选民，他们担心乔丹缺少政治经验，和他的"二传手"管理员名声。乔丹还雪藏了自己早期针对无家可归者提出的劳改营提案，转而采取由洪伊斯托的顾问起草的方案，呼吁用公共工作换取救助券，为雇用无家可归人员的企业减免赋税，寄宿家庭和公寓酒店用作庇护所，以及租赁存款基金。[2] 在后来的竞选中，阿格诺斯指责他的行为是鼓励倒行逆施的仇恨政治，为了驳斥这种说法，乔丹进一步敞开怀抱，拥抱所有的旧金山人，并承诺搭建沟通之桥："我们必须警惕旧金山竞选活动中流传已久、令人头疼的奇谭。奇谭讲述的是我们与他们、西方与东方、左翼与右翼、自由派与保守派、异性恋与同性恋之间的斗争。市长必须整

---

[1] *SFE*，1991 年 12 月 6 日。

[2] 同上。

合……使我们的城市重新变成一个整体。"[1]对于阿格诺斯，迪·迪迈尔斯的话更加尖刻："四年来，造成本市各个群体势不两立，或者分裂我们的城市，用忠臣和叛徒区分市民的人可不是弗兰克·乔丹。"[2]就像是为了展示右翼集团的包容精神，谢也为乔丹背书，支持者舞龙和敲鼓、上街游行。[3]谢和乔丹在初选中都曾对彼此出言不逊。没有征兆表明他们会藏起手中的短柄斧，但是他们的确重修于好。进步主义对他们依旧有用。

乔丹继续说着商业领导喜欢听的话。他从一开始就宣称自己是"一位重商市长，深知没有稳定的经济基础，就不可能有资金投入社会工程"。[4]他在竞选中一再承诺将会否决监察委员会通过的任何庇护条例或者对外政策决议，除非它与旧金山事务管理直接相关。乔丹承诺将会重新审核本市各部门的财政预算，赢得包括肯特·西姆斯在内的经济分析师的高度赞扬，西姆斯曾公开谴责阿格诺斯不愿意讨论政府预算或者1992年预计财政赤字。财经专栏作家托姆·卡兰德拉认为："市政厅大腹便便，既是点燃决胜选举候选人的油脂，也是引入另一位候选人的润滑剂。"[5]乔丹承诺打造更加宜商的环境，《纪事报》浓墨重彩、为之背书，他被描绘成一位能够遏制"消极低沉、心胸狭隘和束手束脚态度的市长，会把企业赶出本市，无情地榨干枢纽城

---

[1] *SFC*，1991年11月21日。

[2] *SFC*，1991年11月19日。

[3] *SFC*，1991年11月20日。

[4] *SFC*，1991年9月19日。

[5] 托姆·卡拉德拉：《决胜选举最重要问题：财政赤字》，*SFE*，1991年11月6日。

市原本光彩夺目的活力"。[1]

阿格诺斯竞选团队在最后几周中逡巡不前，时不时暂停脚步，把悔恨不已的阿格诺斯交出来，任由进步主义鞭挞。阿格诺斯需要进步主义的选票，此时更是如此。乔丹的竞选势头越来越强劲，而阿格诺斯则似乎慢慢沉寂。在大选之前，对500位注册选民的民意调查结果表明，阿格诺斯以 45∶40 击败乔丹，其他人则悬而未决或者支持少数派竞选人。然而，接受民意调查的最有可能参与投票的人更倾向于支持乔丹而不是阿格诺斯，比例为 48∶43。[2] 更加令阿格诺斯支持者不安的是，选民要求记录缺席投票的数量，在旧金山的投票和选举中，他们在传统上更偏向于支持保守派候选人及其提案。距离选举日还有几天，阿格诺斯的命运很有可能被双峰山西边的厨房餐桌所左右。形势很严峻。正如支持阿格诺斯的监察委员会委员特伦斯·哈里南所说："此次竞选，我们不是为了自由主义而战，我们是为了我们的生命而战。"[3]

洪伊斯托和阿里奥托的支持或许可以鼓舞阿格诺斯竞选运动。但是，他们并没有这么做。阿里奥托坦言自己害怕阿格诺斯："阿特不会忘记的。即使我支持（他），他还是会让我在委员会的日子不好过。"[4]甚至她的一些支持者也督促她支持乔丹。"如果你刺伤了国王，"他们提议说，"你最好还是杀了

---

[1] *SFC*，1991 年 11 月 8 日。

[2] *SFE*，1991 年 12 月 5 日。

[3] *SFC*，1991 年 11 月 26 日。

[4] 凯瑟琳·巴卡：《是时候展现谦逊的艺术》，*SFBG*，1991 年 11 月 13 日。

他。"[1]她做不到。 正如她的竞选经理迪克·帕比奇所评论，"我不认为（阿里奥托的支持者中）会有非常多的人投票支持弗兰克·乔丹，但是，只要他们不去投票就可以置阿特于死地……很多进步主义者都懒得投票"。[2] 随着阿格诺斯的危机越来越严重，他越来越接受要求补偿的强烈呼声。 支持阿里奥托的监察委员会委员卡罗尔·米登要求阿格诺斯对男同性恋和女同性恋群体让步，以赢得他们的支持。"阿特不仅需要纸上的名字，"她说，"如果他想要赢得男同性恋和女同性恋群体的积极支持，很多人都难辞其咎。"拉里·布什在米登黑名单上位列第一，他是阿格诺斯的顾问和演说撰稿人。 此前曾有人指责阿格诺斯市长关心棒球场甚于关心 AIDS，对此布什对男同性恋和女同性恋群体的攻击有些过激，他因此得了"蛇蝎美人"的诨名。[3] "阿格诺斯道歉——这就是我们的要求"，米登坚持称。[4]

———

[1] 罗伯特：《"善良"问题或称为旧金山市长竞选的主题》。

[2] *SFC*，1991 年 11 月 8 日。

[3] 巴卡：《是时候展现谦逊的艺术》。 迈克尔·科尔布鲁诺是《前哨报》的政治作家，这是一家不再支持阿格诺斯的男同性恋和女同性恋的报纸，巴卡在近期的一篇文章中援引了迈克尔·科尔布鲁诺的话："弗兰克·乔丹必须迎合（男同性恋和女同性恋）社区。 如果不能，那将会是他生命中最惨淡的四年时光，而且对此他也心知肚明。 我们将会密切关注他的每一步举动。 他应该不愿意成为第二个皮特·威尔森（加利福尼亚州州长），不管他去哪里，都有一群同性恋人士尾随其后。 大体上，我们跟阿格诺斯和乔丹两个人的关系都还不错。"凯瑟琳·巴克：《阿格诺斯需要同性恋人士，但是他们需要他吗？》，*SFBG*，1991 年 11 月 27 日。

[4] 引自乔治·科特兰：《自由派会不会支持阿特·阿格诺斯？》，《旧金山周报》，1991 年 11 月 13 日。

　　《湾区卫报》是洪伊斯托失败的竞选运动的发起人和支持者，他们递交了一份非常长的表达不满与诉求的清单。"如果阿格诺斯想要在 12 月 10 日的选举中获胜的话，"《卫报》编辑写道："他必须说服进步主义活动家为他效力，同时，他必须给予进步主义选民投票的理由。"[1]要想赢得进步主义者的选票，阿格诺斯必须在剩下的四周时间里做出"实质性且持久的改变"——例如，解雇迪恩·马可里斯；解雇他的萨克拉门托顾问；像布里特、韦尔奇、海斯特、阿里奥托和洪伊斯托一样，更加贴近选民；设置倾听公众声音的传真专线；创建更加开放的政府；要求监察委员会授权资助对公众权力可行性的研究；在公共事务委员会中任命两位支持公众权力的官员；采取洪伊斯托提议的裁撤 4 000 个工作岗位的规划，重建市政府；大力推行分区投票；废除小型商业税；净化本市街道。[2] 阿格诺斯对一些要求采取实际措施。例如，他立即设置了选民要求的传真专线，还任命公共权力支持者南希·沃克进入公共事务委员会，[3]开启了与凯尔文·韦尔奇和苏·海斯特的对话，把拉里·布什从市政厅调到阿特·阿格诺斯之友委员会。[4] 作为回应，《湾区卫报》"略有激情、多有保留"地表示支持现任市长，指出"获得

170

---

[1]《"对阿格诺斯来说，是时候做出改变了"》，*SFBG*，1991 年 11 月 13 日。

[2] 同上。

[3] 事实证明，他仅仅给了她两个月任期，《卫报》编辑后来注意到这一微妙之处，并称其为卑鄙伎俩。

[4] 蒂姆·雷蒙德：《交易的艺术》，*SFBG*，1991 年 11 月 20 日，以及凯瑟琳·巴卡：《阿格诺斯因毫无必要的粗暴行为而遭受惩罚》，*SFBG*，1991 年 11 月 20 日。

连任之后，阿格诺斯可能不会遵守承诺。 但是，此前的四年任期表明，他即使不会推进进步主义事业，也不会毁掉它"。[1]正如这篇虚情假意的背书文章所表达的那样，《卫报》的编辑们都认为阿格诺斯将会获得连任，但却全然不知道自己的行为在削减阿格诺斯获得连任的可能性。

处在狂乱的报复之中，《旧金山周报》的编辑再次呼吁寻求共识和左派实用主义："政客想要尽可能压榨深陷危机的市长，这并不奇怪。 但是，我们现在所要面对的形势是，任何不支持阿格诺斯的自由主义者几乎都是在自掘坟墓。"他们确信，"对话可以帮助重建行之有效的自由-进步主义联盟，但是，'敲诈勒索'只是为弗兰克·乔丹的胜利铺路"。[2]

在此还必须提到另外一件事，因为它表明阿格诺斯为人处事的方式会有损他的政治事业。 沃伦·辛克尔自称是阿格诺斯的敌人，他猛烈地攻击阿格诺斯，他的文章以"阿格诺斯年鉴"之名在《旧金山独立报》上连载。 泰德·方是《独立报》的出版商，以书刊的形式在全市发售杂志。 对阿格诺斯来说，真正的问题不在于出版物对选民的影响，而在于进一步的发酵，他的竞选成员要求本市税务局调查方家族的财务记录和所持财产。 阿格诺斯的新闻发言人斯科特·沙弗辩解称，之所以采取这一措施是因为辛克尔的书是推动乔丹竞选的政治材料。"重要的共和党人家族为帮助弗兰克·乔丹当选，在一本书上耗资 100 000—150 000 美元，"沙弗辩解说，"我们认为，公众有权利对这个家

---

[1] *SFBG*，1991 年 11 月 28 日。

[2] 《为了明天： 自由主义者是时候捐弃前嫌、团结协作》，《旧金山周报》，1991 年 11 月 13 日。

族进行了解。 我们想要对方家族及其持有财产进行一点掌握了　171
解。"[1]毫无疑问，此处引文中的"我们"包括了沙弗的老板
阿特·阿格诺斯。 沙弗所谓的这本书是政治竞选材料最终需
要向公众公开，这在法庭上也说得过去。[2] 但是，向税务局
施压、刺探方家族的财政状况的决议是不道德的，在政治上是
非常愚蠢的，尤其在决胜选举即将结束的时候，更是如此。
《湾区卫报》社论刊登了很多评论员的回应："颇具讽刺意味的
是，该事件展现的恰恰就是阿格诺斯团队竭力弱化的阿格诺斯
对政敌蓄意报复的形象。"[3]鉴于类似的事件背景，人们至少
可以理解为什么安吉拉·阿里奥托以及其他进步主义者会有放弃
与阿格诺斯重修旧好的想法，或者为什么他们不会为他的政治失
利而感伤。

　　12月10日，总计197 442张选票，乔丹以51.7:48.3击败
阿格诺斯。 阿格诺斯在投票日实际获得大约5 000张选票。 但
是，乔丹赢得了6 000张登记缺席投票总数中的61%。[4] 弗兰

---

[1] *SFBG*，1991年12月4日。

[2] 见*SFBG*，1991年12月11日。

[3] *SFBG*，1991年12月4日。

[4] 选举结果取自旧金山选民登记处，报道见*SFE*，1991年12月11日。
　　另见拉蒙·G.麦克劳德：《缺席投票如何改变市长竞选》，1991年12
　　月13日。 选民们还通过了一项投票法案，把旧金山的营业税提高四分
　　之一便士至8.5%，用于恢复因为财政危机而取消的公立学校课程。
　　最有需要注意的一点是：再次证明，亚裔美国人的选票非常重要。 在
　　八个亚裔人口为主的选区中，乔丹赢得了39 000张选票，而阿格诺斯
　　获得了28 000张选票。 见拉蒙·G.麦克劳德：《亚裔对乔丹至关重
　　要》，*SFC*，1991年11月12日。

克·乔丹将成为旧金山的新一任市长。

余波

　　进步主义阵营对阿格诺斯失利的反应不一而足。《卫报》的克雷格·麦克劳格林写了一篇名为"邪恶的巫师死了"的文章，他在文章中试图解释为什么洪伊斯托和阿里奥托会庆贺阿格诺斯的失利。 他盛赞他们与阿格诺斯一同竞选市长，因为"他们给那些以进步主义身份参与竞选的虚情假意的温和派上了一课：如果他们抛弃了自己的根基，他们就将落入阿特·阿格诺斯一样的尴尬处境"。[1] 重建委员会主席巴克·巴戈评论说："我担心，在全国传递出自由主义在喧嚣中死亡的信息，全美最进步主义的城市拒绝了最进步主义的市长。 这当然不是真正的信息，但是，你必须要离得足够近，才能明白到底发生了什么。"[2]《旧金山周报》的编辑写道："1991 年选举的真正遗产并不是 1 月入主市政厅的人，而是旧金山自由-进步主义多数党内部暴露出来的蓄意报复和极具破坏力的分歧。"他们相信，"很多左派都分不清轻重缓急。 事实上，如果我们不能抛弃孩子气的意识之争，携手共进，那么，我们就不配拥有治理本市的机会"。[3] 阿特·阿格诺斯表达了自己的看法："我不认为市政

---

[1] 克雷格·麦克劳林：《邪恶女巫已死》，*SFBG*，1991 年 11 月 11 日。

[2] 杰瑞·罗伯特：《阿格诺斯"个人失利"，旧金山没有转向右翼》，*SFC*，1991 年 12 月 12 日。

[3] 《攻克难关：旧金山左翼必须疗治伤痛》，《旧金山周报》，1991 年 11 月 6 日。

厅没有自由派，不管持这种说法的人有多么多。 旧金山将永远
是一座进步主义城市。"[1]

结语

　　1991 年，弗兰克·乔丹在市长选举中战胜阿特·阿格诺
斯，旧金山进步主义运动翻过了一章，但是却并没有合上整本
书。 阿格诺斯在选举中失利，他失败的主要原因是很多原来支
持他的人失去了信心。 乔丹的竞选团队组织严密，在一个相对
较小的保守派民众基础上最大限度地压榨出最多的选票，但是，
即便如此，他能获胜主要还是依靠缺席投票。 进步主义者把阿
格诺斯从市政厅的大门扔了出去，门还开着，他就溜了进去。
乔丹唯一能宣称获得选民认可之处是他友善亲切、平易近人，承
诺应对无家可归者问题和净化街道。 乔丹的市区商业同盟会迫
使他削减变革开支，并拆除缓增长机制——尤其是他们深恶痛绝
的 M 提案。 但是，他与乔治·莫斯康尼 1976 年的处境相似，乔
丹必须与监察委员会中的自由-进步主义大多数合作相处，并且
与创制初衷就是为了限制中央集权的分权官僚体系合作相处。
受其法定权力所限，乔丹市长在短暂的任期中能做的很少，无法
废除进步主义者 20 年的辛苦耕耘。 如果乔丹了解内幕的话，他
就该知道自己当选市长是历史的偶然，知道他手中的权力非常
小，也该知道造成阿格诺斯职业生涯惨淡的进步主义手段也可以
用在他身上。 由于文化的惯性和制度的惰性，旧金山仍然是一

172

---

[1] 简·加纳：《阿格诺斯为自己的所作所为感到自豪》，*SFE*，1991 年 12
　　月 12 日。

座进步主义城市。

进步主义领导者关切的是长期发展。 1991 年市长竞选的分歧不过是旧金山进步主义运动潜在冲突与矛盾的显现。 指责阿特·阿格诺斯是诅咒进步主义的"邪恶巫师"，断言是他错失了四年的良机，这些说法是不对的。 阿格诺斯担任市长期间，以并不完美方式直面了很多进步主义者不愿意面对的政治与经济现状。

第一个事实是，一直以来，进步主义运动最不重视工薪阶层和少数族裔群体的所需和所感。 在 1986 年 M 提案通过之后，该运动的中产阶层保护主义者和环境保护主义者就越来越沉湎于他们各自的议程，越来越不关心贫困人口、失业人群和无家可归者遭受的苦难。 阿格诺斯采取促增长手段，创造就业和增加住房，却不为进步主义者接受，因为这有违刚刚通过的土地利用和开发的限制。 不幸的是，在财政压力大、联邦政府不重视的情况下，推行限制措施将严重制约地方可选择的切实可行的方案。进步主义者坚决而明确地告知阿格诺斯什么不能做，但是，解决实际问题时，他们为他提供的方案不过是"富人纳重税"和"支持小型商业"。 1991 年选举时，非裔美国人、拉丁裔和低收入租户都支持阿格诺斯，而本市大部分白人工薪阶层房产所有者都支持乔丹。

进步主义者必须面对的第二个事实是： 小型商业经济本身不足以支撑进步主义政体。 正如前一章所讨论的原因一样，本市小型商业经济并非一直一片大好，而且其自身的小资产阶级特性使得它绝不可能成为激进主义的经济先锋。 被浪漫化的小型商业和被妖魔化的大企业的左派论点都没能抓住旧金山经济社群

的多样性和复杂性。 在本市的服务业经济中，大多数小型服务 173
业公司服务的正是大企业。 低估大型商业经济的重要性，或者
仅仅把它们当作被征用的对象，明确表明进步主义者无法在战略
上把本市视为一个整体。 阿格诺斯市长则走向了另一个极端，
他过于重视大型商业经济。 面对繁重的议程和资金短缺的压
力，他看到了大型企业所掌控的力量和资源，于是紧紧拥抱市区
商业经营群体中的精英。 进步主义批评者必然会批评阿格诺斯
毫无原则：他与社区家庭工坊翩翩起舞，之后却与鲍勃·卢瑞
和卡特鲁斯暗通款曲。 但是，理解阿格诺斯对大型商业经济无
法抑制的向往以及造就它的社会条件非常重要。 只要进步主义
恐惧大型商业经济，他们就不会采取任何措施，想方设法控制它
的力量，但却更倾向于惩罚那些采取行动的人。

　　然而，进步主义者与小型商业经济的和谐关系也遇到了问
题。 进步主义者强调土地利用和实际开发中自然而然遇到的缓
增长逻辑来保存与促进增长小型公司与社区商铺的数量。 旧
金山小型商业的政治组织似乎非常先进，它们在就业岗位、收
入和赋税方面的生产力足以使进步主义有效实现经济的增长。
例如，"中国盆地"体育场之争不仅是促增长和缓增长在土地
利用问题上的冲突，而且是大企业和小企业经济发展方向的冲
突。 进步主义者能获胜，部分原因在于缓增长规划和小型商
业经济企业家精神在"中国盆地"这一更大的问题上互相扶
持。 如果进步主义领导者能够在本市其他问题上复制这一政
治-经济实验，那么，"小即美"的成功案例将更有说服力。

　　进步主义者必须面对的第三个事实是，旧金山并不是一个自
足自治的城邦。 对此，运动活动家经常忽视这一说法的两个面

向。 第一，本市作为政治实体是州政府的产物。 如果在高层眼
中它行为失当，它的合法的双翼将会被减掉，它的地方自治权力
也将会遭受限制。 即便现在，萨克拉门托也在磨刀霍霍，直指
地方增长控制、租赁管制以及地方政府问题。 第二，本市的财
政健康依然依赖联邦政府和州政府的援助，此外，它处理很多问
题都需要与湾区其他城市通力合作才能解决。 这些观察的要点
在于：管理本市政治需要了解各政府间关系和外部的政治世
界。 一些进步主义者的孤立主义的姿态无法使他们实现宏大的
目标。 即便没有对旧金山模式熟悉的萨克拉门托和华盛顿特区
的高层领导，旧金山也还是可以作为一座进步主义城市运作下
去。 1991 年市长竞选令人不安的一点在于，选民心中，阿格诺
斯的政治觉悟如何从正资产转变成了负债。 进步主义者在批评
阿特·阿格诺斯是萨克拉门托的外来者时，只比保守主义狭隘了
一些，他们认为阿格诺斯在本市之外浪费太多时间寻求财政拨
款、招徕资本投资。 旧金山人能在世界级城市中创造出如此村
落化的政治氛围，实在是有些令人迷惑。 但是，这与全国的进
步主义之氛围截然不同；事实上，如果市民和领导者的双眼被它
遮蔽，无法看到本市之外的政治生活的复杂性，那进步主义就会
变成一个危机四伏的假象。

　　进步主义必须面对的第四个现实是，他们更倾向于夸大中坚
选区的规模，低估他们为了维持进步主义政体而缔结长久的政治
联盟所不得不付出的代价。 对此，马德琳·蓝道（Madeline
Iandau）的评论可谓一针见血。

　　　　在政府内部构建实际有效的联盟的阻碍，促使政治活动

家采取规避措施和谋求短期利益。 反过来，社区政治的两极化、不稳定和临时性特征进一步加剧了公众对政府的不满，进而造成选民对政治选举冷感。 然而，冷漠和不满使得支持者和组织者没有广泛的选民基础。 为了弥补缺少强劲的民众基础的不足，他们试图采取一系列不必要的"强硬"策略，加重了政治温和派——政治"中心"——由来已久的不满情绪。[1]

进步主义者为了走出恶性循环，曾试图走捷径，寻找鼓舞人心领导者奠定更广泛联盟的基础——打造一位跨越种族、阶层和势力范围的新联盟领导者，用进步主义改革的唯一愿景解决改革中互相抵牾的价值观。 期望如此之大，注定要失望。 1987 年，进步主义者想要的是一位可以把他们团结起来的现代 T. E. 劳伦斯；然而，他们所找到的却是阿特·阿格诺斯，他背叛了他们的事业，把他们进一步分裂成忠臣和叛徒。 如今，阿格诺斯已经被逐出教门，但是，对深得上天眷顾的同时眷顾世人的领导者的焦急等待仍在继续。 正如 1991 年市长竞选所示，当市长注定无法创造奇迹的时候，波拿巴主义的信念怂恿他们把市长当替罪羊。 人人称赞旧金山的多元社会，但是其消极影响既使得市长几乎不可能治理本市，也削弱了市长做出政绩的能力。 进步主义者们必须自力更生、缔结更多的必要联盟。 他们尤其需要赋予领导者更大的建造权力，才能构建稳定的进步主义政体。 沿着这一方向令人欣喜的动向有，他们建立小型商业网络、成立旧

———

[1] 马德琳·蓝道：《超越消极政治：　SPUR 作为最真挚的手足》，《SPUR（旧金山规划与城市研究协会）报告》第 264 号，第 5 页。

金山社区联盟，以及工会在组织服务业工人和参与本市政治中表现出来的越来越强烈的战斗精神。

175   进步主义者必须考虑的最后一个事实是，他们的进步主义思想和纲领思想已变得混乱、矛盾和肤浅。 1991 年市长选举中，批评者和竞争对手基于单一利益诉求和荒诞的试金石试验，从各个方面大肆炮轰阿格诺斯，却没有对本市问题进行全面的评判，或者提出新的观点推动进步主义进程，本地的进步主义思想分歧已经变得非常明显。 阿格诺斯担任市长期间，从进步主义获取的思想纲领引导主要局限在剥夺权利和获取权力： 长篇大论的"不许"，短短几行"允许"，几乎没有对本市自身及其未来的战略分析。 然而，在进步主义者能够像市区商业精英一样精通战略分析之前，他们必须首先形成一种观点。 M 提案就是开始的地方，尤其是它陈述的重点政策。 它虽然仅仅是概述且满身漏洞，但是，它也最接近进步主义宣言。 整个文本浓缩了所有的假想、原则和思想，如果他们想要推动旧金山超越反政体，就应该对 M 提案全面展开严谨评判，并尽可能加以完善，从而照亮进步主义必然踏上的征程。

参考文献

Agnos, Art. 1987. *Getting Things Done: Vision and Goals for San Francisco*, campaign book (October).

Allen, James P., and Eugene Turner. 1988. "The Most Ethnically Diverse Places in the United States." Paper presented at the meeting of the Association of American Geographers, Phoenix, Ariz.

Association of Bay Area Government (ABAG). 1987. *Projections—87: Forecasts for the San Francisco Bay Area to the Year 2005*. Oakland, Calif.: ABAG.

——. 1991. *Trends in Income: An Analysis of Income Tax Returns for San Francisco Bay Area Countries, 1978 - 1987*. Working paper 88 - 3. Oakland, Calif.: ABAG.

Auster, Ellen, and Howard Aldrich. 1984. "Small Business Vulnerability, Ethic Enclaves and Ethnic Enterprises." In *Ethnic Communities in Business: Strategies for Survival*, ed. Robin Ward and Richard Jenkins. Cambridge: Cambridge University Press.

Avidan, Lina M. 1989. *Employment and Hiring Practices under the Immigration Reform and Control Act of 1986: A Survey of San*

Francisco Businesses. San Francisco: Public Research Institute and Coalition for Immigrant and Refugee Rights and Services.

Barnekov, Timothy, Robin Boyle, and Daniel Rich. 1989. *Privatism and Urban Policy in Britain and the United States.* Oxford: Oxford University Press.

Barone, Michael, and Grant Ujifusa. 1989. *Almanac of American Politics 1990.* Washington, D. C. : National Journal.

Barton, Stephen E. 1985. "The Neighborhood Movement in San Francisco. " *Berkeley Planning Journal* 2 (Spring/Fall): 85 – 105.

"Bay Area Business Report 1991. " 1990. *San Francisco Business*, December, A1 – A30.

Bay Area Council. 1987. *Corporate Restructuring: Profiling the Impacts on the Bay Area Economy.* San Francisco: Bay Area Council.

——. 1988. *Making Sense of the Region's Growth.* San Francisco: Bay Area Council.

Beauregard, Robert A. 1989. "Space, Time, and Economic Restructuring. " In *Economic Restructuring and Political Response*, ed. Robert A. Beauregard, 209 – 40. Beverly Hills, Calif. : Sage.

Becker, Howard S. , and Irving Louis Horowitz. 1970. "The Culture of Civility: San Francisco. " *Transaction* 6 (April): 46 – 55.

Bik, Diana. 1987. "The Haight-Ashbury Preservation Society versus Thrifty Jr. Corporation: An Analysis of the Problems Involved in Preserving the Haight-Ashbury and Other San Francisco Neighborhoods. " Unpublished master's project report, Department of Political Science, San Francisco State University.

Birch, David L. 1979. *The Job Generation Process*. Cambridge: MIT Program on Neighborhood and Regional Change.

Bledsoe, T. 1990. "Those Left Behind: Exit, Voice, and Loyalty in Detroit, 1954 - 1990." Paper presented at the annual meeting of the American Political Science Association, 30 August - 2 September, San Francisco.

Boggs, Carl. 1986. *Social Movements and Political Power: Emerging Forms of Radicalism in the West*. Philadelphia, Pa. : Temple University Press.

Boyte, Harry C. , and Frank Riessman, eds. 1986. *The New Populism: The Politics of Empowerment*. Philadelphia, Pa. : Temple University Press.

Browning, Rufus P. , Dale Rogers Marshall, and Davis H. Tabb. 1984. *Protest Is Not Enough: The Struggle of Blacks and Hispanics for Equality in Urban Politics*. Berkeley and Los Angeles: University of California Press.

Brugmann, Bruce B. , ed. 1971. *The Ultimate Highrise*. San Francisco: San Francisco Bay Guardian Book.

Bunzel, John, 1959. *The American Small Businessman*. New York: Arno Press.

Cain, Bruce, and Roderick Kiewiet. 1986. "California's Coming Minority Majority. " *Public Opinion* (February/March): 50 - 52.

Calandra, Thom. 1990. " On the Waterfront. " *Image*, 18 February.

Callies, Davis L. , and Daniel J. Curtin, Jr. 1990. "On the

Making of Land Use Decisions through Citizen Initiative and Referendum. " *APA Journal* 56 (Spring)：222 – 23.

Case, John, and Elizabeth Conlin. 1991. "Second Thoughts on Growth. " *Inc.* , March, 46 – 66.

Castells, Manuel. 1977. *The Urban Question: A Marxist Approach.* Cambridge：MIT Press.

——. 1983. *The City and the Grassroots.* Berkeley and Los Angeles：University of California Press.

Castells, Manuel, and J. Henderson. 1987. "Techno-Economic Restructuring, Socio-Political Processes, and Spatial Transformation：A Global Perspective. " In *Global Restructuring and Territorial Development*, ed. M. Castells and J. Henderson, 1 – 17. London：Sage.

Clark, Gordon L. 1989. *Unions and Communities under Siege: American Communities and the Crisis of Organized Labor.* Cambridge：Cambridge University Press.

Clark, Terry Nichols. 1985. "A New Breed of Cost-Conscious Mayors. " *Wall Street Journal*, 10 June.

Clark, Terry Nichols, and Lorna Ferguson. 1983. *City Money: Political Processes, Fiscal Strain, and Retrenchment.* New York：Columbia University Press.

Clavel, Pierre. 1986. *The Progressive City.* New Brunswick, N. J. : Rutgers University Press.

Cohen, Paul. 1985. "San Francisco's Commercial Real Estate Industry. " *San Francisco Business*, April, 16 – 22.

Connolly, William. 1983. *The Terms of Political Discourse.* 2nd ed. Princeton, N. J. : Princeton University Press.

Conroy, W. J. 1990. *Challenging the Boundaries of Reform: Socialism in Burlington.* Philadelphia, Pa. : Temple University Press.

Corcoran, Elizabeth, and Paul Wallich. 1991. "The Rise and Fall of Cities." *Scientific American*, August, 103.

Córdova, Carlos. 1987. "Undocumented El Salvadoreans in the San Francisco Bay Area: Migration and Adaptation Dynamics." *Journal of La Raza Studies* 1: 9 − 37.

Coro Handbook, 1979. 1979. San Francisco: Coro Foundation.

Cox, K. R. , and A. Mair. 1989. "Urban Growth Machines and the Politics of Local Economic Development." *International Journal of Urban and Regional Research* 13: 137 − 46.

Coyle, Dennis J. 1983. "The Balkans by the Bay." *Public Interest* 11 (Spring) : 67 − 78.

Curtin, Daniel J. , Jr. , and M. Thomas Jacobson. 1989. "Growth Management by the Initiative in California: Legal and Practical Issues." *Urban Lawyer* 21: 491 − 510.

Dahl, Robert, and Edward Tufte. 1973. *Size and Democracy.* Stanford, Calif. : Stanford University Press.

Davis, Mike. 1990. *City of Quartz: Excavating the Future in Los Angeles.* New York: Verso.

Daykin, David S. 1988. "The Limits to Neighborhood Power: Progressive Politics and Local Control in Santa Monica." In *Business Elites and Urban Development*, ed. S. Cummings, 357 − 87. Albany:

State University of New York Press.

DeLeon, Richard. 1991. "The Progressive Urban Regime: Ethnic Coalitions in San Francisco." In *Racial and Ethnic Politics in California*, ed. Byran O. Jackson and Michael B. Preston. Berkeley, Calif: Institute of Governmental Studies.

———. 1991. "San Francisco: Postmaterialist Populism in a Gloabal City." In *Big City Politics in Transition*, ed. H. V. Savitch and John Clayton Thomas, 202–15. Beverly Hills, Calif. : Sage.

———. 1992. "The Urban Antiregime: Progressive Politics in San Francisco." *Urban Affairs Quarterly*. Forthcoming.

DeLeon, Richard, and Roy Christman. 1988. "The Party's Not Over." *Golden State Report* 4 (November): 38–40.

DeLeon, Richard, and Sandra Powell. 1989. "Growth Control and Electoral Politics: The Triumph of Urban Populism in San Francisco." *Western Political Quarterly* 42 (June): 307–30.

DeMeester, Paul, and Evangeline Tolleson. 1988. "Putting It on the Ballot." *San Francisco Business*, May, 21–25.

Din, Grant. 1984. "An Analysis of Asian/Pacific American Registration and Voting Patterns in San Francisco." Unpublished master's thesis, Claremont Graduate School, Claremont, Calif.

Downs, Anthony. 1985. *The Revolution in Real Estate Finance.* Washington, D. C. : Brookings Institution.

Elkin, Stephen. 1987. *City and Regime in the American Republic.* Chicago: University of Chicago Press.

Erch, Niels. 1987. "Tangled Priorities at Fisherman's Wharf:

What's the Catch?" *San Francisco Business*, August, 5 – 15.

Fainstein, Norman. 1985. "Class and Community in Urban Social Movements. " *Urban Affairs Quarterly* 20: 557 – 63.

Farhi, Paul. 1987. "Sugar Daddy. " *Image*, 28 June, 23 – 26,34.

Feagin, Joe R. , and Michael Peter Smith. 1987. "Cities and the New International Division of Labor: An Overview. " In *The Capitalist City: Global Restructuring and Community Politics*, ed. Michael Peter Smith and Joe R. Feagin, 3 – 34. London: Basil Blackwell.

Feher, Ferenc, and Agnes Heller. 1984. "From Red to Green. " *Telos* 59 (Spring): 35 – 44.

Ferman, Barbara. 1985. *Governing the Ungovernable City: Political Skill, Leadership, and the Modern Mayor* Philadelphia, Pa. : Temple University Press.

Freedberg, Louis. 1987. "Latinos: Building Power from the Ground Up. " *California Journal* (January): 12 – 17.

Frieden, Bernard. 1979. *The Environmental Protection Hustle*. Cambridge: MIT Press.

Frieden, Bernard, and Lynne B. Sagalyn. 1989. *Downtown, Inc. : How America Rebuilds Cities*. Boston: MIT Press.

Gillenkirk, Jeff. 1987. "Molinari vs. Agnos. " *San Francisco Magazine*, May, 31 – 38, 85 – 88.

Goddard, Ben. 1988. "The Rise of Grass-Roots Populism: Quality-of-Life Issues Spur a Fast-Growing Movement. " *Campaigns and Elections* 8 (January): 83 – 84.

Godfrey, Brian J. 1988. *Neighborhoods in Transition: The Making of San Francisco's Ethnic and Nonconformist Communities.* Berkeley and Los Angeles: University of California Press.

Gottdiener, M. 1985. *The Social Production of Urban Space.* Austin: University of Texas Press.

———. 1987. *The Decline of Urban Politics: Political Theory and the Crisis of the Local State.* Beverly Hills, Calif. : Sage.

Haas, James W. 1986. "The New San Francisco: World's First 'Gaysian' City." *Golden State Report* 2 (July): 31 – 32.

Habermas, Jürgen. 1973. *Legitimation Crisis* Boston: Beacon Press.

Harrison, Bennett, and Barry Bluestone. 1988. *The Great U-Turn: Corporate Restructuring and the Polarizing of America.* New York: Basic Books.

Hartman, Chester. 1984. *The Transformation of San Francisco.* Totowa, N. J. : Rowman and Allanheld.

Harvey, David. 1982. *The Limits to Capital.* Chicago: University of Chicago Press.

———. 1985. *Consciousness and the Urban Experience: Studies in the History and Theory of Capitalist Urbanization.* Baltimore, Md. : Johns Hopkins University Press.

Heisler, Karl F. 1989. "Neighborhood Planning in Bernal Heights." *Urban Action* (Journal of the Urban Studies Program at San Francisco State University): 72 – 79.

Henig, Jeffery R. 1986. "Collective Responses to the Urban

Crisis: Ideology and Mobilization. " In *Cities in Stress*, ed. M. Gottdiener, 221 – 45. Beverly Hills, Calif. : Sage.

Hirschman, A. O. 1970. *Exit, Voice, and Loyalty*. Cambridge: Harvard University Press.

Inglehart, Ronald. 1990. *Culture Shift in Advanced Industrial Society*. Princeton, N. J. : Princeton University Press.

Issel, William. 1986. "Politics, Culture, and Ideology: Three Episodes in the Evolution of San Francisco's ' Culture of Civility. ' " Paper presented at the annual meeting of the California American Studies Association, Long Beach, 26 April.

——. 1989. " Business Power and Political Culture in San Francisco, 1900 – 1940. " *Journal of Urban History* 16 (November) : 52 – 77.

Issel, William, and Robert W. Cherny. 1986. *San Francisco 1865 – 1932: Politics, Power, and Urban Development*. Berkeley and Los Angeles: University of California Press.

Jackson, Byran O. 1991. "Racial and Ethnic Cleavages in Los Angeles Politics. " In *Racial and Ethnic Politics in California*, ed. Byran O. Jackson and Michael B. Preston, 193 – 218. Berkeley, Calif. : Institute of Governmental Studies.

Jacobs, Jane. 1969. *The Economy of Cities*. New York: Random House.

Jacobs, John. 1988. "The Miracle of Market Street. " *Golden State Report* 4 (January) : 7 – 13.

Kantor, Paul. 1988. *The Dependent City*. Glenview, Ill. : Scott,

Foresman and Co.

Katznelson, Ira. 1981. *City Trenches: Urban Politics and the Patterning of Class in the United States.* New York: Pantheon Books.

Keating, W. Dennis, and Norman Krumholz. 1991. "Downtown Plans of the 1980s: The Case for More Equity in the 1990s." *APA Journal* 57 (Spring): 136 – 52.

Kilroy, Tony. 1985. *Kilroy's Directory of San Francisco's Politically Active Groups* (June).

——. 1990. *Kilroy's Directory of San Francisco's Politically Active Groups* (August).

King, Gary. 1989. *Unifying Political Methodology: The Likelihood Theory of Statistical Inference.* Cambridge: Cambridge University Press.

Kling, Joseoh M., and Prudence S. Posner, eds. 1990. *Dilemmas of Activism: Class, Community, and the Politics of Local Mobilization.* Philadelphia, Pa.: Temple University Press.

Kotkin, J. 1989. "The Upside." *Image*, 12 April, 18 – 23.

Kraft, Michael E., and Bruce B. Clary. 1991. "Citizen Participation and the Nimby Syndrome: Public Response to Radioactive Waste Disposal." *Western Political Quarterly* 44 (June): 299 – 328.

Landau, Madeline. 1990. "Beyond the 'Politics of Negativity': SPUR as an Honest Broker." *SPUR* [San Francisco Planning and Urban Research Association] *Report* no. 264.

Lassar, Terry Jill. 1988. "Shadow Ban Shapes San Francisco Buildings." *Urban Land* 47 (October): 36 – 37.

Lefebvre, Henri. 1976. *The Survival of Capitalism*. London: Allison & Busby.

LeGates, Richard, Stephen Barton, Victoria Randlett, and Steven Scott. 1989. *BAYFAX: The 1989 San Francisco Bay Area Land Use and Housing Data Book*. San Francisco: San Francisco State University Public Research Institute.

Linz, Juan J. 1978. *The Breakdown of Democratic Regimes: Crisis, Breakdown, and Reequilibration*. Baltimore, Md. : Johns Hopkins University Press.

Lo, Clarence Y. H. 1990. *Small Property versus Big Government: Social Origins of the Property Tax Revolt*. Berkeley and Los Angeles: University of California Press.

Logan, John R. , and Harvey L. Molotch. 1987. *Urban Fortunes: The Political Economy of Place*. Berkeley and Los Angeles: University of California Press.

Logan, John R. , and Todd Swanstrom, eds. 1990. *Beyond the City Limits: Urban Policy and Economic Restructuring in Comparative Perspective*. Philadelphia, Pa. : Temple University Press.

Lord, Paul. 1990. *The San Francisco Arts Economy: 1987*. San Francisco: San Francisco Planning Department and San Francisco State University Public Research Institute.

McCall, Michael. 1984. " The Clement Street Shuffle— Neighborhood Evolution or Exploitation?" *San Francisco Business*, March, 16 – 20.

McCathy, Kevin. 1984. "San Francisco's Demographic Future. "

In *The City We Share: A Conference on the Future of San Francisco*, 15 – 18. San Francisco: San Francisco Forward.

McClendon, Bruce W. 1990. " An Alternative Proposal. " *APA Journal* 56 (Spring): 223 – 25.

Macpherson, C. B. 1980. " A Political Theory of Property. " In *Property, Profits, and Economic Justice*, ed. Virginia Held, 209 – 20. Belmont, Calif. : Wadsworth Publishing Co.

Magleby, David B. 1988. " Taking the Initiative: Direct Legislation and Direct Democracy in the 1980's. " *PS* 21: 600 – 601.

Marx, Karl. 1973. *Grundrisse*. Harmondsworth, Middlesex: Penguin.

Maslow, Abraham. 1977. *The Farther Reaches of Human Nature*. New York: Penguin Books.

Mischak, Stephanie. 1987. " Why Charter Reform Has Failed in San Francisco. " Unpublished graduate seminar paper, Department of Political Science, San Francisco State University.

Mollenkopf, John H. 1975. " The Post-War Politics of Urban Development. " *Politics and Society* 5: 247 – 95.

——. 1983. *The Contested City*. Princeton, N. J. : Princeton University Press.

Molotch, Harvey. 1990. " Urban Deals in Comparative Perspective. " In *Beyond the City Limits: Urban Policy and Economic Restructuring in Comparative Perspective*, ed. John R. Logan and Todd Swanstrom. Philadelphia, Pa. : Temple University Press.

Navarro, Peter, and Richard Carson. 1991. " Growth Controls:

Policy Analysis for the Second Generation. " *Policy Science* 24:
127 – 52.

Nelson, Arthur C. 1988. " Development Impact Fees:
Introduction. " *Journal of the American Planning Association* 54
(Winter) : 3 – 6.

Ohanian, Bernard. 1986. "The Misunderstood Minority. " *San
Francisco Focus*, June, 40 – 50.

Orum, Anthony M. 1991. " Apprehending the City: The View
from Above, Below, and Behind. " *Urban Affairs Quarterly* 26
(June) : 589 – 609.

Pelissero, John, Beth Henschen, and Edward Sidlow. 1990.
"Urban Policy Agendas and Sports Franchises: The Case of Chicago. "
Paper presented at the annual meeting of the American Political
Science Association, 30 August – 2 September, San Francisco.

Peri, Camille. 1987. "The Buying and Selling of North Beach. "
Image, 26 April, 18 – 25, 38.

Perry, Charles. 1985. *The Haight-Ashbury: A History*. New
York: Vintage.

Peterson, Paul. 1981. *City Limits*. Chicago: University of
Chicago Press.

Plotkin, Sidney. 1987. *Keep Out: The Struggle for Land Use
Control*. Berkeley and Los Angeles: University of California Press.

——. 1990. " Enclave Consciousness and Neighborhood
Activism. " In *Dilemmas of Activism: Class, Community, and the
Politics of Local Mobilization*, ed. Joseph M. Kling and Prudence S.

Posner. Philadelphia, Pa. : Temple University Press.

Pogash, Carol. 1987. "The Education of Art Agnos. " *Image*, 16 April, 10 – 11.

Porter, Douglas, ed. 1985. *Downtown Linkages:* Washington D. C. : Urban Land Institute.

Preteceille, Edmond. 1990. " Political Paradoxes of Urban Restructuring: Globalization of the Economy and Localization of Politics?" In *Beyond the City Limits: Urban Policy and Economic Restructuring in Comparative Perspective*, ed. John R. Logan and Todd Swanstrom. Philadelphia, Pa. : Temple University Press.

Przeworski, Adam, and John Sprague. 1988. *Paper Stone: A History of Electoral Socialism.* Chicago: University of Chicago Press.

Public Research Institute. 1985. *Poll of San Francisco Voters.* San Francisco: San Francisco State University.

——. 1989. *State of the City Poll: 1989.* San Francisco: San Francisco State University.

Rabushka, Alvin, and Kenneth A. Shepsle. 1972. *Politics in Plural Societies: A Theory of Democratic Stability.* Columbus, Ohio: Charles E. Merrill Publishing Co.

Ragin, Charles C. 1987. *The Comparative Method: Moving beyond Qualitative and Quantitative Stategies.* Berkeley and Los Angeles: University of California Press.

Randal, Judith, and William Hines. 1987. "Local Communities Take the Lead in Coping with AIDS. " *Governing*, November, 34 – 40.

Rapaport, Richard. 1987. " While the City Slept. " *San*

Francisco Magazine, April, 40 − 45, 85 − 87.

──. 1991. "Hard Ball: How the Political Power Brokers Shut Out the Best Little Ballpark in America." *San Francisco Focus*, June, 68 − 71, 90 − 108.

Reed, Adolf, Jr. 1988. "The Black Urban Regime: Structural Origins and Constraints." In *Power, Community, and the City*, ed. M. Smith. New Brunswick, N. J.: Transaction Books.

Riess, S. A. 1989. *City Games: The Evolution of American Urban Society and the Rise of Sports*. Urbana: University of Illinois Press.

Roberts, Jerry. 1987. "Crossing the Bridge to the New San Francisco." *Golden State Report* 3 (May): 24 − 30.

Rowe, Randall K. 1990. "Capital Excess in ' 80s Leads to Shortage in ' 90s." *National Real Estate Investor* 32 (October): 208 − 10.

Ryan, Alan. 1987. *Property*. Minneapolis: University of Minnesota Press.

San Francisco. Mayor's Housing Advisory Committee. 1989. *An Affordable Housing Action Plan for San Francisco: Draft Report, 12 May*.

San Francisco Planning Department. 1986. *Report on Neighborhood Commercial Rezoning (December)*.

──. 1988. *Mission Bay: Draft Environmental Impact Report*. Vol. 1, *Highlights and Conclusions*.

San Francisco Planning and Urban Renewal (Research)

Association （ SPUR ）. 1987. " Vitality or Stagnation? Shaping Francisco's Economic Destiny. " *SPUR Report* no. 234.

Sassen-Koob, Saskia. 1984. "The New Labor Demand in Global Cities. " In *Cities in Transformation: Class, Capital, and the State*, ed. Michael Peter Smith, 139 − 71. Beverly Hills, Calif. ; Sage.

Savage, James. 1985. " Postmaterialism of the Left and Right: Political Conflict in Postindustrial Society. " *Comparative Political Studies* 17 （ January）: 431 − 51.

Savitch, H. V. 1988. *Post-Industrial Cities: Politics and Planning in New York, Paris, and London*. Princeton, N. J. ; Princeton University Press.

Savitch, H. V. , and John Clayton Thomas. 1991. " Conclusion: End of Millennium Big City Politics. " In *Big City Politics in Transition*, ed. H. V. Savitch and John Clayton Thomas. Beverly Hills, Calif. ; Sage.

Shavelson, Lonny, and Loralie Froman. 1990. " Why the Prayer Warriors Came. " *This World*, 18 November.

Shilts, Randy. 1982. *The Mayor of Castro Street: The Life and Times of Harvey Milk*. New York: St. Martin's Press.

Simon, Herbert A. 1981. " The Architecture of Complexity. " In *The Sciences of the Artificial*, 192 − 219. 2d ed. Cambridge: MIT Press.

Sims, Kent. 1989. *Competition in a Changing World: White Paper on the Economy of San Francisco*. San Francisco: Economic Development Corporation.

Smith, Dan, Joan Radovich, and Raymond Smith. 1988. "Crusade against Growth." *Golden State Report* 4 (January): 26 – 32.

Smith, Michael Peter. 1979. *The City and Social Theory.* New York: St. Martin's Press.

——. 1988. "The Uses of Linked Development Policies in U. S. Cities." In *Regenerating the Cities: The UK Crisis and the US Experience*, ed. Michael Parkinson, Bernard Foley, and Dennis Judd. Manchester: Manchester University Press.

Smith, Michael Peter, and Dennis Judd. 1984. " American Cities: The Production of Ideology. " In *Cities in Transformation: Class, Capital, and the State*, ed. Michael Peter Smith. Beverly Hills, Calif. : Sage.

Starr, Kevin. 1988. "Art Agnos and the Paradoxes of Power. " *San Francisco Magazine*, January/February, 157 – 62.

——. 1988. "San Francisco Is Losing Its Identity as a World-Class City. " *Image*, 1 May, 19 – 31.

Stein, Arlene. 1988. " Agnos Did It the Grass-Roots Way. " *Nation*, 6 February, 156 – 58.

Stinchcombe, Arthur L. 1968. *Constructing Social Theories.* New York: Harcourt, Brace & World.

Stone, Clarence N. 1988. "Preemptive Power: Floyd Hunter's 'Community Power Structure' Reconsidered. " *American Journal of Political Science* 32: 82 – 104.

——. 1989. *Regime Politics: Governing Atlanta 1946 – 1988.* Lawrence: University Press of Kansas.

Stone, Clarence, Marion Orr, and David Imbroscio. 1991. "The Reshaping of Urban Leadership in U. S. Cities: A Regime Analysis." In *Urban Life in Transition*, ed. M. Gottdiener and Chris G. Pickvance, 222 – 39. Beverly Hills, Calif. : Sage.

Swanstrom, Todd. 1985. *The Crisis of Growth Politics: Cleveland, Kucinich, and the Promise of Urban Populism.* Philadelphia, Pa. : Temple University Press.

——. 1988. "Semisovereign Cities: The Politics of Urban Development." *Polity* 21 (Fall): 83 – 110.

Thompson, Victor A. 1950. *The Regulatory Process in OPA Rationing.* New York: Columbia University Press.

Unger, Roberto M. 1987. *False Necessity: Anti-Necessitarian Social Theory in the Service of Radical Democracy.* Cambridge: Cambridge University Press.

U. S. Bureau of the Census. 1967. *County and City Data Book, 1967.* Washington, D. C. : Government Printing Office.

——. 1988. *County and City Data Book, 1988.* Washington, D. C. : Government Printing Office.

——. 1983. Census of Population and Housing, 1980. *Public-Use Microdata Sample (PUMS): San Francisco, 5 Percent Sample.* Washington, D. C. : Government Printing Office.

Viviano, Frank, and Sharon Silvia. 1986. "The New San Francisco." *San Francisco Focus*, September, 64 – 74.

Waldinger, Roger. 1990. "Immigrant Enterprise in the United States." In *Structures of Capital: The Social Organization of the*

Economy, ed. Sharon Zukin and Paul DiMaggio, 395 – 424. Cambridge: Cambridge University Press.

Walters, Derek. 1991. *The Feng Shui Handbook: A Practical Guide to Chinese Geomancy and Environmental Harmony.* London: Aquarian Press.

Waters, Rob. 1987. "The Tenderloin Transformed." *Image,* 1 November, 10 – 14.

Weber, David. 1988. "Who Owns San Francisco?" *San Francisco Magazine,* January/February, 59 – 63.

Williams, Timothy. 1991. "Open Season on Art Agnos." *California Journal* 22 (September): 405 – 9.

Wirt, Frederick. 1971. "Alioto and the Politics of Hyperpluralism." *Transaction* 7 (April): 46 – 55.

———. 1974. *Power in the City: Decision Making in San Francisco.* Berkeley and Los Angeles: University of California Press.

Wolin, Sheldon S. 1960. *Politics and Vision.* Boston: Little, Brown and Company.

———. 1989. *The Presence of the Past: Essays on the State and the Constitution.* Baltimore, Md. : Johns Hopkins University Press.

Wright, E. O. 1986. "What Is Middle about the Middle Class?" In *Analytical Marxism,* ed. J. Roemer, 114 – 40. Cambridge: Cambridge University Press.

Yates, Douglas. 1977. *The Ungovernable City.* Cambridge: MIT Press.

致　谢

　　我必须感谢很多人。 我第一要感谢的是克拉伦斯·N.斯通。 原本我没有立即着手写作本书的计划,直到在克拉伦斯的建议下,堪萨斯大学出版社请我提交书稿写作规划。 从他种下这颗种子开始,他就与我保持紧密联系,对于我的作品,他的批评意见非常深刻,非常尖锐,也非常有建设意义。 对此,我欠他很多。

　　约翰·H.莫伦科夫(John H. Nollenkopf)非常仔细地审阅了初稿。 他一丝不苟、细致入微,他的批评意见促使我对相关论点再三斟酌。 他督促我加强支持关键论点的论据,也揪出了我自己意识不到的瑕疵。 黛布拉·斯坦帮助我考察了旧金山的商业群体,纠正了不少事实性错误。 辛西娅·英格汉姆是一位编辑专家,对我的文笔大有裨益。 如果读者发现本书有的部分的行文异常简洁明了,很可能就是她的功劳。 迈克尔·皮特·史密斯、丹尼斯·贾德、桑德拉·S.鲍威尔、尤金·温斯廷、威廉姆·伊瑟尔、马德琳·蓝道、蒂姆·罗斯和雷吉娜·斯内德等人都费心通读了整部初稿,提出了许多意见和建议,这些都有助于提高本书的质量。

　　在成书之前，还有一些人审阅了部分书稿或者章节，我非常感激他们提出的意见和建议，他们是：托德·斯万斯托罗姆、鲁夫斯·P.布朗宁、斯蒂芬·巴顿、布鲁斯·哈斯顿、理查德·勒盖茨、迈克尔·波提潘、布莱恩·杰克森、芭芭拉·菲利普斯、皮特·莫兰、维克多利亚·兰德里特、安迪·尼尔森和德里克·哈克特。多年以来，我曾与很多社区领袖和本地分析人士一同讨论旧金山的政治问题。很多人都提供了富有洞察力的见解和观点，他们是：达里尔·考克斯、哈罗德·易、詹姆斯·哈斯、阿尔弗雷多·罗格里德斯、鲁斯·皮肯、大卫·卢曼、丽娜·阿维丹、丝蒂芬尼·米沙克、路易斯·雷内、蒂姆·托斯塔和理查德·施拉克曼。我很感激曼努尔·卡斯特尔斯的建议和鼓励。

　　多年以来，我的不少学生帮助我收集相关资料。贡献最大的是杰弗里·萨特、林恩·莱德劳、布伦特·桑德斯、弗兰·吉普尼斯和瓦尔特·马圭尔。吉姆·斯蒂文斯是我的北滩黑客好友，他也酷爱政治，为我梳理打包1990年选举的相关数据。在安迪·理查德森的协助下，鲍勃·巴特里克在旧金山州立大学的地理信息系统（GIS）实验室中为本书准备地图。安东尼·索金为旧金山拍摄的优质照片，足以独立成册；本书引用了其中的五张照片。飞行员劳埃德·萨瓦塔协助航拍工作，我深表感激。我也很感激我的女儿们给我的帮助。黛博拉·德莱恩为整理参考文献投入了许多时间。只要我有需要，曼雅·德莱恩·米勒就会在护理工作的百忙之中抽出时间，告诉我正确的表达词汇。她的丈夫加里·米勒——一位诗人和小说家——启发我按照自己的方式——意象与隐喻——进行写作。

　　我要特别感谢堪萨斯大学出版社社长弗雷德·M.伍德沃德，写作本书过程中，他提供了很多专业的帮助，也对我鼓励有加。还有堪萨斯大学出版社资深编辑苏珊·麦克罗里，她为我的书稿提出了很多专业建议和意见。苏珊·K.肖特以及堪萨斯大学出版社其他的工作人员都对我多有帮助，与他们合作非常愉快。

　　最后，我要感谢我的家人和朋友。写作本书时，他们使我感到安心温暖，使我保持头脑清醒。我的妻子艾琳娜助我思考、促我写作。她对我情深义重，不准我诉说她的辛苦和不易。爱妻如斯。尽管相距甚远，曼雅和黛比都非常支持我。伯尼斯·里昂和鲁比·彼得森在我写作本书时对我的帮助非常大，历经了只有妈妈们才能经得住的磨难。我的妹妹莎朗·摩尔和她的丈夫罗恩总是开着他们走廊上的灯，帮助我写作，他们爱意满满、热情大方，一直伴我左右。在我的大家庭里很多人都让我心情愉悦，他们是：特里、辛迪、鲍勃、莫妮克、罗恩、丹尼斯、缇娜、雪莉、朱迪、L.T.、珍妮斯和托尼。我的妻妹戴安娜·斯特雷布洛用她暖心的话语和积极的思考激励我前行。我的甥女阿兰娜·斯特雷布洛同样帮助我写作本书，她不停地问我："你用完电脑了吗？我们可以玩了吗？"危难之中才见真情，我的挚友：索金家的安东尼和卡罗尔两位、梅托·马可里斯-吉莱斯皮、杰米·牛顿、大卫·塔布、鲍勃和朱迪斯两位肖恩、泰德和贝蒂两位克鲁克、菲利斯·德莱恩、迈克尔·金努坎、乔·施瓦茨巴特、米歇尔·拉格尔斯、琳达·吴，还有牛津街芭芭拉家的诸位好友：蒂姆、斯坦、梅泰斯、杰弗里，还有芭芭拉。尽管相隔万水千山，我还是要对艾达·R.胡表达迟到许久但却真挚的谢意，她是我的第一位思想导师。